ATHANASSIOS ARGYRIS

Optimale Fertigungsablaufplanung

Betriebswirtschaftliche Forschungsergebnisse

Band 75

Optimale Fertigungsablaufplanung

Kritische Überprüfung und Erwägung des Ablaufplanungsproblems und Entwicklung statischer und dynamischer Ablaufplanungsmodelle in der Werkstattfertigung

Von

Dipl.-Kfm. Dr. Athanassios Argyris

Assistenzprofessor an der
Rechts- und Wirtschaftswissenschaftlichen Fakultät
der Aristoteles-Universität von Thessaloniki

DUNCKER & HUMBLOT / BERLIN

CIP-Kurztitelaufnahme der Deutschen Bibliothek

Argyris, Athanassios
Optimale Fertigungsablaufplanung: krit. Überprüfung u. Erwägung d. Ablaufplanungsproblems u. Entwicklung stat. u. dynam. Ablaufplanungsmodelle in d. Werkstattfertigung. - 1. Aufl. - Berlin: Duncker u. Humblot, 1977.
(Betriebswirtschaftliche Forschungsergebnisse; Bd. 75)
ISBN 3-428-03677-8

Gedruckt 1977 bei Zippel-Druck in Bürotechnik GmbH, Berlin 36
Printed in Germany

ISBN 3 428 03677 8

Στούς γονεῖς μου

Geleitwort

In den letzten zwanzig Jahren sind zahlreiche deterministische und stochastische Entscheidungsmodelle zur Lösung von Problemen der Ablaufplanung werkstattorientierter Produktionsprozesse entwickelt worden; auch weiterhin bilden diese Probleme einen Schwerpunkt betriebswirtschaftlicher Forschung. Die mathematischen und rechentechnologischen Probleme der Ableitung optimaler oder auch nur verbesserter zulässiger Ablaufpläne vor allem mit Hilfe kombinatorischer ganzzahliger und heuristischer Programmierungsverfahren sowie der Netzwerk- und Warteschlangentheorie standen und stehen nachhaltig im Interesse der betriebswirtschaftlichen Unternehmensforschung (Operations Research). Neben der Aufgabe, die Kalkülstrukturen dieser Modelle zu verbessern, ist jedoch nicht die Frage nach ihrem Realitätsbezug und nach der Art der Homomorphie zwischen realen Daten- und Bedingungssituationen einerseits und Modellsystemen andererseits zu übersehen, wenn sie als reale Entscheidungsmodelle praktisch angewandt werden sollen. Hierzu gehört u. a. auch die Frage, inwieweit Ablaufplanungsmodelle in ihren Hauptzielvorstellungen real relevante Di-, Tri- oder auch Polylemmata aus den prinzipiell konfliktären Zielsystemen industrieller Fertigungsprozesse sowie Interdependenzen zu anderen Bereichen der Produktionsplanung adäquat berücksichtigen bzw. berücksichtigen können.

An diesem Kritikpunkt orientiert sich die vorliegende Arbeit. Der Verfasser will das Ablaufplanungsproblem bei Werkstattfertigung unter Beachtung real auffindbarer Zielkonstellationen präzisieren und – aufbauend auf bisher entwickelten fortgeschrittenen Ansätzen zur Ablaufplanung – realitätsnähere Modellkonzeptionen erarbeiten. Um diese Aufgaben zu erfüllen, sind zunächst ökonomischer Kerngehalt und entscheidungslogische Struktur der Ablaufplanung, insbesondere die zugrundeliegenden Zielvorstellungen und ihre Abhängigkeiten zu analysieren, sodann die bisher literarisch verbreiteten und diskutierten, z. T. schon „klassischen" deterministischen und stochastischen Modellansätze zur werkstattorientierten Ablaufplanung hinsichtlich derjenigen Aspekte zu korrigieren, zu erweitern und zu verallgemeinern, die bisher zu wenig oder gar nicht modellanalytisch Berücksichtigung fanden. Abschließende Aufgabe ist es, für die verallgemeinerten Ablaufplanungsmodelle Kalküle zur Ableitung von Optimallösungen zu skizzieren.

Die Arbeit bietet in ihrem ersten Schwerpunkt fruchtbare Beiträge zur Analyse der Zielkonflikte der Ablaufplanung, in ihrem zweiten Schwerpunkt Anregungen zur realitätsnäheren Modellierung von Ablaufplanungsproblemen – konstruktive Schritte auf dem sicher noch längeren und mühevollen Weg zur praktikablen Lösung von Ablaufplanungsproblemen.

Winfried Matthes

Vorwort

Mit der vorliegenden Arbeit soll ein Beitrag zur betriebswirtschaftlichen Unternehmensforschung geleistet werden. Seit einigen Jahren widmet die betriebswirtschaftliche Forschung über dieses Teilgebiet der Allgemeinen Betriebswirtschaftslehre den systemsorientierten Entscheidungen bei konfliktärer Zielkonzeption industrieller Fertigungsprozeße immer mehr Aufmerksamkeit. Dies geschieht in der Hoffnung, bei der Bildung von Entscheidungsmodellen zu einer praktikablen Lösung zu gelangen. An diesem kritischen Punkt orientiert sich auch die vorliegende Arbeit.

Die zahlreichen statisch-deterministischen und stochastisch-dynamischen Entscheidungsmodelle, die zur Lösung von Problemen der Ablaufplanung werkstattorientierter Fertigungsprozesse bislang in der Literatur angegeben worden sind, behandeln die Ablaufplanung isoliert von anderen Planungsbereichen der Produktion und ziehen die der Zielkonzeption der Ablaufplanung innenwohnenden Zielkonflikte nicht in Betracht, sondern greifen einfach ein Ziel aus der Zielmenge heraus, um Zielkonflikte, die sicherlich sehr schwer zu quantifizieren sind, ganz zu vermeiden. Das wurde vor allem dadurch verursacht, daß der mathematischen Abwicklung der inhaltlichen Erfassung des Problems gegenüber der Vorzug gegeben wurde. Ausgangspunkt der Untersuchung waren also nicht die inhaltliche Erfassung des Problems, sondern die mathematischen Verfahren - eine Vorgehensweise, die eine nicht praktikable Lösung von Ablaufplanungsproblemen darstellt und sogar zu einer unzulässigen Modifizierung des Problems geführt hat.

In dieser Untersuchung wird bei der Problemformulierung und Modellbildung sowohl den Interdependenzen der Ablaufplanung mit anderen Planungsbereichen der Produktion als auch den Zielkonflikten Rechnung getragen, wobei der quantitativen Analyse der Zielabhängigkeiten besondere Aufmerksamkeit geschenkt wird. Aufbauend auf bisher entwickelten Ansätzen zur Ablaufplanung wird versucht, das Problem der Ablaufplanung in den Schritten der Problemformulierung und Modellbildung sowie der Algorithmisierung bezüglich derjenigen kritisch-ökonomischen Aspekte zu korrigieren, zu erweitern und zu verallgemeinern, die bisher sehr wenig oder gar keine Berücksichtigung gefunden haben.

Meinen besonderen Dank möchte ich an dieser Stelle meinem akademischen Lehrer, Herrn Professor Dr. Max-Detlef Jöhnk, ausdrücken für seine zahlreichen, wertvollen Anregungen und die wissenschaftliche Betreuung dieser Arbeit. Auch Herrn Priv.-Doz. Dr. Winfried Matthes gilt mein Dank für seine wertvolle Unterstützung.

Zu danken ist schließlich auch Herrn Professor Dr. Dr. h.c. Dr. Dr. h.c. Erich Kosiol für seine fruchtbaren Hinweise, die ich von ihm in Diskussionen in Zusammenhang mit dieser Arbeit erhielt, und für die Aufnahme der Arbeit in die Buchreihe „Betriebswirtschaftliche Forschungsergebnisse".

Die Arbeit wurde im Mai 1974 abgeschlossen.

Athanassios N. Argyris

Inhalt

Einleitung

1. Einführung in die Problematik

Man betrachtet einen Industriebetrieb, der auf Lager- oder Kundenaufträge produziert und dessen Betriebsstätte nach dem Werkstattprinzip organisiert ist. Angenommen, die zu bearbeitenden Fertigungsaufträge sind sach-technisch festgelegt. Sie müssen dann durch die technische Apparatur durchgeführt werden. Die Werkstattfertigung ist dadurch charakterisiert, daß mehrere Aufträge verschiedene Maschinen durchlaufen, ohne daß gleichzeitig mehrere Aufträge der gleichen Maschinenfolge unterworfen sind. Beim simultanen Durchlauf überschneidet sich dann die Bearbeitung eines Auftrages mit der eines anderen. Dadurch ergibt sich eine Konkurrenzsituation, in der die Aufträge um den Gebrauch der Maschinen konkurrieren müssen. Man kann einen Ausweg aus dieser Situation finden, indem man einen Fertigungsablaufplan aufstellt, der die Sequenz festlegt, in der die Fertigungsaufträge auf jeder Maschine auszuführen sind. Dann entsteht das Problem, denjenigen Fertigungsablaufplan zu finden, der eine vorgegebene Zielgröße optimiert, vorausgesetzt, daß die Sequenz zumindest in bestimmten Grenzen variabel, und die Zielgröße von der Sequenz abhängig ist. Dieses Problem wird Fertigungsablaufplanungsproblem genannt.

Das Fertigungsablaufplanungsproblem ist im Grunde nicht neu. In den zwanziger Jahren bemühte man sich schon, es durch Gannt Diagramme zu lösen. Seitdem ist das Fertigungsablaufplanungsproblem in der Literatur über wissenschaftliche Betriebsführung erschienen. Bis 1954 hatte man jedoch noch nicht versucht, dieses Problem mittels Entscheidungsmodelle zu lösen. Von 1954 an sind zahlreiche Modelle in der Literatur angegeben worden. Trotz all dieser Bemühungen bleibt das Problem immer noch ungelöst. Der Mißerfolg ist vor allem darin zu sehen, daß diese Modelle weit von der adäquaten Wirklichkeit entfernt bleiben. Denn in den bisherigen Untersuchungen hat man die Wege zur Lösung des Problems allein von mathematisch-methodischen Gesichtspunkten aus betrachtet. Ausgangspunkt war also nicht die inhaltliche Erfassung des zu lösenden Problems, sondern die mathematischen Verfahren. Gewöhnlich hat man das Problem unzulässig modifiziert, indem man wesentliche Merkmale nicht beachtet hat, um es dadurch lösen zu können. Nachstehend werden die Aspekte diskutiert, die bei der bisherigen Untersuchung völlig vernachlässigt wurden und deren Berücksichtigung das Problem ernsthaft kompliziert.

Erstens hat die Betriebsleitung ein Bündel von Zielen zu erreichen, die von der Sequenz abhängig sind und miteinander in Konflikt geraten. Für jedes Ziel kann man praktisch eine Zielfunktion von der Zielmenge ableiten. Wegen der Zielkonflikte ist es jedoch nicht möglich, sich in Übereinstimmung mit dem Problem auf eine solche Zielfunktion zu einigen, so daß die ökonomische Aussage der mathematischen Lösung zweifelhaft ist. Zur Verschleierung der Zielkonflikte hat man ein Ziel herausgegriffen und es als Zielfunktion angesehen. Die einzige ökonomisch vertretbare Lösung in diesem Fall ist, die Zielkonflikte zu lösen, indem man die Ziele zu einer einzigen Zielfunktion zusammenfaßt. Das hat niemand aber bislang unternommen. So ist der wichtigste ökonomische Aspekt des Fertigungsablaufplanungsproblems außer Betracht geblieben.

Zweitens ist das Fertigungsablaufplanungsproblem nur eines von den Planungsproblemen, die die Betriebsleitung zu lösen hat, und diese Probleme sind voneinander abhängig. Die Lösung des Fertigungsablaufplanungsproblems beeinflußt die anderen Planungsprobleme und wird durch sie beeinflußt. Ohne Beachtung der Interdependenz darf man folglich das Fertigungsablaufplanungsproblem von seiner Umgebung nicht trennen. Vielmehr muß man in Übereinstimmung mit der Umgebung eine Lösung finden. In den bisherigen Untersuchungen wurde das Problem hingegen ganz isoliert behandelt. In diesem Sinne existiert für die Betriebsleitung kein Problem. Solange die Lösung des Fertigungsablaufplanungsproblems mit der Lösung der anderen Planungsprobleme nicht vereinbar ist, läßt die Organisation nicht zu, solche Lösungen zu praktizieren. Statt dessen ergreift sie andere Maßnahmen, um die schwache Wirkung der Fertigungsablaufplanung zu erheben. Es ist daher der Mühe wert, bei der Abhandlung des Fertigungsablaufplanungsproblems nicht nur die Kompliziertheit des Problems selbst zu bedenken, sondern auch seine Umgebung. Auch das ist ein bedeutender Aspekt des Fertigungsablaufplanungsproblems.

Drittens stellen die Annahmen, die zur Lösung des Problems gemacht werden sollen, einen anderen wichtigen Aspekt dar. In der Regel sind so viele Vereinfachungen vorgenommen worden, daß das entstehende Problem kaum praktizierbar ist. Um zu einem ökonomisch nutzbaren Ergebnis jedoch zu gelangen, ist es erforderlich, die Anforderungen des Planungs- und Produktionssystems zu berücksichtigen.

Zusammenfassend muß also hier eindeutig festgestellt werden, daß das Fertigungsablaufplanungsproblem hinsichtlich dieser ökonomisch-kritischen Gesichtspunkte ungelöst ist.

Die vorliegende Fassung behandelt das Problem gerade von diesen ökonomisch-kritischen Gesichtspunkten aus sowohl in seiner statischen Form als auch in seiner dynamischen Form. Hauptziel dieser Untersuchung ist,

(a) zwecks Erforschung der Formulierung des Problems Einsicht in seine ökonomischen Aspekte zu gewinnen, und

(b) geeignete Entscheidungsmodelle und Lösungsalgorithmen, vom ökonomischen Gehalt des Problems abgeleitet, neu zu entwickeln.

Wie bei der vorliegenden Untersuchung vorgegangen wird, vermittelt grob der nachstehende Abschnitt.

2. Gang der Untersuchung

Der erste Teil behandelt einiges aus der Entscheidungstheorie, das für die weitere Arbeit gebraucht wird. Der Hauptzweck dieses Teiles ist, einige entscheidungstheoretische Grundbegriffe zur besseren Darstellung des Problems einzuführen. Der zweite Teil handelt von der Struktur des Problems. In diesem Teil geht es einzig und allein darum, den ökonomischen Gehalt des Problems zu erfassen. In den Abschnitten 1 bis 5 werden die Strukturelemente des Problems von allen praktischen Seiten her eingehend dargelegt, wobei der Schwerpunkt der Ausführungen aber auf die Abschnitte 2 und 5 gelegt ist. Im Abschnitt 2 wird die Umgebung des Problems ausführlich erörtert, und im Abschnitt 5 werden quantitative Überlegungen über die Zielverträglichkeit angestellt, die für die Problemformulierung von entscheidender Bedeutung sind. Im Abschnitt 6 wird schließlich das Problem formuliert, wobei die Problemformulierung sowohl in statischer Form als auch in dynamischer Form erfolgt. Der Abschnitt 6 bildet die Grundlage für den weiteren Aufbau der Arbeit. Der dritte Teil ist der Entwicklung statisch-deterministischer Modelle gewidmet. Im Abschnitt 1 dieses Teils werden einige Strukturelemente des statischen Problems graphentheoretisch dargestellt. Anhand der erhaltenen Graphenstrukturen werden in den Abschnitten 2 bis 5 entsprechend der Formulierung des statischen Problems disjunktive Netzwerk- und gemischt-ganzzahlige Programmierungsmodelle konstruiert, die miteinander eng verbunden sind. Im Abschnitt 5 werden geeignete „Branch-and-Bound"-Algorithmen zur Lösung der statischen Modelle entwickelt. Der vierte Teil behandelt die Konstruktion dynamisch-stochastischer Modelle. Im Abschnitt 1 dieses Teils werden einige Strukturelemente des dynamischen Problems warteschlangentheoretisch dargestellt. Hier wird besonders die Dekomposition des Produktionssystems erläutert. Mittels der gewonnenen Warteschlangenstrukturen werden in den Abschnitten 2 bis 4 entsprechend der Formulierung des dynamischen Problems verschiedene Modelle gebildet. Im Abschnitt 5 werden geeignete Methoden zur Lösung der dynamischen Modelle angewendet.

I. Entscheidungstheoretische Grundlagen

1. Prozeßphasen des unternehmerischen Handelns

Eine Unternehmung ist ein wirtschaftliches Aktionsgebilde, bei dem jeder einzelne Handlungsablauf auf ein bestimmtes Ziel gerichtet ist. Die Zielgerichtetheit bildet daher ein wesentliches Merkmal des unternehmerischen Handelns.

Ferner unterscheidet man[1] bei jeder zielstrebigen Handlung - als progressiver Prozeß der Zielerreichung betrachtet - Prozeßphasen, um Erkenntnisse über den Handlungsablauf zu gewinnen. Im allgemeinen vollzieht sich das unternehmerische Handeln in den Prozeßphasen der Planung, Realisation und Kontrolle, wobei jeder Prozeßphase eine besondere Aufgabe obliegt. Die Planung umfaßt alle der Realisation vorangehenden Überlegungen über die anzustrebenden Ziele sowie über die Mittel und Wege zu ihrer Erfüllung. Der Planung folgt die Realisation, d. h. die Verwirklichung der vorbereitenden Planungsüberlegungen. Daran schließt sich die abschließende Phase der Kontrolle. Die Kontrolle untersucht, inwieweit der realisierte Zweck (Ist) dem geplanten Zweck (Soll) entspricht, um die Zielerreichung zu sichern. Dabei wird ein Vergleich zwischen dem geplanten Soll und dem erfaßten Ist angestellt. Ergeben sich daraus Abweichungen, so handelt es sich entweder um Realisationsfehler, die zur Korrektur im Vollzug zwingen, oder um Planungsfehler, die eine Revision der Planung erfordern. Darüber hinaus sind aber auch Steuerungsmaßnahmen zu ergreifen. Die planenden Überlegungen bleiben solange passiv, bis Steuerungsmaßnahmen getroffen werden, die die Realisation auf der Grundlage der Planung vollziehen helfen. Die in der Kontrollphase erkannten Fehler können erst über die Steuerung (Rückkoppelung) auf die Planung und Realisation rückwirken.

Hierbei tritt eine zirkulare Phasenfolge (Abb. 1.1) in Erscheinung[2], in der jede Prozeßphase die anderen voraussetzt. Der Schwerpunkt liegt jedoch bei der Planung; denn sie leitet die Steuerung des realen Vollzugs ein und legt gleichzeitig den Vergleichsmaßstab für die anschließende Kontrolle fest. Die Ergebnisse der Realisation liefern die zu beurteilende Istgröße des Vergleichs. Erst die Kontrolle gibt der Planung und Realisation ihre volle Wirksamkeit, indem Planungs- und Realisationsfehler erkannt werden können. Sowohl Realisations- als auch Planungsfehler wirken auf neue Steuerungsmaßnahmen zu ihrer Behebung hin.

---

[1] Zum folgenden vgl. z. B. Kosiol, E.: Die Unternehmung als wirtschaftliches Aktionszentrum - Betriebswirtschaftslehre. 1972, 2. Aufl. (rororo), S. 75; ders.: Planung als Lenkungsinstrument der Unternehmungsleitung, in: Schriftenreihe der Arbeitsgemeinschaft Planungsrechnung, e. V., Bd. 10, 1965, S. 15.

[2] Vgl. Ackoff, R. L.: A Concept of Corporate Planning. 1970, S. 100.
Kosiol, E.: Planung als Lenkungsinstr., . . ., S. 16 f.

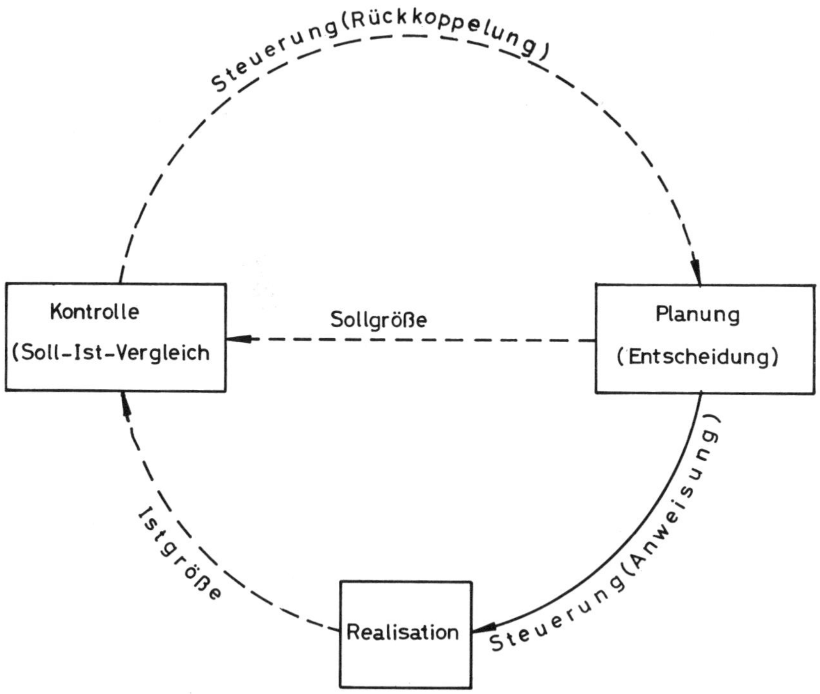

Abb. 1.1 Zirkulare Phasenfolge

2. Begriff und Wesen des unternehmerischen Planungsprozesses

Unter Planung ist hier Wählen zwischen Handlungsalternativen zu verstehen, d. h. Entscheiden[1]. In diesem Sinne ist die Planung von der Existenz der Handlungsalternativen abhängig; ein Planungsproblem entsteht nur, wenn mehrere Handlungsalternativen vorhanden sind.

Die Planung ist zukunftsbezogen. Dabei handelt es sich nicht nur um eine gedankliche Vorwegnahme künftiger Vorgänge, sondern auch um einen Versuch, die Zukunft durch aktive Eingriffe in der Gegenwart zu beherrschen und damit zu gestalten[2]. Die Planung ist immer darauf gerichtet, eine gewünschte Lage der Dinge herbeizuführen, die niemals von sich selbst eintreten kann. Sie ist stets bestrebt, die künftigen Gelegenheiten auszunützen und die Unannehmlichkeiten auszuschalten, die die Zukunft bereitet.

---

[1] Vgl. u. a. Ackoff, R. L.: S. 2; Koontz, H. and O'Donnell, C.: Principles of Management. 1968, 4. Aufl., S. 79 ff; Krelle, W.: Betriebliche Planung im Rahmen der Marktwirtschaft, in: Schriftenreihe der Arbeitsgemeinschaft Planungsrechnung, e. V., Bd. 10, 1965, S. 27.

[2] Vgl. Ackoff, R. L.: S. 3.

Die Pläne, die man in der Gegenwart für die Zukunft aufstellt, sollen auch in der Zukunft durchgeführt werden. Deswegen muß man klare Vorstellungen von der Beschaffenheit der Zukunft haben. Solche Vorstellungen kann man sich durch Prognose erhalten[3]. Damit werden Planungsvoraussetzungen (Planungsprämissen) geschaffen, auf deren Grundlage rationale Entscheidungen getroffen werden können. Auch vorhandene Plan-Daten können wie die Prognose-Daten als Planungsvoraussetzungen dienen.

Jede rationale Planung versucht, den zukünftigen Ablauf des Unternehmungsgeschehens in gewisser Hinsicht zu optimieren. Das Optimum kann den Gesamtbereich oder einen Teilbereich der Unternehmung betreffen. Im allgemeinen bestimmt man das Optimum zunächst in einem Teilbereich. Dadurch entsteht aber die Gefahr, daß die optimierten Teilpläne nicht mehr miteinander vereinbar sind. Deshalb muß man dann derartige Teilpläne schrittweise koordinieren, um das Gesamtoptimum zu erreichen[4].

Drei miteinander eng verbundene Begriffe sollten jetzt erklärt werden. Dies sind der Planungshorizont, die Planelastizität und der Informationsgrad.

Der Planungshorizont ist der Zeitraum, auf den sich die Planung erstreckt. Innerhalb dieses Zeitraumes vollzieht sich die Erfüllung der Verpflichtungen, die durch die gegenwärtige Planentscheidung bedingt werden[5].

Wenn die Pläne so aufgestellt sind, daß sie sich den Umweltveränderungen anpassen, dann spricht man von elastischen Plänen.

Risiko und Unsicherheit der Erwartungen gehen in die Prognose der in die Planung einbezogenen Tatbestände und Sachverhalte ein, so daß die Planung mit unvollkommener Information verbunden ist. Der Unsicherheitsgrad der Information wird um so größer, je weiter der Planungshorizont wird. Daraus entstehen Einflüsse auf die Planelastizität. Mit kürzeren Planungszeiträumen wächst die Vollständigkeit der Information an und ermöglicht detailliertere Planungen, ohne die Planelastizität zu gefährden.

Im Hinblick auf den Planungshorizont unterscheidet man langfristige (strategische) und kurzfristige (taktische) Planung[6]. Die langfristige Planung ist mehr ziel- als mittelorientiert. Sie betrifft eher den Gesamtbereich der Unternehmung als einen Teilbereich. Demgegenüber ist die kurzfristige Planung nur mittelorientiert. Diese bezieht sich auf Teilbereiche. Schließlich müssen aber lang- und kurzfristige Planung koordiniert werden, damit die kurzfristige Planung zur Erfüllung der langfristigen Ziele beitragen kann[7].

---

3 Vgl. Koontz, H. and O'Donnell, C.: S. 123 ff.

4 Vgl. Krelle, W.: S. 30 ff. – Auf diesem Wege geht auch das Operations Research zur Erreichung des Gesamtoptimums vor; vgl. hierzu Churchman, C. W. u. a.: Operations Research. 1971, 5. Aufl., S. 17 (übersetzt von Schlecht, E. und Ferschl, F. aus dem Amerikanischen: Operations Research. 1959, 4. Aufl.).

5 Vgl. Koontz, H. and O'Donnell, C.: S. 99 f.

6 Vgl. u. a. Ackoff, R. L.: S. 4.

7 Vgl. Koontz, H. and O'Donnell, C.: S. 102 ff und 116 f.

Ferner läßt sich die Planung nach dem Zufalls- und Zeitfaktor klassifizieren. Nach dem Zufallsfaktor unterscheidet man die deterministische Planung (Planung bei Gewißheit) von der stochastischen Planung (Planung bei Unsicherheit)[8]. Nach dem Zeitfaktor unterscheidet man zwischen statischer und dynamischer Planung.

Soll das zukünftige Unternehmungsgeschehen optimal gestaltet werden, so muß der Planungsprozeß selbst optimal sein. Hierzu gehören u. a. auch ein rationales Planungsverfahren. Dies ist wie folgt zu beschreiben[9]:

(a) Formulierung der Planziele. Hier obliegt der Planung die Aufgabe, verfolgbare Ziele Z_1, Z_2, Z_3, ... zu formulieren.

(b) Grundlegung der Planung. Prognose des zukünftigen Ablaufes des Unternehmungsgeschehens und Bezug auf die vorhandenen Pläne sind hier Aufgaben der Planung. Damit werden die Planungsprämissen P_1, P_2, P_3, ... geschaffen.

(c) Entwicklung der Planungsalternativen. In diesem Schritt sucht die Planung nach allen Handlungsalternativen S_1, S_2, S_3 ..., die das zukünftige Unternehmensgeschehen beeinflussen können.

(d) Bewertung der Planungsalternativen. Hier wird jede Planungsalternative auf der Grundlage der Ziele unter Berücksichtigung der Planungsprämissen bewertet. In der rationalen Entscheidungstheorie wird dieser Vorgang in der Entscheidungsmatrix erfaßt[10]. Die Form der Entscheidungsmatrix hängt aber davon ab, ob es sich um stochastische oder deterministische Planung handelt.

(d.1) Stochastische Planung (Planung bei Unsicherheit). Hier geht das Entscheidungssubjekt von unsicheren Erwartungen aus, es kennt aber die Wahrscheinlichkeit dafür, daß eine bestimmte Planungsprämisse eintrifft. Die Tab. 2.1 zeigt die Entscheidungsmatrix in diesem Fall.

(d.2) Deterministische Planung (Planung bei Gewißheit). Das Entscheidungssubjekt geht hier von sicheren Erwartungen aus. Die Tab. 2.2 repräsentiert die Entscheidungsmatrix in diesem Fall.

(e) Auswahl einer optimalen Planungsalternative. Dies ist der Punkt, wo eine optimale Planungsalternative ausgewählt wird. Das Optimalitätskriterium wird bei der deterministischen Planung durch

$$\max_{S_1, \ldots, S_n} [E_{i,1} = f(S_i, P_1)] \tag{2.1}$$

---

[8] Zur Klassifizierung nach dem Zufallsfaktor vgl. z. B. Miller, D. W. and Starr, M. K.: Executive Decisions and Operations Research. 1969, 2. Aufl., S. 104 ff – Entscheidung bei Ungewißheit und Entscheidung unter Konflikt bleiben hier außer Betracht.

[9] Dabei lehnen wir uns grundsätzlich an Koontz, H. and O'Donnell, C.: S. 94 ff; Massie, J. L.: Essentials of Management. 1971, S. 52 ff, 84 f und Brabb, G.: Introduction to Quantitative Management. 1968, S. 4–7.

[10] Vgl. Richmond, S.: Operations Research for Management Decisions. 1968, S. 28; Miller, D. W. and Starr, M. K.: S. 102 f.

S_i \ P_j	P_1	P_2	...	P_j	...	P_m
S_1	E_{11}	E_{12}	...	E_{1j}	...	E_{1m}
S_2	E_{21}	E_{22}	...	E_{2j}	...	E_{2m}
⋮	⋮	⋮		⋮		⋮
S_i	E_{i1}	E_{i2}	...	E_{ij}	...	E_{im}
⋮	⋮			⋮		⋮
S_n	E_{n1}	E_{n2}	...	E_{nj}	...	E_{nm}

Tab. 2.1 Entscheidungsmatrix bei Unsicherheit

und bei der stochastischen Planung durch

$$\max_{S_1, \ldots, S_n} \left[E(E_i) = \sum_{j=1}^{m} P(P_j | S_i)\, f(S_i, P_j) \right] \tag{2.2}$$

S_i \ P_j	P_1
S_1	E_{11}
S_2	E_{21}
⋮	⋮
S_i	E_{i1}
⋮	⋮
S_n	E_{n1}

Tab. 2.2 Entscheidungsmatrix bei Gewißheit

gegeben[11]. Dabei bedeuten: $E_{i,j} = f(S_i, P_j)$ ($i = 1, 2, \ldots, n; j = 1, 2, \ldots, m$) die Effektivität einer Planungsalternative; $E(E_i)$ den Erwartungswert der Effektivität einer Planungsalternative und $P(P_j / S_i)$ die bedingte Wahrscheinlichkeit dafür, daß die Planungsprämisse P_j eintrifft, unter der Bedingung, daß die Planungsalternative S_i ausgewählt ist. Gl. (2.1) besagt, daß man bei der deterministischen Planung die Planungsalternative mit der maximalen Effektivität auswählen soll; Gl. (2.2) besagt, daß man bei der stochastischen Planung die Planungsalternative mit dem maximalen Erwartungswert der Effektivität auswählen soll.

3. Mathematische Entscheidungsmodelle

Die moderne Entscheidungstheorie hat eine weitgehende Formalisierung erfahren. Die Forschung auf diesem Gebiet ist dadurch gekennzeichnet, Entscheidungsprobleme möglichst durch quantitative Begriffe zu formulieren und mit deren Hilfe mathematische Entscheidungsmodelle zu konstruieren. Nunmehr werden Entscheidungsprobleme auf modellanalytischer Grundlage systematisch untersucht. Die Modellanalyse ist „ein besonderes Verfahren der deduktiven Problemanalyse, das auf empirischen Grundlagen ruht und durch Logisierung der betrachteten Erscheinungen Schlußfolgerungen zieht, die Einsichten und Problemlösungen liefern, die sich wiederum auf die Wirklichkeit zu ihrer gestaltenden Bewältigung übertragen lassen."[1] Ein Modell ist ein Objekt, das auf Grund seiner Struktur-, Funktions- oder Verhaltensanalogie zu einem entsprechenden Originalobjekt von einem Subjekt eingesetzt und genutzt wird, um ein besonderes Problem lösen zu können, wenn das mittels direkter Operationen am Original zunächst oder überhaupt nicht möglich bzw. unter gegebenen Bedingungen zu aufwendig wäre[2].

Man unterscheidet zwischen bildhaften, analogen und formalen Modellen, je nach den bei der Modellierung verwendeten Mitteln[3].

Die formalen Modelle sind Darstellungen des Originalobjektes, in denen die zwischen Modell und Original übereinstimmenden Eigenschaften durch Symbole vertreten sind. Die höchste Stufe der Formalisierung wird im mathematischen Modell erreicht. Die Heranziehung des mathematischen Kalküls zur Darstellung der Form

---

[11] Bei der stochastischen Planung dürfte der Erwartungswert der Effektivität das beste Optimalitätskriterium sein; es kommt aber darauf an, wie die Effektivität $E_{i,j} = f(S_i, P_j)$ definiert ist. In diesem Sinne vgl. Miller, D. W. and Starr, M. K.: S. 107 ff; Ackoff, R. L. and Sasieni, M. W.: Fundamentals of Operations Research. 1968, S. 34; Ackoff, R. L. u. a.: Scientific Method – Optimizing Applied Research Decisions. 1962, S. 38 f; Kaufmann, A.: Entscheidungstechnik im Management – Modelle für menschliches Handeln. 1968, S. 127 ff (übersetzt von Peter-Paul Roese aus dem Französischen: L'Homme d'Action et la Science. 1967).

[1] Kosiol, E.: Modellanalyse als Grundlage unternehmerischer Entscheidungen, in: Zeitschrift für Handelswissenschaftliche Forschung, N. T. 13, 1961, S. 318–334, hier S. 318.

[2] Vgl. zum Begriff „Modell" Churchman, C. W. u. a.: S. 151 und Ackoff, R. L. u. a.: S. 108.

[3] Diese Klassifizierung wird häufig und besonders im Rahmen des O. R. verwendet; vgl. hierzu Churchman, C. W. u. a.: S. 152 ff.

eines Modells hängt jedoch wesentlich davon ab, ob die dem Modell zugrundeliegenden Eigenschaften des Originals einer Meß- bzw. Quantifizierbarkeit zugänglich sind[4].

Wenn in einem mathematischen Modell beeinflußbare Eigenschaften des Originals vorliegen, kann das Handeln in die modellanalytische Untersuchungen miteinbezogen werden, so daß die Modellanalytischen Untersuchungen zu Aussagen über die Auswirkungen möglichen Handelns führen. Auf diese Weise kann man die mathematischen Modelle nutzen, um unternehmerische Entscheidungen zu treffen.

Nach *Kosiol*[5] lassen sich die mathematischen Modelle bezüglich des Entscheidungsgehalts in Ermittlungs- und Entscheidungsmodelle klassifizieren. Ermittlungsmodelle sind nicht unmittelbar auf die Entscheidungsfindung gerichtet, sondern dienen der Ermittlung bestimmter Größen. Aus diesem Grund scheidet das Entscheidungsziel im Ermittlungsmodell aus. Im Gegensatz dazu ist das Entscheidungsmodell unmittelbar auf die Entscheidungsfindung (Problemlösung) gerichtet.

In einem mathematischen Entscheidungsmodell wird die Struktur der Elemente einer Entscheidung dargestellt. Die grundlegenden Strukturelemente sind[6]:

(a) Entscheidungsvariable. Sie sind diejenigen Variablen, die vom Entscheidungssubjekt beeinflußt werden können und auf das Entscheidungsresultat direkt einwirken. Das Entscheidungssubjekt kann sie daher in einer gewünschten Weise manipulieren, um ein gewünschtes Ergebnis zu erreichen. Eine bestimmte Kombination von Entscheidungsvariablen heißt Entscheidungsalternative (S_i). Die Gesamtheit aller Entscheidungsalternativen S_1, S_2, S_3, ... bildet das Alternativenfeld der Entscheidung.

(b) Entscheidungsparameter. Sie sind diejenigen Faktoren (Konstanten oder Variablen), die vom Entscheidungssubjekt zwar unbeeinflußbar sind, welche auf das Entscheidungsresultat aber Einfluß ausüben. Sie stellen den gesamten Datenkranz der Entscheidung dar. Eine bestimmte Kombination von Entscheidungsparametern heißt Entscheidungsprämisse (P_j). Die Gesamtheit aller Entscheidungsprämissen P_1, P_2, P_3, ... bildet den Entscheidungsrahmen der Entscheidung.

(c) Entscheidungsziel. Dies ist der Tatbestand, an dem die Effektivität (Wirksamkeit) der Entscheidungsalternativen bestimmt wird. Um das Entscheidungsziel mit einem bestimmten Erfüllungsgrad zu erreichen, müssen für den Zielerfüllungsgrad bestimmte Entscheidungskriterien festgelegt werden, die in der Optimierung (Maximierung oder Minimierung) der Zielfunktion bestehen.

(d) Zulässigkeitsbereich. Die Werte der Entscheidungsvariablen sind in der Regel eingeschränkt. Die Einschränkungen bestimmen den Zulässigkeitsbereich. Mei-

---

4 Vgl. Kosiol, E.: Die Unternehmung als ..., S. 221.

5 Kosiol, E.: Modellanalyse ..., S. 322.

6 Vgl. zu den folgenden Ausführungen etwa Ackoff, R. L. u. a.: S. 111 f; Nemhauser, G. L.: Introduction to Dynamic Programming. 1967, 2. Aufl., S. 2 f; Lancaster, K.: Mathematical Economics. 1970, 4. Aufl., S. 10 ff; Kosiol, E.: Modellanalyse als ..., S. 322–323; ders.: Die Unternehmung als ..., S. 212 f.

stens wird dieser durch ein System von Gleichungen bzw. Ungleichungen dargestellt, die funktionale Beziehungen zwischen den Entscheidungsvariablen enthalten. Diese funktionalen Beziehungen werden Nebenbedingungen genannt. Für die Existenz einer Optimallösung ist es hinreichend, daß der Zulässigkeitsbereich eine nicht leere, abgeschlossene und beschränkte Menge ist[7].

Unsere Darlegungen beruhten bisher auf der Grundstruktur einer Entscheidung. Es gibt jedoch Entscheidungssituationen, bei denen die Entscheidungsstrukturen höhere Anforderungen an das Entscheidungsmodell stellt. In der Regel liegt einer unternehmerischen Entscheidung eine Zielmenge zugrunde, obwohl das Entscheidungsmodell nur eine Zielfunktion besitzen kann. Daher stellt sich die Frage, inwieweit multiple Entscheidungsziele im Entscheidungsmodell erfaßt werden können. Zunächst einmal können multiple Entscheidungsziele im Entscheidungsmodell dargestellt werden, das setzt aber eine unterschiedliche Formulierung der Ziele voraus. Aus diesem Grund unterscheidet man zwischen begrenzten und unbegrenzten Zielen. Erstere sind Ziele mit festen Größen oder Ober- bzw. Untergrenzen als Entscheidungskriterien. Die unbegrenzten Ziele sind Ziele mit Extremalgrößen als Entscheidungskriterien. Begrenzte Entscheidungsziele sind im Entscheidungsmodell als Nebenbedingungen zu interpretieren[8].

Soweit unter den Extremalzielen nur ein einziges Extremalziel auftritt, ist die erwähnte mathematische Terminologie anwendbar; man setzt das Extremalziel gleich Zielfunktion. Betrachtet man aber multiple Extremalziele statt eines einzigen, dann ist die mathematische Terminologie zunächst nicht anwendbar, es sei denn, daß eine Zielidentität, -komplementarität oder -indifferenz vorliegt[9]. In den genannten Fällen ist es möglich, ein Extremalziel aus der Zielmenge herauszugreifen und dieses als Zielfunktion zu wählen. Beim Vorliegen einer Zielsubstitutionalität kommt es aber zu Zielkonflikten. In diesem Fall ist ein Zielkompromiß erforderlich, um die Extremalziele im mathematischen Entscheidungsmodell zu erfassen, d. h., die Extremalziele müssen zu einer Zielfunktion zusammengefaßt werden[10].

Die mathematischen Entscheidungsmodelle lassen sich nach mehreren Kriterien klassifizieren. Die Klassifizierung nach der Rolle des Zeit- und Zufallsfaktors ist jedoch hier wichtig[11].

---

7 Vgl. Lancaster, K.: insb. S. 14–15 in Fn. 7 und 10.

8 Vgl. Heinen, E.: Grundlagen betriebswirtschaftlicher Entscheidungen – Das Zielsystem der Unternehmung. 1971, 2. Aufl., S. 53 und Kosiol, E.: Die Unternehmung als . . ., S. 214–215.

9 Zu den Begriffen Zielkomplementarität, Zielidentität, Zielindifferenz und Zielsubstitutionalität auch Heinen, E.: S. 94 ff und Bidlingmaier, J.: Zielkonflikte und Zielkompromisse im unternehmerischen Entscheidungsprozeß. 1968, S. 43 ff.

10 Vgl. etwa Richmond, S.: S. 16; Heinen, E.: S. 54; Kosiol, E.: Die Unternehmung als . . ., S. 215–216 und Bidlingmaier, J.: S. 123 ff.

11 Zum folgenden vgl. Hanssmann, F.: Operations Research in Production and Inventory Control. 1962, S. 8; Kosiol, E.: Modellanalyse als . . ., S. 323 und Massie, J. L.: S. 159.

Nach der Rolle des Zeitfaktors unterscheidet man zwischen statischen und dynamischen Modellen. Die statischen Entscheidungsmodelle beziehen sich auf eine bestimmte Zeitperiode. Der Zeitfaktor als Variable bleibt bei den statischen Entscheidungsmodellen völlig außer Betracht, er kann aber als Konstante auftreten. Statische Entscheidungsmodelle können daher nur dann angewendet werden, wenn mit der Zeit ablaufende Veränderungen des Originals auf das untersuchte Entscheidungsproblem keinen Einfluß ausüben. Die Entscheidungsparameter sind bei den statischen Entscheidungsmodellen zeitunabhängig. Die dynamischen Entscheidungsmodelle berücksichtigen zeitliche Veränderungen des Originals, die in bezug auf die untersuchte Entscheidung wesentlich erscheinen. Dies bedeutet, daß zumindest einer von den Entscheidungsparametern zeitabhängig ist. Hier tritt also der Zeitfaktor als Variable auf.

Nach der Rolle des Zufallsfaktors unterscheidet man zwischen deterministischen und stochastischen Entscheidungsmodellen. In den ersteren nehmen die Entscheidungsparameter eindeutig bestimmte Werte an, so daß das Entscheidungssubjekt mit Sicherheit seine Entscheidungen treffen kann. Im Gegensatz dazu nehmen die Entscheidungsparameter in den stochastischen Entscheidungsmodellen Werte gemäß einer Wahrscheinlichkeitsverteilung an, so daß das Subjekt unter Risiko seine Entscheidung treffen muß. In den deterministischen Entscheidungsmodellen führt jede Entscheidungsalternative zu einem bestimmten Ergebnis. In den stochastischen Entscheidungsmodellen führt aber jede Entscheidungsalternative zu mehreren möglichen Ergebnissen, die mit unterschiedlicher, aber bekannter Wahrscheinlichkeit eintreffen können. Daher soll nach dem Optimalitätskriterium gefragt werden. Der Erwartungswert ist, wie oben schon bemerkt, ein rationales Effektivitätsmaß. In diesem Sinn ist diejenige Entscheidungsalternative optimal, die den Erwartungswert der Effektivität optimiert (maximiert oder minimiert)[12].

Die Bildung und Lösung mathematisch-ökonomischer Entscheidungsmodelle ist identisch mit der Aufgabe des betriebswirtschaftlichen Operations Research. Nach Kosiol[13] stellt die Anwendung von O.R.-Methoden in der Betriebswirtschaftslehre eine Beziehung zu den Einzeldisziplinen her, die ihre fachliche Einbeziehung in dem Bereich der pragmatisch-politisch orientierten Anwendung der Theorie erscheinen läßt. Von dieser Stellung versucht das Operations Research, die formale Struktur unternehmerischer Entscheidungsprozesse zu erfassen, und möchte dem Entscheidungssubjekt optimale Lösungen zur Vorbereitung der Entscheidungsfindung liefern[14]. Das betriebswirtschaftliche Operations Research entzieht sich jedoch jeder tieferen Analyse in sachtechnisch-inhaltlichen Fragen der Entscheidung.

Damit ist sein Beitrag zur Anwendung der betriebswirtschaftlichen Entscheidungstheorie auf unternehmerische Entscheidungen methodisch[15]. Das Operations

[12] Vgl. hierzu auch Fn. 11 (Teil I, Abschn. 2, Paragraph (e)).

[13] Kosiol, E.: Betriebswirtschaftslehre und Unternehmensforschung, in: Zeitschrift für Betriebswirtschaft, Jr. 34, Nr. 12, 1964, S. 743-761, hier S. 753.

[14] Vgl. Wagner, H. M.: Principles of Operations Research with Applications to Managerial Decisions. 1969, S. 4-5; Churchman, C. W. u. a.: S. 18.

[15] Vgl. Miller, D. W. and Starr, M. K.: S. 131 f.

Research ist in seinem Vorgehen methodisch dadurch gekennzeichnet, daß es versucht, mittels der quantitativen Modellanalyse unternehmerische Entscheidungen als Optimalprobleme zu formulieren und mit Hilfe spezifischer, mathematischer Verfahren zu lösen. Infolgedessen nimmt das Entscheidungsmodell eine sehr wesentliche Stellung in dem betriebswirtschaftlichen Operations Research ein, dessen Aufgabe dann darin besteht „(Entscheidungs)modelle zu konstruieren und geeignete Verfahren zu entwickeln, mit denen die formale Problematik ökonomischer Entscheidungen lösbar ist“[16].

4. Planung mit Entscheidungsmodellen

Für die Betriebswirtschaftslehre steht die Planung vor der Entscheidung. Folglich dient das betriebswirtschaftliche Operations Research und damit die Bildung mathematischer Entscheidungsmodelle der Entscheidungsvorbereitung im Planungsprozeß; d. h., mittels mathematischer Entscheidungsmodelle werden optimale Entscheidungen im voraus berechnet. Die mathematischen Entscheidungsmodelle sind daher notwendige Hilfsmittel zur Vervollkommnung der Rationalisierung des Planungsprozesses.

Im Abschnitt 2 wurde bereits ein Planungsverfahren beschrieben. Dieses behält seine Bedeutung, auch wenn im Planungsprozeß mathematische Entscheidungsmodelle angewendet werden. In der Planung mit mathematischen Entscheidungsmodellen ist es aber erforderlich, zur Lösung eines Planungsproblems in der Weise vorzugehen, die sich bei der Anwendung dieser Modelle in der Praxis herausgebildet hat. Im Grunde genommen geht es um eine Verfeinerung des Planungsverfahrens, um Quantifizierungsvorgänge zu erleichtern oder erst zu ermöglichen. Das methodische Vorgehen der Planung mit mathematischen Entscheidungsmodellen besteht aus folgenden Schritten[1]:

(a) Formulierung des Problems. Auch hier werden wie bei dem Planungsverfahren zunächst das System, die Planungsalternativen und die Planziele formuliert. Das System stellt den Komplex der voneinander abhängigen Faktoren dar, die von dem Wahlproblem berührt werden. Es entspricht dem Komplex der Planungsprämissen und ist durch die Menge der Planungsalternativen gekennzeichnet; sein Wert läßt sich durch die günstigste Alternative bestimmen. Der Schwerpunkt bei der Problemformulierung liegt in der Definition der Ziele. Man versucht, eine möglichst große Anzahl von Zielen zu berücksichtigen.

(b) Bildung eines Planungsmodells. Dabei handelt es sich entweder um die Bildung eines neuen Entscheidungsmodells oder um die Anwendung eines Standard-O.R.-Entscheidungsmodells. Dieser Schritt entspricht dem Schritt d) im Planungsverfahren. Die Entscheidungsmatrix wird hier im Entscheidungsmodell erfaßt.

---

16 Kosiol, E.: Betriebswirtschaftslehre und Unternehmensforschung . . ., S. 759.

1 Vgl. zum O.R.-Verfahren u. a. Churchman, C. W. u. a.: S. 22 f – Die Schritte der Überprüfung des Modells und der Verwirklichung der Lösung werden hier nicht berücksichtigt; es wird aber versucht, das O.R.-Verfahren mit dem Planungsverfahren in Einklang zu bringen.

(c) Ableitung der Lösung aus dem Planungsmodell. Es wird ein Algorithmus entwickelt, der zur schrittweisen Lösung des Planungsmodells geeignet ist. Dieser Schritt entspricht dem Schritt c) im Planungsverfahren.

Die Schritte sind sehr eng miteinander verbunden. So muß man z. B. bei der Problemformulierung schon überlegen, welches O.R.-Entscheidungsmodell im Schritt b) erarbeitet oder angewendet werden soll. Wiederum ist die Modellbildung gedanklich mit der Algorithmisierung verbunden.

II. Die Struktur des Fertigungsablaufplanungsproblems

1. Produktionssystem

Das Produktionssystem ist der Grundparameter der Fertigungsablaufplanung. Deshalb sollen die besonderen Merkmale des Produktionssystems und ihre Bedeutung für die Fertigungsablaufplanung erklärt werden.

Die Produktion ist ein Prozeß, in dem Maschinen, Arbeitskräfte und Materialien zur Herstellung von Erzeugnissen kombiniert werden[1]. Vergleicht man ein Produktionssystem mit einer erkennbaren Einheit, in die Maschinen, Arbeitskräfte und Materialien als Input hineingesteckt werden und woraus dann Erzeugnisse als Output entstehen, dann kann man die Produktion als Input-Output-Prozeß (Abb. 1.1) auffassen[2].

Die Produktionssysteme lassen sich nach mehreren Kriterien klassifizieren. Die Klassifizierung nach der Art der Prozeßorganisation und Prozeßauslösung ist aber hier wichtig.

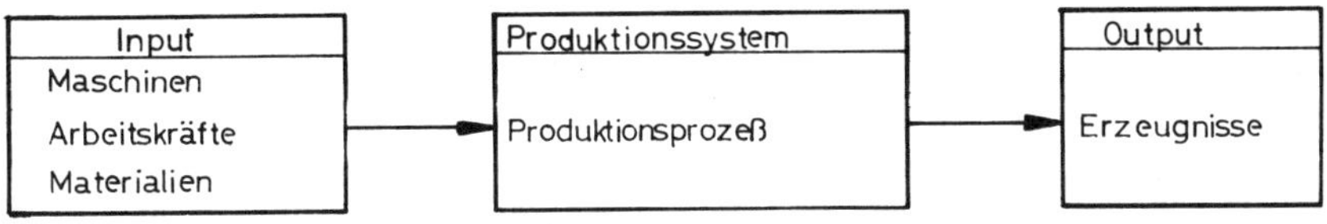

Abb. 1.1 Produktion als Input-Output-Prozeß

Nach der Art der Prozeßorganisation unterscheidet man grundsätzlich zwei extremale Organisationstypen[3]: Werkstattfertigung und Fließfertigung. In den weiteren Betrachtungen wird nur die Werkstattfertigung berücksichtigt. Diese ist dadurch gekennzeichnet, daß Maschinen gleichen Typs zu einer Maschinengruppe zusammengefaßt werden.

---

1 Vgl. Gutenberg, E.: Grundlagen der Betriebswirtschaftslehre. 1969, 16. Aufl., Bd. I, S. 8 und 286.

2 Auch Hanssmann, F.: S. 6 und Biegel, J. E.: Production Control - A Quantitative Approach. 1971, 2. Aufl., S. 4.

3 Vgl. u. a. Mellerowicz, K.: Betriebswirtschaftslehre der Industrie. 1968, 6. Aufl., Bd. II, S. 314 ff; Niland, P.: Production Planning, Scheduling and Inventory Control. 1970, S. 29 ff; Magee, J. F. and Boodman, D. M.: Production Planning and Inventory Control. 1967, 2. Aufl., S. 233 f und Buffa, E. S.: Operations Management-Problems and Models. 1968, 2. Aufl., S. 123 f.

Die Anordnung der Maschinen in einer Betriebsstätte, deren technische Apparatur nach dem Werkstattprinzip organisiert ist, zwingt dazu, einerseits einen zu bearbeitenden Auftrag nach jeder durch eine Maschine vorgenommenen Operation zu der nächsten Maschine zu befördern, die nunmehr für die Weiterbearbeitung des Auftrages gebraucht wird, andererseits aber die Maschine nach Beendigung einer Operation wieder einzurichten (Rüsten, umstellen), damit sie zur Bearbeitung des nächsten Auftrages bereit ist. Daraus folgt, daß die Förder(Transport-)zeiten und Rüst(Einrichte-, Umstellungs-)zeiten im Verhältnis zu den Bearbeitungszeiten sehr groß sind, eine Tatsache, die die Fertigungsablaufplanung beachten muß.

Betriebe, deren Betriebsstätte nach dem Werkstattprinzip organisiert sind, besitzen aber ein hohes Maß an Anpassungselastizität[4]. Sie können ihren Maschinenpark kapazitätsmäßig – quantitativ und zeitlich variieren; sie können die Kapazität durch Überstunden oder durch Übernahme von Maschinen vergrößern und auf der anderen Seite die Kapazität durch Maschinenstillegung oder durch Kurzarbeit verringern. Dies hat große Bedeutung für die Produktionsplanung und damit für die Fertigungsablaufplanung; denn die erwähnten Möglichkeiten sind die Alternativen (Planungsalternativen) zur Variierung der Fertigungskapazität.

Nach der Art der Prozeßauslösung unterscheidet man die auftragsorientierte Fertigung und die marktorientierte Fertigung. Während die auftragsorientierte Fertigung die Kundenaufträge als Orientierungspunkt hat, ist die marktorientierte Fertigung auf den anonymen Markt gerichtet. Diese Differenzierung hat auf die Formulierung des Problems der Fertigungsablaufplanung starken Einfluß, was späterhin herausgestellt wird. Abb. 1.2 zeigt die Beziehung der Werkstattfertigung zu der Art der Prozeßauslösung. Den weiteren Betrachtungen werden sodann zwei Typen von Produktionssystemen zugrunde gelegt[5]:

(a) Auftragsorientiertes Werkstattfertigungs-Produktionssystem

(b) Marktorientiertes Werkstattfertigungs-Produktionssystem

In Hinblick auf den Fertigungsdurchlauf wird der Produktionsprozeß in die Grundbereiche der Teilefertigung und Montage eingeteilt. Die Schwierigkeiten, die der Fertigungsablaufplanung entgegenstehen, sind größer im Bereich der Teilefertigung als in dem der Montage[6]. Aus diesem Grund soll in der vorliegenden Arbeit die Untersuchung auf den Fertigungsablauf bei der Teilefertigung in den Vordergrund gestellt werden.

Mit Q sei die Menge der Maschinen in der Werkstatt bezeichnet; $M = |Q|$ sei die Anzahl der Maschinen. Jedem Element (Maschine) der Menge Q wird eine laufende

---

4 Vgl. Gutenberg, E.: S. 98 und Ellinger, T.: Ablaufplanung. 1959, S. 79.

5 So auch Niland, P.: S. 45 f; Eilon, S.: Elements of Production Planning and Control. 1962, S. 11 f und 153 und Buffa, E. S.: S. 126.

6 In der Teilefertigung tritt die größte Unregelmäßigkeit in Erscheinung; vgl. hierzu Elenz, H. und Weber, G.: Terminplanung und Fertigungssteuerung im Maschinenbau bei Einzel- und Kleinserienfertigung, in: Industrie-Anzeiger, Juli 1964, Nr. VI 45, S. 827–832.

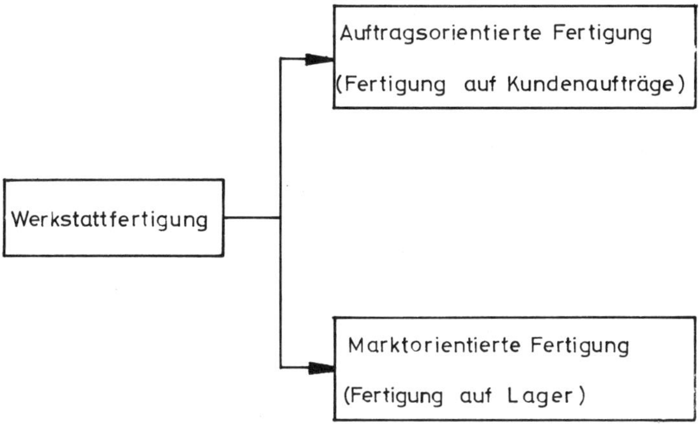

Abb. 1.2

Nummer m ($m = 1, 2, \ldots, M$) zugeordnet. Die Menge Q ist dann durch $Q = \{F_1, F_2, \ldots, F_M\} = \{F_m | m = 1, 2, \ldots, M\}$ darstellbar, wobei F_m die Maschine mit laufender Nummer m bezeichnet. Ferner sei ν die Anzahl der Maschinengruppen, in die die Menge Q eingeteilt wird. Jeder Maschinengruppe wird eine laufende Nummer ($e = 1, 2, \ldots, \nu$) zugeordnet. Die Menge Q wird dann durch $Q = \bigcup_{e=1}^{\nu} Q_e$ gegeben, wobei Q_e die Maschinengruppe mit laufender Nummer e bezeichnet. Die Anzahl der Maschinen einer Maschinengruppe Q_e sei mit n_e bezeichnet.

2. Stellung der Fertigungsablaufplanung im Produktionsplanungssystem

Betrachtet man die Produktionsplanung als ein aus den verschiedenen Planungsbereichen sich zusammensetzendes System, dann stellt jeder Planungsbereich ein Teilsystem dar. Alles, was nicht in der Einflußsphäre eines Teilsystems liegt, legt die Bedingungen der Aktivität für das Teilsystem fest und ist daher der Umgebung des Teilsystems zuzurechnen[1].

Die Fertigungsablaufplanung - als Teilsystem betrachtet - wird durch die Planungsbereiche bestimmt, die zu der Umgebung dieses spezifischen Teilsystems gehören, und beeinflußt diese Planungsbereiche. Daher ist es erforderlich, die Stellung der Fertigungsablaufplanung im Planungssystem festzustellen, wodurch gleichzeitig auch die mit ihr gekoppelte Umgebung festgelegt wird. Diese Umgebung umfaßt die voneinander abhängigen Tatbestände und Sachverhalte, die von dem Wahlproblem der Fertigungsablaufplanung berührt werden und von denen die Planungsprämissen der Fertigungsablaufplanung abgeleitet werden.

---

[1] Vgl. für die mannigfachen Begriffe System, Teilsystem, Umgebungsbedingungen Churchman, C. W.: Einführung in die Systemanalyse. 1970, insb. S. 34 und 41 (übersetzt von Ernst, H. aus dem Amerikanischen: The Systems Approach. 1968).

Somit soll im folgenden versucht werden, erst die Aufgaben der einzelnen Planungsbereiche zu erläutern, dann ein Produktionsplanungssystem aufzubauen und die Stellung jedes einzelnen Planungsbereichs in diesem System festzustellen. Dabei muß aber der Zusammenhang der Fertigungsablaufplanung mit den anderen Planungsbereichen in den Vordergrund gestellt werden.

2.1 Planungsbereiche der Produktionsplanung - Analyse des Produktionsplanungssystems

Jede unternehmerische Handlung vollzieht sich, wie schon gesagt, in der Folge der Planung, Steuerung, Realisation und Kontrolle. Planung, Steuerung und Kontrolle sind leitende Prozesse, Realisation ist dagegen ein ausführender Prozeß, wobei dieser Unterscheidung eine personale Trennung der Leitungsaufgaben von den Ausführungsaufgaben zugrunde gelegt werden soll[1]. Die Gesamtleitungsaufgabe läßt sich daher in Hinblick auf das Merkmal „Prozeß" in Planungs-, Steuerungs- und Kontrollaufgaben klassifizieren.

Im Hinblick auf das Merkmal „Funktion" soll die Gesamtleitungsaufgabe einer industriellen Unternehmung grundsätzlich in die Funktionen: Konstruktion, Fertigungsplanung, Fertigungssteuerung, Einkauf, Verkauf und Finanzen aufgegliedert werden[2].

Prozeß / Funktion	Planung	Steuerung	Kontrolle
Konstruktion	Produktplanung	—	Qualitätskontrolle
Fertigungsplanung	Produktionsmittel-, Material- und Verfahrensplanung	—	Instandhaltung
Fertigungssteuerung	Materialflußplanung	—	Überwachung des Fertigungsfortschritts
Einkauf	Einkaufsplanung	—	Einkaufskontrolle
Verkauf	Verkaufsplanung	—	Verkaufskontrolle
Finanzen	Finanzplanung	—	Finanzkontrolle

Tab. 2.1.1 Zusammenhang zwischen Funktionen und Prozessen

Will man nun ein genaues Bild von der Gesamtleitungsaufgabe gewinnen, dann muß man die Prozesse mit den Funktionen in Zusammenhang bringen (Tab. 2.1.1).

Im Anschluß daran sei folgendes klargemacht: Der Fertigungsplanung wie auch der Fertigungssteuerung kommen ein Planungsbereich, ein Steuerungsbereich und

1 Vgl. Kosiol, E.: Organisation der Unternehmung. 1962, S. 101.

2 Vgl. Burbidge, J. L.: Production Planning. 1971, S. 2.

ein Kontrollbereich zu[3] – dies wird den weiteren Ausführungen zugrunde gelegt. Der Unterschied zwischen Fertigungsplanung und Fertigungssteuerung liegt daher nicht darin, daß die Fertigungsplanung nur plant und die Fertigungssteuerung nur steuert, sondern in den unterschiedlichen Zwecken der Aufgaben, die sie zu erfüllen haben. Bezüglich der Fertigungsplanung sagt *Kosiol*[4]: Die Fertigungsplanung „umfaßt nur Maßnahmen, die vor Erteilung konkreter Fertigungsaufträge einmalig zu ergreifen sind. Es ist alles darin enthalten, was ohne Bezugnahme auf Stückzahl und Termin der Einzelaufträge planend vorbereitet werden kann. Das Planen bzw. Entscheiden bezieht sich auf die Produkteinheit,. . .“. Die Fertigungsplanung soll in Anlehnung an *Burbidge*[5] ein Materialflußsystem entwerfen. Hinsichtlich der Fertigungssteuerung äußert sich *Kosiol*[6]: Die Fertigungssteuerung „umfaßt alle planenden und vorbereitenden Maßnahmen, die zum Zweck der Steuerung der Produktion nur nach der Erteilung konkreter mengen- und terminmäßig begrenzter Aufträge denkbar sind“. Die Fertigungssteuerung soll nach *Burbidge*[7] den Materialfluß im Materialflußsystem regeln.

Die Fertigungsplanung, die hier nicht näher betrachtet wird, umfaßt folgende Planungsbereiche[8]:

(a) Materialplanung

(b) Fertigungsverfahrensplanung
(b.1) Arbeitsplanung. Sie umfaßt die Festlegung von Art und Folge der Arbeitsoperationen und bereitet die Arbeitspläne vor, die für die Fertigungsablaufplanung sehr wichtig sind.
(b.2) Stückzeitplanung. Sie legt die für jede Arbeitsoperation vorzugebenden Arbeitszeiten fest. Auch diese Plan-Daten haben für die Fertigungsablaufplanung große Bedeutung.

(c) Betriebsmittelplanung

Nun ist die Fertigungssteuerung näher zu beleuchten, weil sie neben anderen mit der Fertigungsablaufplanung eng verbundenen Planungsbereichen auch die Fertigungsablaufplanung umfaßt[9]. Die Fertigungssteuerung ist für die Werkstattfertigung so wichtig, daß man sie mit Recht als das Nervensystem des Betriebes bezeich-

---

[3] Vgl. auch Greene, J. H.: Operations Planning and Control. 1967, S. 15; anderer Meinung aber Hoß, K.: Fertigungsablaufplanung mittels operationsanalytischer Methoden. 1965, S. 9. Er glaubt, daß die Fertigungssteuerung keine Planungsaufgaben zu erfüllen habe.

[4] Kosiol, E.: Untersuchung zur Aufbauorganisation der Arbeitsvorbereitung. 1962, S. 23.

[5] Burbidge, J. L.: S. 13.

[6] Kosiol, E.: Untersuchung zur . . ., S. 25.

[7] Burbidge, J. L.: S. 13.

[8] Vgl. hierzu u. a. Kosiol, E.: Untersuchung zur . . ., S. 23 f; Burbidge, J. L.: S. 1; Voris, W.: Production Control-Text and Cases. 1966, 3. Aufl., S. 40 ff.

[9] Vgl. aber Hoß, K.: S. 8; er ordnet die Fertigungsablaufplanung der Fertigungsplanung zu.

net[10]. Sie teilt der Fertigung mit, welche Produkte bzw. welche Produktmengen zu welcher Zeit hergestellt werden sollen. Daher verläßt sich die Fertigung auf die Fertigungssteuerung. Diese verläßt sich aber darauf, daß die Fertigung die Arbeiten ausführt. Und wenn die Arbeiten während des Fertigungsfortschritts scheitern, dann muß die Fertigungssteuerung neue Pläne entwerfen und der Fertigung die nötigen Anweisungen erteilen.

Anschaulich läßt sich die Hauptaufgabe der Fertigungssteuerung bei der Abb. 2.11 erklären[11]. Das Produktionssystem ist formal durch einen schwarzen Kasten dargestellt. Der Planungsbereich bestimmt die Werte der Planungsalternativen, um den Materialfluß im Produktionssystem zu regulieren. Der Steuerungsbereich erteilt der Fertigung die nötigen Anweisungen, damit die Fertigung die Arbeiten im Sinne des Planes ausführen kann. Gleichzeitig aber wird auch der Kontrollbereich über die Pläne informiert. Dieser überwacht dann ständig den Fertigungsfortschritt; er vergleicht den geplanten Output mit dem tatsächlichen Output und analysiert die daraus entstehenden Abweichungen. Stellen sich dabei wichtige Abweichungen heraus, dann muß der Kontrollbereich neue Pläne entwerfen, die ihrerseits neue Anweisungen bewirken.

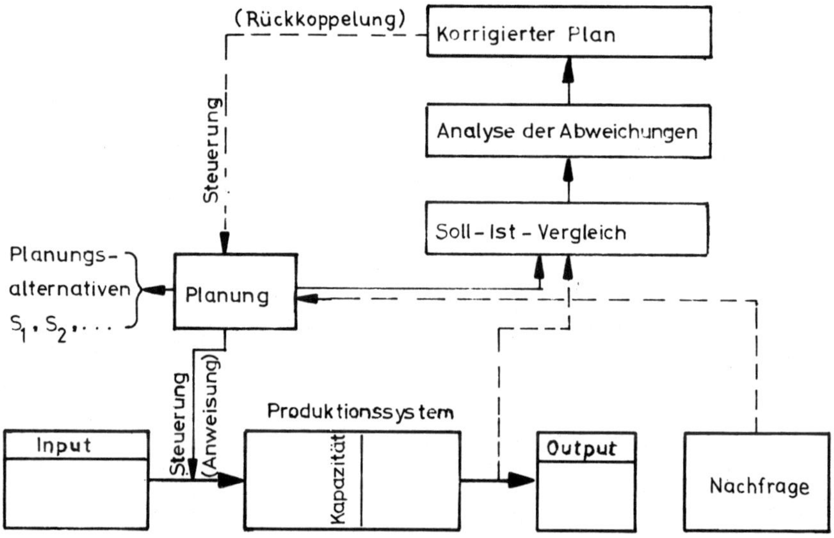

Abb. 2.11

[10] Moore, F. G. and Jablonski, R.: Production Control. 1969, 3. Aufl., S. 1; vgl. auch Ellinger, T.: S. 78 f und Mellerowicz, K.: S. 426–427.

[11] Dabei lehnen wir uns an Abb. 1.1, Teil I, Abschn. 1 und Niland, P.: S. 7 ff und 11 f; vgl. auch Greene, J. H.: S. 17 und Moore and Jablonski, R.: S. 2.

Nachdem die Hauptaufgabe der Fertigungssteuerung geklärt ist, ist nun auf die Aufgaben der einzelnen Planungsbereiche einzugehen. Zuvor müssen aber die Planungsbereiche bestimmt werden, die unter dem Hauptbereich der Fertigungssteuerung zu subsumieren sind. In der Literatur bestehen darüber stark unterschiedliche Auffassungen. Während gewisse Planungsbereiche übereinstimmend als zur Fertigunssteuerung gehörig betrachtet werden, herrscht bezüglich anderer Planungsbereiche keinerlei Einigkeit über die Zugehörigkeit zu dieser Funktion. Daher ist es schwer, zur Abgrenzung der Fertigungssteuerung zu gelangen. Aus den Aufzählungen mehrerer Autoren[12] werden hier folgende Planungsbereiche angegeben:

- Fertigungshauptplanung
- Fertigungsauftragsplanung
- Termingrobplanung
- Fertigungsablaufplanung

A. Fertigungshauptplanung. Je nachdem, ob der Planung die marktorientierte Werkstattfertigung oder die auftragsorientierte Werkstattfertigung zugrunde gelegt wird, wird die Fertigungshauptplanung im folgenden als Fertigungsprogrammplanung oder als Fertigungsratenplanung bezeichnet.

Das Fertigungsprogramm enthält die Produktmengen je Produkt und Zeitperiode (z. B. Woche oder Monat) sowie das Fertigungskapazitätsniveau je Zeitperiode für einen längeren Planungshorizont (z. B. 6 bis 12 Monate). Es wird angenommen, daß die Produktmengen und die Fertigungskapazität in Maschinenstunden ausgedrückt werden.

Hauptzielvorstellungen der Fertigungsprogrammplanung ist die Erfüllung des Verkaufsprogramms. Es existieren aber mehrere Pläne, die das Verkaufsprogramm erfüllen können. Daher sind weitere Zielvorstellungen in Betracht zu ziehen. Zunächst ist ein stabiler Grad der Kapazitätsauslastung zu erreichen, weil die Schwankungen in der Kapazitätsauslastung unproduktive Kapazitätskosten verursachen. Die stabilisierte Auslastung der Kapazität führt aber dazu, daß das Produktlager jene Höhe erreicht, die die Schwankungen im Verkaufsprogramm ausgleichen kann. Daraus entstehen aber Lagerkosten. Schließlich sind noch die produktabhängigen, variablen Kosten zu berücksichtigen.

Hieraus folgt, daß das beste Fertigungsprogramm wohl dasjenige sein dürfte, welches das Verkaufsprogramm erfüllt und die Summe der Kapazitätskosten, der Lagerkosten sowie der produktabhängigen Kosten minimiert[13].

Der Fertigungsratenplan enthält im Gegensatz zum Fertigungsprogramm nur das Fertigungskapazitätsniveau je Zeitperiode (z. B. Woche, Monat) für einen längeren

[12] Vgl. etwa Kosiol, E.: Untersuchung zur . . ., S. 26 ff; Mellerowicz, K.: S. 455 ff; Burbidge, J. L.: Production Planning . . ., S. 83; ders.: Principles of Production Control. 1962, S. 6; Voris, W.: S. 72 ff; Greene, J. H.: S. 15; Moore, F. G. and Jablonski, R.: S. 9 und Moore, F. G. und Welti, O.: Produktionssteuerung - Produktionskontrolle. 1967, S. 47.

[13] Vgl. Burbidge, J. L.: Production Planning . . ., S. 84; Moore, F. G. and Jablonski, R.: S. 199-202; Gavett, J. W.: Production and Operations Management. 1968, S. 452 und Buffa, E. S.: Operations Management . . ., S. 171-172.

Planungshorizont (z. B. 6 bis 12 Monate)[14]. Es wird auch hier angenommen, daß die Fertigungskapazität in Maschinenstunden ausgedrückt werde.

Hauptzielvorstellung der Fertigungsratenplanung ist die Erfüllung der Prognose der Werkstattbelastung. Da aber mehrere Pläne vorhanden sind, die die Belastungsprognose erfüllen können, sind daher auch noch weitere Zielvorstellungen zu berücksichtigen. Zunächst ist ein stabiler Grad der Kapazitätsauslastung zu erreichen, weil die Schwankungen in der Kapazitätsauslastung unproduktive Kapazitätskosten hervorrufen. Die stabilisierte Kapazitätsauslastung hat aber zur Folge, daß ein Rückstand von Aufträgen - in Maschinenstunden ausgedrückt - eingeplant werden muß. Daraus entstehen aber Wartekosten (Opportunitätskosten)[15].

Hieraus läßt sich folgern, daß der optimale Fertigungsratenplan wohl derjenige sein dürfte, der die Belastungsprognose erfüllt und die Summe der Kapazitäts- und Wartekosten minimiert[16].

B. Fertigungsauftragsplanung. Der Fertigungsauftragsplanung obliegt die Aufgabe, den Materialfluß in der Teilefertigung und der Montage zu regulieren. Das erfolgt durch die Festlegung von Fertigungsaufträgen - von nun an einfach Aufträge genannt. Ein Auftrag enthält die herzustellende Stückzahl, die spezifischen Maschinen sowie deren Folge, die Bearbeitungszeiten, die Transportzeiten, die Rüstzeiten und den Zeitpunkt seiner Abwicklung.

Die Fertigungsauftragsplanung beruht zur Bestimmung der Maschinenfolge, der Bearbeitungszeiten, der Transportzeiten und Rüstzeiten auf der Produktplanung und Fertigungsverfahrensplanung.

Bei der marktorientierten Werkstattfertigung vollzieht sich die Festlegung der Aufträge nach zwei Regeln[17]:

(1) „Single-Phase-Single-Cycle"-Regel. Hiernach soll jedes Zeitintervall, das für alle Teile bzw. Produkte gleich und festlegend ist, ein Auftrag aufgelegt werden, dessen Stückzahl für jeden Teil bzw. für jedes Produkt verschieden und dem Lagerbedarf entsprechend variierbar ist.

---

14 Vgl. Plossl, G. W. and Wight, O. W.: Production and Inventory Control-Principles and Techniques. 1967, S. 210-212.

15 Der Auftragsrückstand (Backlog of Orders) hat auf den Liefertermin Einfluß. In der Regel ist der Liefertermin, der einem Kunden versprochen wird, um so langfristiger, je größer der Auftragsrückstand ist. Wenn aber ein Kunde mit einem späteren Liefertermin rechnet, ist es möglich, daß dieser Kunde auf seine Bestellung verzichtet. Daraus entsteht ein Verlust für den Betrieb. Diesen Verlust kann man als Wartekosten (Opportunitätskosten) auffassen. Diese sind daher von der Höhe des Auftragsrückstandes abhängig. Im ähnlichen Sinne vgl. Panico, J. A.: Queueing Theory - A Study of Waiting Lines for Business, Economics and Science. 1969, S. 120.

16 Über die Entwicklung mathematischer Entscheidungsmodelle zur Fertigungsprogrammplanung und Fertigungsratenplanung vgl. Gavett, J. W.: S. 454 ff; Buffa, E. S.: Production-Inventory Systems. 1968, S. 148 ff; ders.: Operations Management ..., S. 626 ff.

17 Vgl. Burbidge, J. L.: Production Planning ..., S. 86-88; ders.: Principles of ..., S. 102.

(2) „Multi-Phase-Multi-Cycle"-Regel. Hiernach soll jedes Zeitintervall, das für jeden Teil bzw. für jedes Produkt verschieden und dem Lagerbedarf entsprechend variierbar ist, ein Auftrag aufgelegt werden, dessen Stückzahl, die sogenannte Losgröße[18], für jeden Teil bzw. für jedes Produkt verschieden und festliegend ist.

Bei der auftragsorientierten Werkstattfertigung werden im Rahmen der Fertigungsauftragsplanung alle an den Betrieb herangetragenen Kundenbestellungen nach einer Bearbeitung in materieller und formeller Hinsicht in Aufträge umgewandelt.

C. Termingrobplanung. Sie steht in einem engen Zusammenhang mit der Fertigungsauftragsplanung. Während sich letztere im wesentlichen auf die Bestimmung der Auftragsmengen beschränkt, wirkt die Termingrobplanung auf den Zeitpunkt der Abwicklung der Aufträge ein.

Bei der marktorientierten Werkstattfertigung wird dem Auftrag schon bei der Berechnung der Auftragsmenge ein Fertigstellungstermin zugeordnet. Im Falle, daß die Auftragsauflage nach der „Single-Phase-Single-Cycle"-Regel erfolgt, besitzen alle auf eine Planungsperiode bezogenen Aufträge einen gemeinsamen Fertigstellungstermin. Im Falle, daß die Auftragsauflage nach der „Multi-Phase-Multi-Cycle"-Regel erfolgt, haben aber die Aufträge verschiedene Fertigstellungstermine.

Bei der auftragsorientierten Werkstattfertigung bedient sich die Termingrobplanung der Vorwärtsrechnung zur Ermittlung der Fertigstellungstermine und der Liefertermine mit der Einschränkung, daß die Liefertermine innerbetrieblich beeinflußbar sind. Wenn aber die Liefertermine innerbetrieblich unbeeinflußbar sind, dann bedient sich die Termingrobplanung, vom Liefertermin ausgehend, der Rückwärtsrechnung zur Ermittlung des Fertigstellungstermins der Aufträge[19, 20]. Im ersten Fall versucht die Termingrobplanung, unter Berücksichtigung der bisherigen Kapazitätsauslastung optimale Fertigstellungstermine und Liefertermine zu bestimmen, während sie im zweiten Fall die Kundenwünsche in Hinblick auf den Liefertermin mit der vollen Kapazitätsauslastung in Einklang bringen muß.

D. Fertigungsablaufplanung. Sie ist die letzte Planungsstufe in der Fertigungssteuerung. Ihre Aufgabe besteht darin, die Aufträge zeitlich auf die Maschinen zu verteilen, d. h., die Arbeitsoperationen zeitlich in den Fertigungsfluß einzufügen. Daher soll sie sich auf eine sehr kurze Zeitperiode (z. B. Tag oder Woche) erstrecken.

---

[18] Zur Bestimmung der optimalen Losgröße gibt es eine umfangreiche Literatur; vgl. u. a. Biegel, J. E.: S. 70 ff; Plossl, G. W. and Wight, O. W.: S. 65 ff und Eilon, S.: S. 227 ff.

[19] Für die Vorwärts- und Rückwärtsrechnung auch Plossl, G. W. and Wight, O. W.: S. 258 f.

[20] In der Praxis gibt es zwei Arten der Terminfestsetzung: Die exogene Terminfestsetzung und die endogene Terminfestsetzung. Bei der exogenen Terminfestsetzung werden die Liefertermine von den Kunden oder von den Verkäufern bestimmt und sind daher innerbetrieblich unbeeinflußbar. Bei der endogenen Terminfestsetzung werden die Liefertermine von der Betriebsleitung bestimmt und sind daher innerbetrieblich beeinflußbar. Diese Differzierung wird auch in der Betriebspraxis angewendet; vgl. dazu Gavett, W. J.: S. 562.

2.2 Die Interdependenzstruktur der Planungsbereiche – Synthese des Produktionsplanungssystems

Die Produktionsplanung umfaßt hier grundsätzlich die Planungsaufgaben, die zur Fertigungsplanung, Fertigungssteuerung sowie zur Konstruktion gehören (vgl. Tab. 2.1.1).

Nachdem die Planungsbereiche bestimmt und geklärt sind, ist nun kurz auf die Interdependenzstruktur der Planungsbereiche einzugehen. Die unterschiedliche Bezeichnungsweise und die abweichende Trennung der Planungsbereiche bewirken aber eine völlige Unsicherheit hinsichtlich der Stellung jedes einzelnen Planungsbereiches im Produktionsplanungssystem. In der Literarut bestehen darüber stark unterschiedliche Ansichten.

Die Planungsbereiche werden hier in das System 2.2.1 eingeordnet[1]. Danach beginnt der Produktionszyklus mit der Prognose[2]. Sie setzt die Unternehmung mit ihrer Umwelt in Verbindung und schafft die Voraussetzungen für die weiteren Planungsüberlegungen. Ihre Bedeutung ist jedoch größer bei der marktorientierten als bei der auftragsorientierten Werkstattfertigung.

Die marktorientierte Werkstattfertigung produziert, bevor sie ihre Produkte verkauft. Folglich braucht sie eine produktbezogene Verkaufsprognose, um zu wissen, was und wieviel sie in der Zukunft verkaufen kann. Die auftragsorientierte Werkstattfertigung kann dagegen nicht produzieren, bevor sie ihre Produkte verkauft hat; d. h., sie muß die Kundenbestellungen in der Hand haben, ehe sie produzieren kann. Infolgedessen braucht sie eine Prognose der zukünftigen Belastung der Werkstatt (Maschinen und Maschinengruppen). An die Prognose schließt sich die Fertigungshauptplanung an.

Sobald die Fertigungshauptplanung, die Produktplanung und Fertigungsverfahrensplanung ihre Arbeiten abschließen, setzt die Fertigungsauftragsplanung ein. Diese steht in einem engen Zusammenhang mit der Lagerhaltung. Die letztere übernimmt die Bestandsüberwachung und gibt der Fertigungsauftragsplanung ständig Berichte über die Lagerbestände, so daß die Fertigungsauftragsplanung die nötigen Aufträge rechtzeitig auflegen kann.

Der Fertigungsauftragsplanung folgt die Termingrobplanung. Diese teilt der Vertriebsstelle den Liefertermin mit, der gleich danach dem Kunden zuzusagen ist. Der Termingrobplanung folgt unmittelbar die Fertigungsablaufplanung.

Der Fertigungshauptplanung kommt eine wesentliche Stellung im Produktionsplanungssystem zu. Sie gibt an, wie hoch die Werkstatt je Zeitperiode (z. B. Tag, Woche, Monat) mit Aufträgen ausgelastet werden soll. Damit wird die Rate (Zahl von Aufträgen pro Zeiteinheit) festgelegt, in der die Aufträge in die Werkstatt hin-

---

[1] Dabei lehnen wir uns an Voris, W.: S. 137; Moore, F. G. and Welti, O.: S. 49; Gavett, J. W.: S. 24 und 481; Eilon, S.: S. 28; Greene, J. H.: S. 19; O'Brien, J. J.: Scheduling Handbook. 1969, S. 467.

[2] Vgl. auch Eilon, S.: S. 27; Biegel, J. E.: S. 15 und Plossl, G. W. and Wight, O. W.: S. 13.

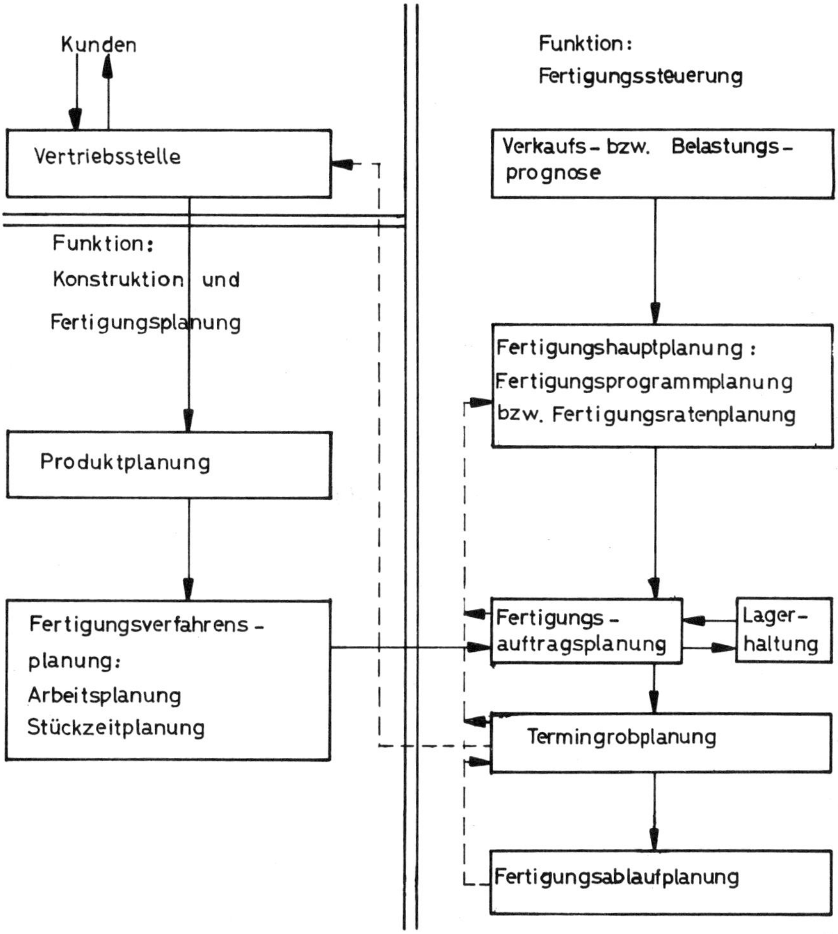

Abb. 2.2.1 Produktionsplanungssystem

einfließen können. Daher sollen sich alle der Fertigungshauptplanung untergeordneten Planungsbereiche an die Richtlinien halten, die von der Fertigungshauptplanung zur Belastung der Werkstatt mit Aufträgen festgelegt werden.

Fertigungshauptplanung und Fertigungsablaufplanung beeinflussen sich gegenseitig. Die Fertigungshauptplanung legt, wie gesagt, das periodische Belastungsniveau der Werkstatt fest. Die Fertigungsablaufplanung soll daher die Werkstatt so hoch belasten, wie es dem Fertigungshauptplan entspricht. Auf diese Weise werden eine Überbelastung der Werkstatt mit Aufträgen und damit eine Vergrößerung der Auftragswartezeiten vermieden, was ohne die Fertigungshauptplanung geschehen könnte[3]. Der Einfluß der Fertigungsablaufplanung auf die Fertigungshauptplanung ist leicht erklärbar. Die letztere muß ein Kapazitätszuschlag berücksichtigen, um die Kapazitätsschwankungen zu decken, die u. a. auch durch die Maschinenleerzeiten verursacht werden. Die Fertigungsablaufplanung beeinflußt aber sehr stark die Maschinenleerzeiten. Deshalb hängt der Kapazitätszuschlag auch von der Fertigungsablaufplanung ab.

Die Produktplanung und Fertigungsverfahrensplanung wirken auf die Fertigungsablaufplanung ein. Die Effektivität der Fertigungsablaufplanung wird wesentlich durch die Entscheidungen beschränkt, die in den technologischen Plan-Daten enthalten sind.

Termingrobplanung und Fertigungsablaufplanung wirken auch aufeinander ein. Die Termingrobplanung liefert der Fertigungsablaufplanung Termine, die von der Fertigungsablaufplanung erfüllt werden müssen. Auf der anderen Seite muß aber die Termingrobplanung bei der Bestimmung der Fertigstellungstermine und Liefertermine einen Zeitzuschlag in Betracht ziehen, um u. a. auch die Wartezeiten zu decken. Dieser Zeitzuschlag hängt von der Fertigungsablaufplanung ab, weil die Wartezeiten von der Fertigungsablaufplanung beeinflußt werden.

Es ist nun zweckmäßig, das Steuerungs- und Kontrollsystem in das Produktionsplanungssystem einzufügen. Planungssystem, Steuerungssystem und Kontrollsystem lassen sich in das System 2.2.2 einordnen.

Bei der Kontrolle der Verkaufs- (bzw. Belastungsprognose) wird der eigentliche Verkauf mit dem prognostizierten Verkauf (bzw. die eigentliche Belastung mit der prognostizierten Belastung) verglichen. Falls sich daraus statistisch wichtige Abweichungen herausstellen, muß die Verkaufsprognose (bzw. die Belastungsprognose) revidiert werden[4].

Die Fertigungshauptplanung muß wegen einer möglichen Abweichung des wirklichen Verkaufs vom prognostizierten Verkauf (bzw. der wirklichen Belastung von der prognostizierten Belastung) oder wegen einer möglichen Abweichung der eigentlichen Fertigung von der geplanten Fertigung ständig kontrolliert werden[5]. Ziel der Kontrolle der Fertigungshauptplanung ist ihre rechtzeitige Änderung, falls es sich als nötig erweist. Die soeben erwähnten Abweichungen wirken aber direkt auf den Lagerbestand bzw. Auftragsrückstand. Deshalb kann der geplante Lagerbestand bzw. Auftragsrückstand bei der Kontrolle der Fertigungshauptplanung als Vergleichsmaßstab dienen. Eine Vergrößerung des wirklichen Auftragsrückstandes über dem geplanten Auftragsrückstand soll bedeuten, daß die Liefertermine in den kommenden Zeitperioden länger werden. Demgegenüber soll eine Verringerung des wirklichen Auftragsrückstandes unter dem geplanten Auftragsrückstand

---

[3] Ebenso Plossl, G. W. and Wight, O. W.: S. 188 f.

[4] Auch Biegel, J. E.: S. 51 ff.

[5] Auch Plossl, G. W. and Wight, O. W.: S. 220 ff; Biegel, J. E.: S. 171 ff und Magee, J. F. and Boodman, D. M.: S. 193 ff.

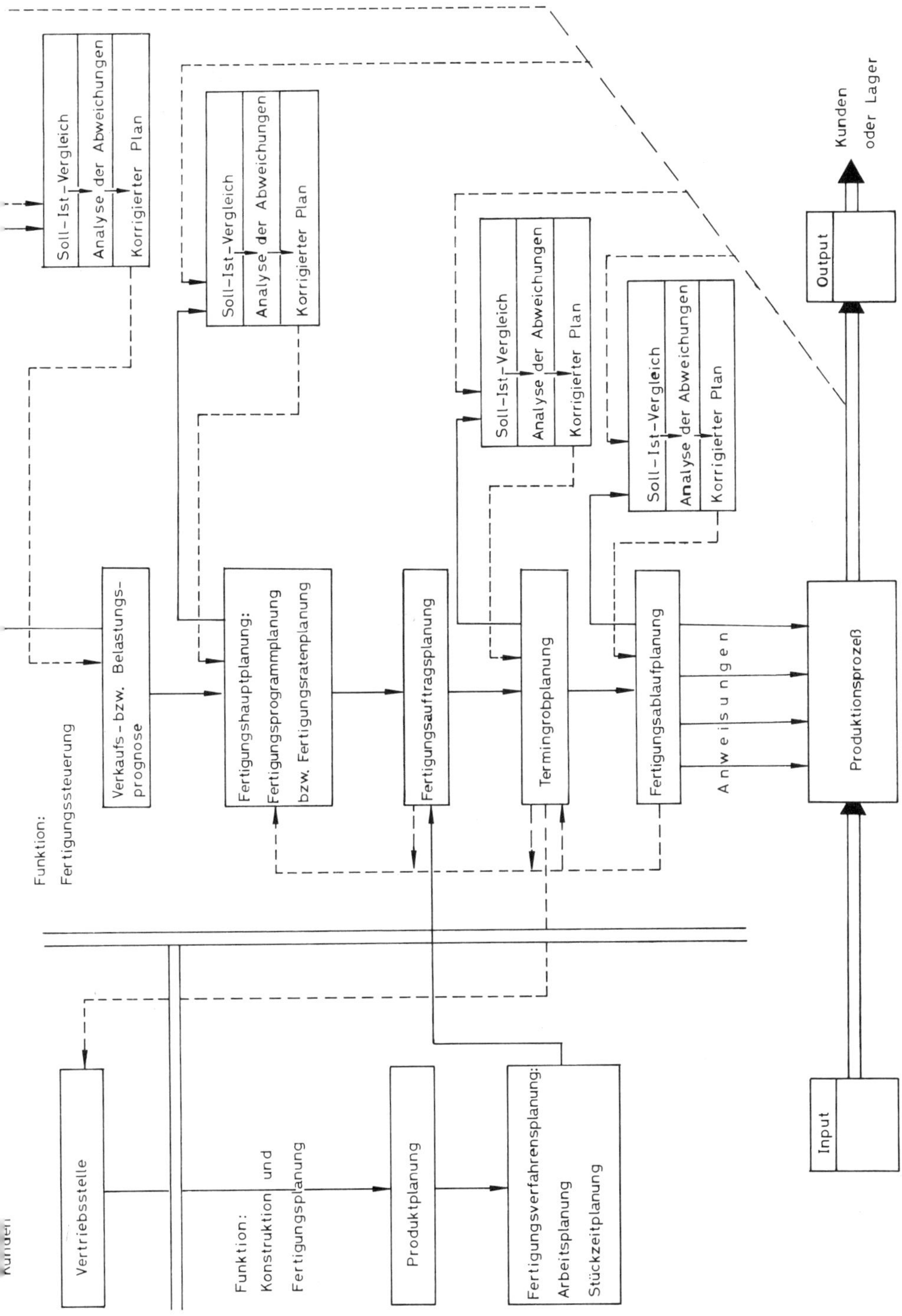

Abb. 2.2.2 Produktionsplanungs - Produktionssteuerungs - Produktionkontrolle - System

bedeuten, daß der Kapazitätsausnutzungsgrad in den kommenden Zeitperioden abnimmt. Daher muß die geplante Fertigungsrate im ersten Fall (z. B. durch Überstunden oder/und durch Übernahme von Maschinen in die Fertigung) erhöht und im zweiten Fall (z. B. durch Kurzarbeit oder/und durch Stillegung von Maschinen) vermindert werden. Auch eine Erhöhung des wirklichen Lagerbestandes über dem geplanten Lagerbestand (bzw. eine Verminderung des wirklichen Lagerbestands unter dem geplanten Lagerbestand) kann ähnliche Korrigierungsmaßnahmen veranlassen.

Für die Termingrobplanung und Fertigungsablaufplanung bildet die Kontrolle eine unentbehrliche Grundlage. Hierbei zeigt sich ein untrennbarer Zusammenhang zwischen Terminplanung und Terminkontrolle. Es ist unmöglich, irgendwelche Zeitpunkte für den Fertigungsablauf festzulegen, ohne zuvor durch genaue Kontrollmaßnahmen ein zutreffendes Bild von der Einhaltung der bisher gesetzten Termine gewonnen zu haben.

3. Planungsrahmen der Fertigungsablaufplanung

Die Planungsbereiche, die der Umgebung der Fertigungsablaufplanung zugerechnet sind, stellen an die Fertigungsablaufplanung Anforderungen. Diese Anforderungen sind in den Plan-Daten enthalten, auf denen die Fertigungsablaufplanung beruht. Anders ausgedrückt: Diese Plan-Daten bilden den Planungsrahmen der Fertigungsablaufplanung. Im folgenden soll daher der Planungsrahmen bestimmt werden.

3.1 Statischer und dynamischer Eingangsstrom des Produktionssystems

Bei der marktorientierten Werkstattfertigung sind alle bei der Fertigung eingehenden Aufträge Lageraufträge. Der Eingangsstrom ist in diesem Fall in der Abb. 3.1.1 dargestellt.

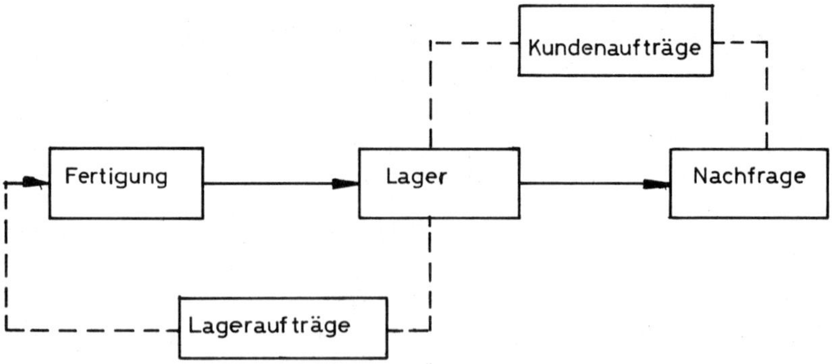

Abb. 3.1.1 Eingangsstrom bei der marktorientierten Werkstattfertigung

Die Auftragsauflage vollzieht sich, wie bereits gesehen, im Rahmen der Fertigungsauftragsplanung. Wenn die Auftragsauflage nach der „Single-Phase-Single-Cycle"-Regel erfolgt, dann erhält die Fertigung am Beginn jeder Planungsperiode eine bestimmte Anzahl von Aufträgen[1]. Wenn die Auftragsauflage aber nach der „Multi-Phase-Multi-Cycle"-Regel erfolgt, dann bestehen bezüglich der Freigabe der Aufträge zwei Möglichkeiten:

(a) Man bestimmt zuerst für jede Planungsperiode eine Anzahl von Aufträgen und gibt sie dann zu Beginn jeder Planungsperiode frei[2]. Folglich bekommt die Fertigung am Anfang jeder Planungsperiode eine bestimmte Anzahl von Aufträgen.

(b) Man gibt die Aufträge zufällig frei. Das geschieht dadurch, daß in dem Moment, wo in bezug auf einen Teil bzw. ein Produkt der Lagerbestand seinen Bestellpunkt (Re-Order Level) erreicht hat, ein Auftrag aufgelegt und sofort freigegeben wird. So bekommt die Fertigung die Aufträge zufällig. *Burbidge*[3] sagt: „The machine shop will receive a random supply of orders each day, as reorder levels are broken in the store he feeds."

Bei der auftragsorientierten Werkstattfertigung sind alle bei der Fertigung eingehenden Aufträge Kundenaufträge. Abb. 3.1.2 repräsentiert in diesem Fall den Eingangsstrom.

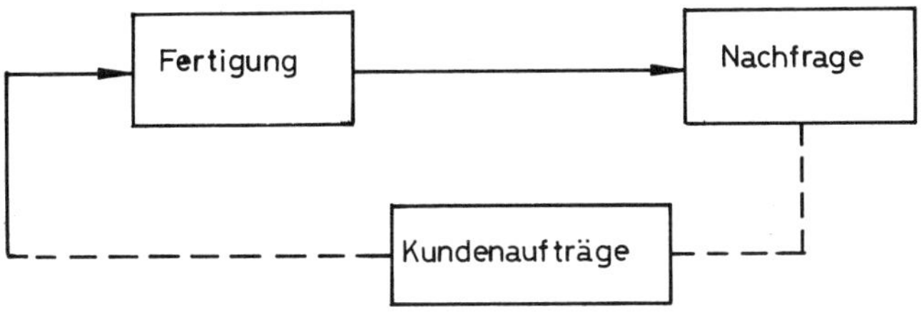

Abb. 3.1.2 Eingangsstrom bei der auftragsorientierten Werkstattfertigung

Im Rahmen der Fertigungsauftragsplanung werden alle Kundenaufträge in Fertigungsaufträge umgewandelt. In bezug auf die Freigabe der Aufträge bieten sich wiederum zwei Möglichkeiten:

(a) Man läßt zuerst eine Anzahl von Aufträgen aufkommen und gibt sie dann frei. Daher bekommt die Fertigung bei Beginn jeder Planungsperiode eine bestimmte Anzahl von Aufträgen. Darüber äußert sich *Eilon*[4]: „In job production we often have

---

[1] Vgl. auch Burbidge, J. L.: Production Planning . . ., S. 87 und Magee, J. F. and Boodman, D. M.: S. 248 f.

[2] Vgl. auch Magee, J. F. and Boodman, D. M.: S. 250 f und Plossl, G. W. and Wight, O. W.: S. 242 ff.

[3] Burbidge, J. L.: Production Planning . . ., S. 92.

[4] S. 357.

at the beginning of a production period several products that have to be manufactured on certain machines to a predetermined sequence."

(b) Man gibt die Aufträge bei ihrer Ankunft frei. So bekommt die Fertigung die Aufträge zufällig. *Eilon*[5] sagt: „When a plant is engaged on job production or on comparatively small batches, . . ., production planning is faced with the problem of scheduling orders with random arrivals."

Somit läßt sich der Eingangsstrom folgendermaßen klassifizieren:

Statisch-deterministischer Eingangsstrom. Der Fertigung werden zu Beginn jeder Planungsperiode N Aufträge $A_1, A_2, \ldots, A_N$ zugestellt, wobei die Aufträge entweder einen gemeinsamen Fertigstellungstermin oder verschiedene Fertigstellungstermine haben können. Wird die Anzahl N von Aufträgen in Maschinenstunden umgewandelt, dann besagt N, wie hoch die Werkstatt mit Aufträgen ausgelastet wird. Da die Belastungshöhe der Werkstatt aber, wie bereits bemerkt, von der Fertigungshauptplanung festgelegt wird, ist N als Belastungsparameter aufzufassen.

Dynamisch-stochastischer Eingangsstrom. Hier ist N unbestimmt. Aufträge mit verschiedenen Fertigstellungsterminen treffen zufällig bei der Fertigung ein. Formal gesehen ist der dynamisch-stochastische Eingangsstrom ein stochastischer Ankunftsprozeß. Es wird vorausgesetzt, daß dieser Ankunftsprozeß die Form eines stationären Poisson-Prozesses annimmt. Empirische Untersuchungen zeigen nämlich, daß sich bei der Werkstattfertigung der dynamisch-stochastische Eingangsstrom mit einem Poisson-Prozeß vergleichen läßt[6]. Mit λ_G sei die mittlere Ankunftsrate (Anzahl von Aufträgen pro Zeiteinheit) bezeichnet. Während einer Zeitperiode $[o, t_1]$ treffen im Durchschnitt $\lambda_G\, t_l$ Aufträge bei der Fertigung ein. Sei mit $A(t)$ der Ankunftsprozeß der Aufträge bezeichnet, wobei $A(t)$ die kumulative Anzahl der Aufträge bedeutet, die bis zum Zeitpunkt t bei der Werkstatt eintreffen. $\lambda_G\, t_1$ ist dann der Mittelwert in der Poisson-Verteilung

$$a_k\,(t_1) \equiv Pr\{A(t_1) = k\} = \frac{(\lambda_G\, t_1)^k\, e^{-\lambda_G t_1}}{k!}\;, \; k = 1, 2. \ldots \qquad (3.1.2)$$

Wenn man die Anzahl $(\lambda_G\, t_1)$ von Aufträgen in Maschinenstunden umwandelt, dann besagt $\lambda_G\, t_1$, wie hoch die Werkstatt mit Aufträgen in der Zeitperiode $[o, t_1]$ ausgelastet wird. Daher ist λ_G wie N ein Belastungsparameter.

3.2 Technologische Maschinenfolgematrix

Jeder bei der Fertigung eingehende Auftrag enthält die spezifischen Maschinen, auf denen der Auftrag bearbeitet wird, und die Folge, in der der Auftrag die Maschinen durchlaufen muß. Für $n = 1, 2, \ldots, N$ und $m = 1, 2, \ldots, M$ bezeichne $Y_{n,m}$ die Zahl, wie oft zur Bearbeitung des n-ten Auftrages A_n die Maschine F_m benutzt wird. Ferner sei für $n = 1, 2, \ldots, N$ $Y_n = \sum_{m=1}^{M} Y_{n,m}$; es sei $Y = \max_{n=1,\ldots,N} Y_n$ gesetzt. For-

[5] S. 350.

[6] Vgl. Nelson, R. T.: An Empirical Study of Arrival, Service Time and Waiting Time Distributions in a Job Shop Production Process, Research Report No. 60, Management Sciences Research Project, June 1959, UCLA. Zitiert in Buffa, E. S.: Operations Management . . ., S. 324-328.

mal wird die Maschinenfolge für den Auftrag A_n durch den Maschinenfolgevektor $(r_{n,1}, r_{n,2}, \ldots, r_{n,y}, \ldots, r_{n,Y})$ repräsentiert, wobei für $y \leqslant Y_n$ die Komponente $r_{n,y}$ die Nummer der Maschine bedeutet, bei der der n-te Auftrag A_n an der y-ten Position seiner Maschinenfolge bearbeitet wird; falls $Y_n < Y$ ist, soll für $Y_n < y \leqslant Y$ $r_{n,y} = 0$ gesetzt werden. Die Maschinenfolgevektoren lassen sich zu einer NxY-Matrix zusammenfassen, die auch Maschinenfolgematrix (Tab. 3.2.1) genannt wird. Diese Matrix sei mit R bezeichnet.

Position (y) / Auftrag (n)	1	2	...	y	...	Y
1	r_{11}	r_{12}	...	r_{1y}	...	r_{1Y}
2	r_{21}	r_{22}	...	r_{2y}	...	r_{2Y}
⋮	⋮	⋮		⋮		⋮
n	r_{n1}	r_{n2}	...	r_{ny}	...	r_{nY}
⋮	⋮	⋮		⋮		⋮
N	r_{N1}	r_{N2}	...	r_{Ny}	...	r_{NY}

Tab. 3.2.1 Maschinenfolgematrix

Im Spezialfall wird für jeden Auftrag A_n $(n = 1, 2, \ldots, N)$ jede der Maschinen aus Q höchstens einmal benutzt; dann kann man $Y = M$ setzen[1].

Es seien nun 3 Aufträge A_1, A_2, A_3 gegeben, die auf 4 Maschinen F_1, F_2, F_3, F_4 gemäß der nachstehenden Maschinenfolgen abzufertigen sind:

$$A_1\colon F_1\ F_2\ F_3\ F_1\ F_4$$

$$A_2\colon F_2\ F_1\ F_3\ F_4\ -$$

$$A_3\colon F_2\ F_1\ F_4\ F_2\ F_3$$

1 Vgl. für den Spezialfall auch Giffler, B. and Thompson, G. L.: Algorithms for Solving Production-Scheduling Problems, in: Operations Research, Vol. 8, 1960, S. 487–503, hier S. 490 und Brooks, G. H. and White, C. R.: An Algorithm for Finding Optimal or Near Optimal Solutions to the Production Scheduling Problem, in: Journal of Industrial Engineering, vol. 16, Nr. 1, 1965, S. 34–40.

Die Maschinenfolgematrix sieht in diesem Fall folgendermaßen aus:

R =

n \ y	1	2	3	4	5
1	1	2	3	1	4
2	2	1	3	4	0
3	2	1	4	2	3

Man kann zwischen Maschinenfolgematrix vom Typ A und Maschinenfolgematrix vom Typ B unterscheiden[2]. Während bei der Maschinenfolgematrix vom Typ A die Aufträge beliebige Maschinenfolgen besitzen, sind bei der Maschinenfolgematrix vom Typ B alle Maschinenfolgen gleich. Für die Werkstattfertigung ist vorwiegend die Maschinenfolgematrix vom Typ A geeignet. Daher ist die Maschinenfolgematrix vom Typ B ein besonderer Fall der Maschinenfolgematrix vom Typ A.

3.3 Zeitbedarfsmatrizen

Außer der Maschinenfolge umfaßt jeder bei der Fertigung eingehende Auftrag auch die Daten für die Bearbeitungs-, Rüst- und Transportzeiten.

A. Bearbeitungszeitenmatrix. Die Bearbeitungszeit bezieht sich auf die Ausführungsdauer eines Auftrages auf einer Maschine. In diesem Sinn ist unter Bearbeitungszeit diejenige Zeit zu verstehen, die eine Maschine zur Bearbeitung der gesamten Auftragsmenge braucht. Die Bearbeitungszeiten seien durch den Bearbeitungszeitvektor $(b_{n,1}, b_{n,2}, \ldots, b_{n,y}, \ldots, b_{n,Y})$ dargestellt, wobei für $y \leqslant Y_n$ die Komponente $b_{n,y}$ die Bearbeitungszeit des n-ten Auftrages A_n auf der Maschine $F_{r_{n,y}}$ bezeichne, sofern sich der Auftrag A_n in der y-ten Position seiner Maschinenfolge befindet; falls $Y_n < Y$ ist, soll für $Y_n < y \leqslant Y$ $b_{n,y} = 0$ gesetzt werden. Die Bearbeitungszeitvektoren lassen sich zu einer NxY-Matrix zusammenfassen, die auch Bearbeitungszeitenmatrix (Tab. 3.3.1) genannt wird. Diese Matrix sei mit B bezeichnet.

B. Rüstzeitenmatrix. Rüstzeit ist die Zeit, die man braucht, um eine Maschine vor Beginn der Bearbeitung eines Auftrages einzurichten. Die Rüstzeiten können von der Bearbeitungsfolge der Aufträge abhängig oder unabhängig sein.

Im Falle, daß die Rüstzeiten von der Bearbeitungsfolge unabhängig sind, seien die Rüstzeiten einer Maschine F_m $(m = 1, 2, \ldots, M)$ durch den Rüstzeitenvektor $(p_{n,1}, p_{n,2}, \ldots, p_{n,y}, \ldots, p_{n,Y})$ repräsentiert, wobei für $y \leqslant Y_n$ die Komponente $p_{n,y}$ die Rüstzeit der Maschine $F_{r_{n,y}}$ vor Beginn der Bearbeitung des Auftrages A_n in der y-ten Position seiner Maschinenfolge bedeutet; falls $Y_n < Y$ ist, soll für $Y_n < y \leqslant$

---

[2] So auch Bakshi, M. S. and Arora, S. R.: The Sequencing Problem, in: Management Science, vol. 16, 1969, S. 247-263, hier S. 248.

Position (y) / Auftrag (n)	1	2	...	y	...	Y
1	b_{11}	b_{12}	...	b_{1y}	...	b_{1Y}
2	b_{21}	b_{22}	...	b_{2y}	...	b_{2Y}
⋮	⋮	⋮		⋮		⋮
n	b_n	b_n	...	b_n	...	b_n
⋮	⋮	⋮		⋮		⋮
N	b_{N1}	$b\ 2$	...	b_{Ny}	...	b_{NY}

Tab. 3.3.1 Bearbeitungszeitenmatrix

$Yp_{n,y} = 0$ gesetzt werden. Die Rüstzeitenvektoren kann man zu einer NxY-Matrix zusammenfassen, die auch Rüstzeitenmatrix (Tab. 3.3.2) genannt wird. Diese Matrix sei mit P bezeichnet.

Position (y) / Auftrag (n)	1	2	...	y	...	Y
1	p_{11}	p_{12}	...	p_{1y}	...	p_{1Y}
2	p_{21}	p_{22}	...	p_{2y}	...	p_{2Y}
⋮	⋮	⋮		⋮		⋮
n	p_{n1}	p_{n2}	...	p_{ny}	...	p_{nY}
⋮	⋮	⋮		⋮		⋮
N	p_{N1}	p_{N2}	...	p_{Ny}	...	p_{NY}

Tab. 3.3.2 Rüstzeitenmatrix bei konstanten Rüstzeiten

Im Falle, daß die Rüstzeiten von der Bearbeitungsfolge abhängig sind, hängt die Rüstzeit $p_{n,\,y}$ bei der Maschine F_m von der Auftragsfolge ab. Dementsprechend gibt es für jede Maschine F_m $(m = 1, 2, \ldots, M)$ eine technologisch festgelegte quadratische $Y'_m \times Y'_m$-Rüstzeitenmatrix $P^{(m)}$ (Tab. 3.3.3).

$A_{s_m y''}$ / $A_{s_m y'}$	1	2	...	y''	...	Y'_m
1	$p^{(m)}_{11}$	$p^{(m)}_{12}$	...	$p^{(m)}_{1y''}$	...	$p^{(m)}_{1Y'_m}$
2	$p^{(m)}_{21}$	p_{22}	...	$p^{(m)}_{2y''}$	...	$p^{(m)}_{2Y'_m}$
⋮	⋮	⋮		⋮		⋮
y'	$p^{(m)}_{y'1}$	$p^{(m)}_{y'2}$	...	$p^{(m)}_{y'y''}$	...	$p^{(m)}_{y'Y'_m}$
⋮	⋮	⋮		⋮		⋮
Y'_m	$p^{(m)}_{Y'_m1}$	$p^{(m)}_{Y'_m2}$	...	$p^{(m)}_{Y'_my''}$	...	$p^{(m)}_{Y'_mY'_m}$

Tab. 3.3.3 Rüstzeitenmatrix bei variablen Rüstzeiten

$p^{(m)}_{y',\,y''}$ $(y' \neq y'')$ bedeutet die Rüstzeit der Maschine F_m vor Beginn der Bearbeitung des Auftrages $A_{s_{m,\,y''}}$, der sich in der y''-ten Position der Auftragsfolge der Maschine F_m befindet, mit der Einschränkung, daß zuvor auf der Maschine F_m der Auftrag $A_{s_{m,\,y'}}$ bearbeitet wurde. Ferner soll $p^{(m)}_{y',\,y''}$ $(y' = y'')$ die Rüstzeit der Maschine F_m sein, die man vor Beginn der Bearbeitung des Auftrages $A_{s_{m,\,y'}}$ braucht, sofern dieser vor allen anderen Aufträgen $A_{s_{m,\,y''}}$ $(y' \neq y'')$ in Angriff genommen wird. (Für die Definition von Y'_m, Y' und $s_{m,\,y'}$ siehe S. 51).

C. Transportzeitenmatrix. Die Transportzeiten eines Auftrages seien durch den Transportzeitenvektor $(f_{n,\,1}, f_{n,\,2}, \ldots, f_{n,\,y}, \ldots, f_{n,\,Y})$ dargestellt, wobei für $y \leqslant Y_n$ die Komponente $f_{n,\,y}$ die Förderzeit des Auftrages A_n von der Maschine $F_{r_{n,\,y-1}}$ zu der nächsten Maschine $F_{r_{n,\,y}}$ $(y = 2, \ldots, Y_n)$ bedeutet; falls $Y_n < Y$ ist, soll für $Y_n < y \leqslant Y$ $f_{n,\,y} = 0$ gesetzt werden. Die Transportzeitenvektoren lassen sich zu einer NxY-Matrix zusammenfassen, die auch Transportzeitenmatrix (Tab. 3.3.4) genannt wird. Diese Matrix sei mit F bezeichnet.

Auftrag (n) \ Position (y)	1	2	...	y	...	Y
1	f_{11}	f_{12}	...	f_{1y}	...	f_{1Y}
2	f_{21}	f_{22}	...	f_{2y}	...	f_{2Y}
⋮	⋮	⋮		⋮		⋮
n	f_{n1}	f_{n2}	...	f_{ny}	...	f_{nY}
⋮	⋮	⋮		⋮		⋮
N	f_{N1}	f_{N2}	...	f_{Ny}	...	f_{NY}

Tab. 3.3.4 Transportzeitenmatrix

4. Planungsalternativen der Fertigungsablaufplanung

4.1 Statische und dynamische Fertigungsablaufplanung

An früherer Stelle wurde zwischen statisch-deterministischem Eingangsstrom und dynamisch-stochastischem Eingangsstrom unterschieden. Nun läßt sich die Fertigungsablaufplanung nach der Art des Eingangsstroms in dem folgenden System einordnen (Abb. 4.1.1).

Die Aufgabe der statisch-deterministischen Fertigungsablaufplanung - von nun an einfach statische Fertigungsablaufplanung genannt - besteht darin, anhand einer bestimmten Anzahl N von Aufträgen am Anfang einer Planungsperiode diese Aufträge auf die Maschinen zeitlich zu verteilen.

Die Aufgabe der dynamisch-stochastischen Fertigungsablaufplanung - von nun an einfach dynamische Fertigungsablaufplanung genannt - besteht darin, Aufträge, die im Lauf der Fertigung zufällig bei der Werkstatt eintreffen, bei ihrer Ankunft zeitlich auf die Maschinen zu verteilen.

4.2 Feststellung der Planungsalternativen der statischen Fertigungsablaufplanung

Es seien N Aufträge $A_1, A_2, \ldots, A_N$ gegeben. Die Bearbeitung vom Auftrag A_n, die hier als Aktivität bezeichnet wird, sei durch den Maschinenfolgevektor $(r_{n,1}, \ldots, r_{n,y}, \ldots, r_{n,Y})$ und den Bearbeitungszeitvektor $(b_{n,1}, \ldots, b_{n,y}, \ldots, b_{n,Y})$ gekennzeichnet[1].

---

[1] Die Aktivität sei auch durch den Rüstzeiten- und Transportzeitenvektor gekennzeichnet. Diese Vektoren bleiben hier nur der Einfachheit halber außer Betracht.

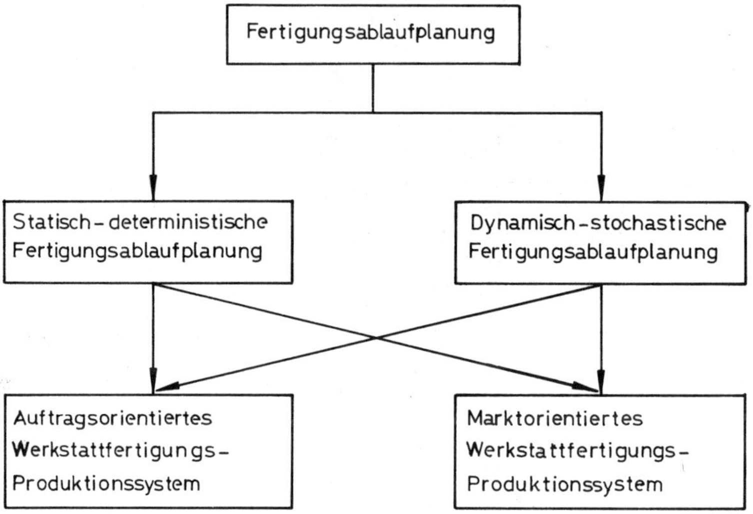

Abb. 4.1.1

Es wird zunächst angenommen, die Werkstatt habe keinen Auftrag zu bearbeiten; dann werden die Aufträge in die Werkstatt freigegeben. Während des Fertigungsablaufes werden sich die Aktivitäten bei den verschiedenen Maschinen überschneiden. Eine Überschneidung besteht darin, daß mehrere Aufträge dieselbe Maschine gleichzeitig fordern. Der Fertigungsablauf sei am folgenden Beispiel (Abb. 4.2.1) erläutert:

Aus der Abb. 4.2.1 geht hervor, daß sich A_1-Aktivität und A_3-Aktivität bei der Maschine M_1 um 2 Zeiteinheiten, A_1-Aktivität und A_3-Aktivität bei der Maschine M_2 um 3 Zeiteinheiten, usw. überschneiden. Ein Fertigungsablauf, der Überschneidungen enthält, ist aber nicht durchführbar, weil mehrere Aufträge nicht gleichzeitig auf einer Maschine bearbeitet werden können. Um die Überschneidungen zu vermeiden und damit den Fertigungsablauf zu ermöglichen, muß man auf jeder Maschine die Aufträge hintereinander ausführen. Dadurch entstehen Zeitfolgebe-

R =

n \ y	1	2	3	4
1	1	2	3	4
2	2	1	3	4
3	1	2	4	3

B =

n \ y	1	2	3	4
1	2	3	2	1
2	2	1	3	1
3	2	3	2	2

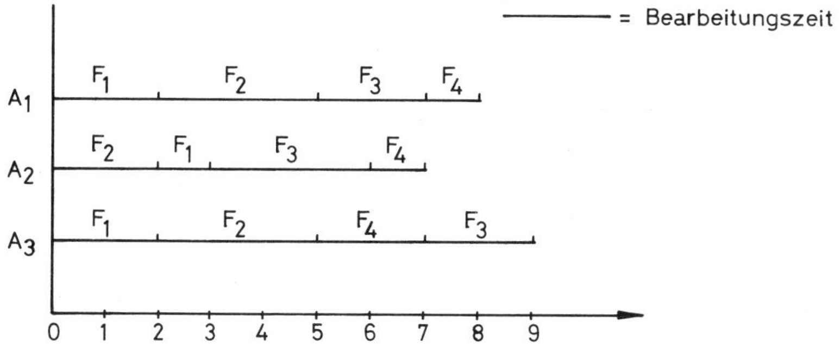

Abb. 4.2.1 Fertigungsablauf mit Überschneidungen

ziehungen (Sequenzbeziehungen) zwischen den Aufträgen. Die Gesamtheit aller Sequenzrelationenverknüpfungen bei einer Maschine bildet eine Auftragsfolge (Auftragssequenz). Man erreicht eine Auftragsfolge in der Menge der Aufträge bei einer Maschine durch die Anwendung einer irreflexiven, transitiven und antisymetrischen Relation[2] wie „muß vorangehen“[3] oder „folgt“[4].

Für $n = 1, \ldots, N$ und $m = 1, \ldots, M$ habe $Y_{n,m}$ dieselbe Bedeutung wie o.. Es sei für $m = 1, \ldots, M$ $Y'_m = \sum_{n=1}^{N} Y_{n,m}$ und $Y' = \max_{1,\ldots,M} Y'_m$. Die Auftragsfolge auf der Maschine F_m $(m = 1, \ldots, M)$ werde durch den Auftragsfolgevektor (Auftragssequenzvektor) $(s_{m,1}, \ldots, s_{m,y'}, \ldots, s_{m,Y'})$ dargestellt, wobei für $y' \leq Y'_m$ die Komponente $s_{m,y'}$ die Nummer des Auftrages bedeutet, der sich auf der Maschine F_m an y'-ter Position der Auftragsfolge befindet; falls $Y'_m < Y'$ ist, soll für $Y'_m < y' \leq Y'$ $s_{m,y'} = 0$ sein. Die Auftragsfolgevektoren lassen sich zu einer MxY'-Matrix zusammenfassen, die auch Auftragsfolgematrix (Sequenzmatrix) oder einfach Sequenz (Tab. 4.2.1) genannt wird. Diese Matrix sei mit S bezeichnet.

Im Spezialfall wird auf jeder Maschine F_m $(m = 1, \ldots, M)$ jeder der Aufträge A_n $(n = 1, \ldots, N)$ höchstens einmal behandelt; dann kann man $Y' = N$ setzen[5].

Insgesamt gibt es $(Y'!)^M$ Sequenzen. Sei $\mathbf{S}$ die Menge aller Sequenzen. Jedes Element $S \epsilon \mathbf{S}$ stellt eine Planungsalternative dar. Folglich hat man $(Y'!)^M$ Planungsalter-

---

[2] Zu einer Auftragsfolge kommt man auf Grund der Annahme, daß zwei oder mehrere Aufträge nicht gleichzeitig auf einer Maschine bearbeitet werden können.

[3] Vgl. Elmaghraby, S. E.: The Machine Sequencing Problem-Review and Extensions, in: Naval Research Logistics Quarterly, vol. 15, 1968, S. 205–230, hier 205.

[4] Vgl. Giffler, B. and Thompson, G. L.: S. 488.

[5] Vgl. für den Spezialfall auch Giffler, B. and Thompson, G. L.: S. 490 und Bakshi, M. S. and Arora, S. R.: S. 248.

Position (y') / Maschine (m)	1	2	...	y'	...	Y'
1	s_{11}	s_{12}	...	$s_{1y'}$	...	$s_{1Y'}$
2	s_{21}	s_{22}	...	$s_{2y'}$	...	$s_{2Y'}$
⋮	⋮	⋮				⋮
m	s_{m1}	s_{m2}	...	$s_{my'}$	...	$s_{mY'}$
⋮	⋮	⋮		⋮		⋮
M	s_{M1}	s_{M2}	...	$s_{My'}$	...	$s_{MY'}$

Tab. 4.2.1 Sequenzmatrix

nativen, um Überschneidungen zu vermeiden. Im vorigen Beispiel gibt es $(3!)^4 = 1296$ Planungsalternativen, von denen eine wie folgt aussieht:

S =

m \ y'	1	2	3
1	3	1	2
2	2	3	1
3	2	1	3
4	3	2	1

Dickhut[6] will außer der Sequenz auch die Rüstzeit als Entscheidungsvariable auffassen, aber nicht in dem Sinn, daß aus einer gegebenen Menge von unterschiedlichen Rüstzeitmatrizen für eine Maschine F_m $(m = 1, 2, \ldots, M)$ simultan mit der Bestimmung der optimalen Sequenz auch die optimale Rüstzeitenmatrix ausgewählt wird. Beim Vorliegen einer Rüstzeitenmatrix für eine Maschine F_m hängt die Gesamtrüstzeit, wie bereits bemerkt, von der Sequenz ab. Daher ist die Gesamtrüstzeit in diesem Fall nur eine Zielgröße, an der die Effektivität der Sequenz bestimmt

---

6 Dickhut, E. O.: Zur Problematik der optimalen Fertigungsablaufplanung in der Einzel- und Kleinserienfertigung. Diss. TH Aachen, 1966, S. 71.

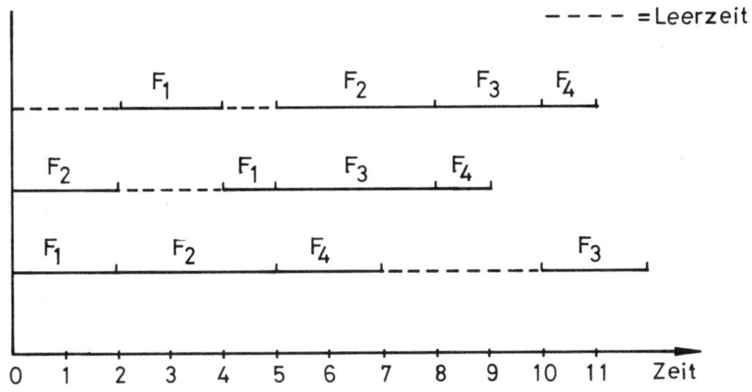

Abb. 4.2.2 Fertigungsablauf ohne Überschneidungen

werden kann. Alle Maßnahmen der Fertigungsablaufplanung müssen sich also auf die Sequenz beziehen[7].

Fügt man diese Sequenz in den Fertigungsablauf der Abb. 4.2.1 ein, erhält man einen Fertigungsablauf ohne Überschneidungen. Dieser ist in der Abb. 4.2.2 illustriert.

4.3 Planungsalternativen der dynamischen Fertigungsablaufplanung

Betrachtet man den Eingangsstrom als Bedienungsnachfrage und die Werkstatt als Bedienungsmechanismus, so liegt ein mehrstufiges „stochastisches Bedienungssystem" bzw. „Warteschlangensytem" vor[1]. Überschneidungen von Aktivitäten lassen sich hier damit vermeiden, daß man die Aufträge, die zu einem Zeitpunkt bei einer Maschine warten, hintereinander bearbeitet. Daraus folgt, daß die dynamische Fertigungsablaufplanung ein kontinuierlicher Prozeß ist; jedesmal wenn neue Aufträge bei der Werkstatt eintreffen, muß man die wartenden Aufträge erneut einreihen. Dazu braucht man aber eine Sequenzregel, mit deren Hilfe man in der Zukunft routinemäßig die Bearbeitungsfolge der wartenden Aufträge finden kann. Um eine Sequenzregel aufzustellen, ist es erforderlich, die Teile bzw. Produkte in Klassen einzuteilen, und jeder Teile- bzw. Produktklasse eine Prioritätszahl zuzuordnen.

Angenommen, es existieren K Teile- bzw. Produktklassen, die von 1 bis K numeriert sind. Der Ausdruck $S = (s_1, s_2, \ldots, s_k, \ldots, s_K)$ - wobei die Komponente s_k die Teile- bzw. Produktklasse mit Prioritätszahl k ($k = 1, 2, \ldots, K$) bezeichne - stellt eine Sequenzregel dar. Diese legt die Reihenfolge fest, in der die Aufträge zu bearbeiten sind, die zu einem Zeitpunkt bei einer Maschine warten. Man braucht einem Auftrag nur die Prioritätszahl der Klasse zuzuordnen, zu der der Auftrag gehört. Insgesamt gibt es $K!$ Sequenzregeln, von denen jede eine Planungsalternative darstellt. Es existieren daher $K!$ Planungsalternativen.

---

7 In diesem Sinne vgl. Churchman, C. W. u. a.: S. 409.

1 Vgl. im gleichen Sinne Buffa, E. S.: Operations Management . . ., S. 180.

Man[2] vertritt die Meinung, daß auch die mittlere Ankunftsrate λ_G zu den Entscheidungsvariablen der Fertigungsablaufplanung gehört. Hierzu wird folgendes bemerkt:

In einer betrieblichen Warteschlangensituation gibt es prinzipiell vier Größen, die man je nach der Art der Entscheidungssituation beeinflussen kann. Dies sind die Bedienungsrate μ_m je Maschine, die Anzahl n_e der Maschinen einer Maschinengruppe, die Anzahl ν der Maschinengruppen und die Sequenzregel S. Demnach lassen sich im Anschluß an *Hillier*[3] fünf Typen von Warteschlangen-Entscheidungsmodellen unterscheiden:

(a) Entscheidungsmodell vom Typ A. Gegeben sind S, μ_m und die Ankunftsrate λ_e einer Maschinengruppe; gesucht wird die Anzahl n_e der Maschinen dieser Maschinengruppe.

(b) Entscheidungsmodell vom Typ B. Gegeben sind S und λ_e; gesucht werden μ_m und n_e.

(c) Entscheidungsmodell vom Typ C. Gegeben sind S, μ_m, λ_e und λ_G; gesucht werden n_e und ν, wobei $\nu = \lambda_G/\lambda_e$ ist.

(d) Entscheidungsmodell vom Typ D. Gegeben sind S, λ_e und λ_G; gesucht werden μ_m, n_e und ν, wobei $\nu = \lambda_G/\lambda_e$ ist.

(e) Entscheidungsmodell vom Typ E[4]. Gegeben sind μ_m, μ_e ($\mu_e = n_e \mu_m$), ν, n_e, λ_G, λ_e ($\lambda_e = \lambda_G/\nu$) und die Ankunftsrate λ_m ($\lambda_m = \lambda_e/n_e$) je Maschine; gesucht wird die Sequenzpolitik S.

Je nach dem Typ der Warteschlangen-Entscheidungssituation wählt man das entsprechende Entscheidungsmodell aus. Für die Fertigungsablaufplanung ist das Entscheidungsmodell vom Typ E sehr geeignet. Die Bedienungsrate μ_i $(i = m, e, G)$[5], die man dazu braucht, wird im Rahmen der Fertigungshauptplanung berechnet. Die Ankunftsrate λ_i $(i = m, e, G)$, die man ebenfalls dazu benötigt, ist von den Kundenbestellungen bzw. vom Lagerbedarf abhängig. Zur Berechnung der Bedienungsrate μ_i $(i = m, e, G)$ sind die Entscheidungsmodelle von a bis d geeignet. Dabei setzt die Fertigungshauptplanung die Sequenzpolitik und Ankunftsrate λ_i $(i = m, e, G)$ als bekannt voraus.

Die Bestimmung der optimalen Bedienungsrate wird durch zwei Faktoren beeinflußt, die einander entgegenlaufen. Dies sind die Auftragswartezeiten und die

---

2 Vgl. Danner, D.: Die Ablaufplanung, mehrstufiger diskontinuierlicher Prozesse. Diss. Mannheim 1963, S. 24; Dickhut, E. O.: S. 80 und Hoß, K.: S. 144 ff.

3 Hillier, F. S. and Lieberman, G. J.: Introduction to Operations Research. 1967, S. 332 ff.

4 Hillier and Lieberman lassen das Entscheidungsmodell vom Typ E außer Betracht. Daher ist die hier konzipierte Klassifizierung vollständiger als die von Hillier and Lieberman.

5 Die Fertigungshauptplanung legt die periodische Belastung der Werkstatt (Maschinen und Maschinengruppen), d. h. die Belastungsrate, fest. Die periodische Belastung gibt aber die periodische Bedienungskapazität der Werkstatt (Maschinen und Maschinengruppen), d. h. die Bedienungsrate, an. Daher ist die Bedienungsrate gleich der Belastungsrate.

Maschinenleerzeiten. Das Verhalten der Wartezeiten und Leerzeiten bei Variierung der Bedienungsrate μ_i $(i = m, e, G)$ ist in der Abb. 4.3.1 dargestellt[6].

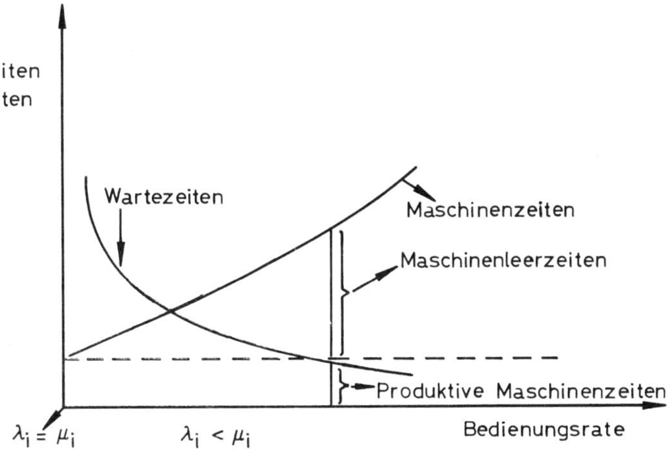

Abb. 4.3.1 Beziehung zwischen Wartezeiten und Leerzeiten in bezug auf die Bedienungsrate

Daraus folgt, daß es zwischen Warte- und Leerzeiten einen Zielkonflikt gibt. Dieser Zielkonflikt ist nur durch einen Zielkompromiß lösbar. Abb. 4.3.2 zeigt diesen Zielkompromiß[7].

Zusammenfassend läßt sich folgendes feststellen: Die Fertigungsablaufplanung setzt sowohl λ_i $(i = m, e, G)$ als auch μ_i $(i = m, e, G)$ als bekannt voraus; λ_i $(i = m, e, G)$ hängt bei der auftragsorientierten Werkstattfertigung von den Kundenbestellungen und bei der marktorientierten Werkstattfertigung vom Lagerbedarf ab[8]; μ_i $(i = m, e, G)$ wird von der Fertigungshauptplanung bestimmt. Die Lagerhaltung – als Warteschlangensystem aufgefaßt – gibt der Fertigung Vorratsaufträge, um die Bestände zu ergänzen. Daher ist die Ankunftsrate λ_i $(i = m, e, G)$ vom Standpunkt der Lagerhaltung aus eine Bedienungsrate; für die Lagerhaltung ist die Nachfrage die Ankunftsrate[9]. Die Fertigungshauptplanung legt die zukünftige Belastungsrate μ_i $(i = m, e, G)$ fest; die Ankunftsrate λ_i $(i = m, e, G)$, die sie dazu braucht, wird durch die Prognose bestimmt. Hierbei wird also die Bedienungskapazität unter Berücksichtigung der zukünftigen Kapazitätsbelastung der Werkstatt (Maschinen und Maschinengruppen) vorbereitet. Dadurch wird eine mögliche Überbelastung der

6 Vgl. auch Eilon, S. : S. 356.

7 Vgl. auch Hillier, F. S. and Lieberman, G. J.: S. 331.

8 Vgl. hierzu auch Teil II, Abschn. 3.1.

9 Vgl. auch Morse, P. M.: Queues, Inventories and Maintenance. 1958, S. 138.

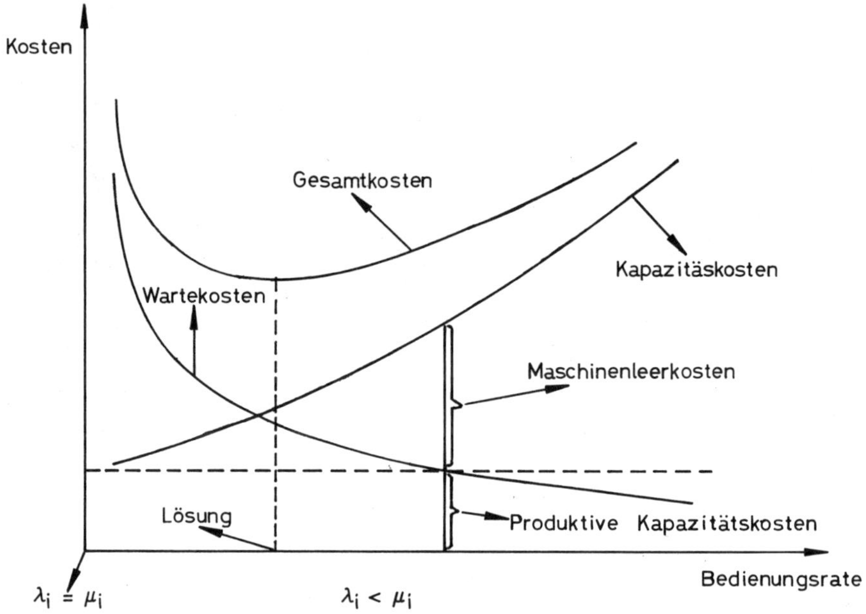

Abb. 4.3.2 Lösungskonzept für das Problem der Berechnung der optimalen Bedienungsrate

Werkstatt mit Kunden- bzw. Lageraufträgen vermieden[10]. Erst das ermöglicht der Fertigung, die bei der Werkstatt eingehenden Kunden- bzw. Lageraufträge rechtzeitig zu erledigen.

Somit tritt nur die Sequenzpolitik unter der Entscheidungsvariablen der Fertigungsablaufplanung auf[11]. Ankunftsrate λ_i $(i = m, e, G)$ und Bedienungsrate μ_i $(i = m, e, G)$ erscheinen unter den Entscheidungsparametern der Fertigungsablaufplanung.

5. Zielkonzeption der Fertigungsablaufplanung

5.1 Unwirksamkeitsfunktion der Fertigungsablaufplanung

Der Fertigungsablaufplanung liegt eine Zielmenge zugrunde. Angenommen, Z_1, Z_2, Z_3 ... seien ihre Ziele. Da aber die Fertigungsablaufplanung ein Teilsystem des Produktionsplanungssystems ist, muß man die Ziele Z_1, Z_2, Z_3 ... mit dem Oberziel des Produktionsplanungssystems in Verbindung setzen.

Mit E seien die Nebenkosten bezeichnet, die durch die Fertigungsablaufplanung verursacht werden; ferner seien mit C_m die Kosten bezeichnet, die durch die anderen

10 Vgl. auch Teil II, Abschn. 2.2.

11 Ebenso Ackoff, R. L. and Sasieni, M. W.: S. 275.

Planungsbereiche des Produktionsplanungssystems hervorgerufen werden. Die Summe von C_m und E drückt dann die Gesamtkosten aus, die zu minimieren sind:

$$C_g = C_m + E. \qquad (5.1.1)$$

Man kann C_g minimieren, indem man C_m und E minimiert.

E läßt sich als Unwirksamkeit (Effektivitätsverlust)[1] auffassen. Nach *Churchman*[2] ist dann E eine Funktion $f(Z_1, Z_2, Z_3 \ldots)$ von $(Z_1, Z_2, Z_3, \ldots)$, d. h.

$$E = f(Z_1, Z_2, Z_3, \ldots). \qquad (5.1.2)$$

Faßt man nun die Gesamtkosten C_g als Oberziel auf[3], so tritt die Zielmenge $\{Z_1, Z_2, Z_3, \ldots\}$ der Fertigungsablaufplanung mit dem Oberziel C_g in Verbindung.

Im folgenden soll versucht werden, die Ziele $Z_1, Z_2, Z_3, \ldots$ zu formulieren und die Beziehungen zueinander (Zielverträglichkeit) zu untersuchen.

5.2 Zielkonzeption der statischen Fertigungsablaufplanung

A. Minimierung der Gesamtleerzeit bzw. Maximierung der Kapazitätsnutzung.

In Betracht kommen nur die Leerzeiten, die durch den Fertigungsablauf bedingt werden, d. h. ablaufbedingte Leerzeiten. In diesem Sinne bedeutet dann die Maschinenleerzeit diejenige Zeit, während derer eine Maschine auf einen Auftrag wartet.

Der Einfluß der Sequenz auf die Leerzeiten läßt sich am folgenden Beispiel erklären. Es seien 3 Aufträge A_1, A_2, A_3 gegeben, die auf 2 Maschinen F_1 und F_2 gemäß der nachstehenden Daten abzufertigen sind:

R =

n \ y	1	2
1	1	2
2	1	2
3	2	1

B =

n \ y	1	2
1	1	2
2	1	3
3	1	2

S_1 =

m \ y'	1	2	3
1	1	2	3
2	1	2	3

S_2 =

m \ y'	1	2	3
1	1	3	2
2	3	1	2

---

1 So auch Salveson, M. E.: A Computational Technique for the Scheduling Problem, in: Journal of Industrial Engineering, Vol. 13, Nr. 1, 1962, S. 30–41, hier S. 33.

2 Churchman, C. W. u. a.: S. 116 – E hängt auch von den Planungsalternativen ab.

3 Man kann C_g aus folgenden Gründen als Hauptzielvorstellung des Produktionsplanungssystems betrachten:
a) Das Planungssystem bezieht sich hier nur auf den Produktionssektor
b) Bei der auftragsorientierten Fertigung bekommt der Betrieb die herzustellenden Mengen direkt von den Kunden, so daß der Betrieb keinen Einfluß auf die Gewinnmaximale Mengenbestimmung ausübt.
c) Die Kostenminimierung ist ein Mittel zur Gewinnmaximierung. Im gleichen Sinne vgl. Moore, F. G. and Jablonski, R.: S. 7 f; Biegel, J. E.: S. 153; Gavett, J. W.: S. 452; Burbidge, J. L.: Production Planning . . ., S. 84; Voris, W.: S. 2 f und Plossl, G. W. and Wight, O. W.: S. 1 f.

Abb. 5.2.1 zeigt den Fertigungsablauf unter der Sequenz S_1. Auftrag A_1 besetzt Maschine F_1 während einer Zeiteinheit, während Maschine F_2 leersteht. Sobald Auftrag A_1 Maschine F_1 verläßt, beginnt dort Auftrag A_2, während Auftrag A_1 auf Maschine F_2 weiterläuft, usw..

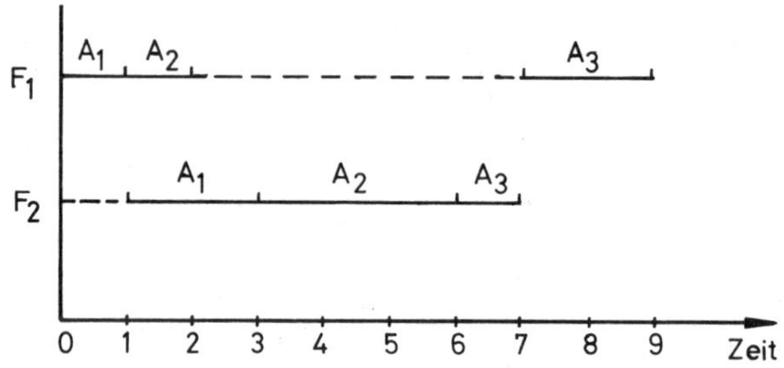

Abb. 5.2.1 Maschinenbezogener Fertigungsablauf unter der Sequenz S_1

Abb. 5.2.2 zeigt den Fertigungsablauf unter der Sequenz S_2. Auftrag A_1 besetzt Maschine F_1 während einer Zeiteinheit, während Maschine F_2 Auftrag A_3 bearbeitet. Sobald Auftrag A_1 Maschine F_1 verläßt, beginnt dort Auftrag A_3, während Auftrag A_1 auf Maschine F_2 weiterläuft, usw..

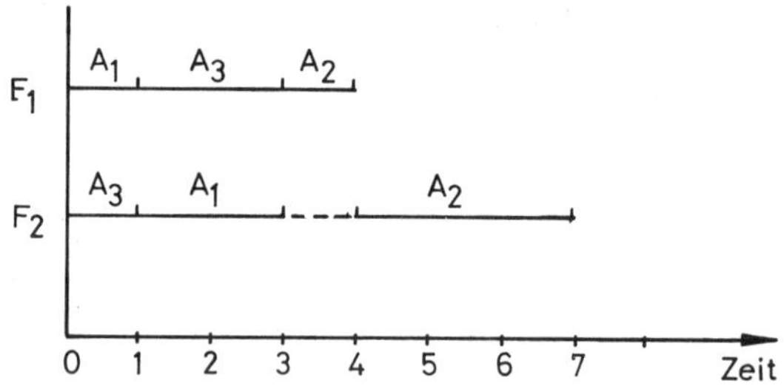

Abb. 5.2.2 Maschinenbezogener Fertigungsablauf unter der Sequenz S_2

Aus den Abbildungen 5.2.1 und 5.2.2 ergibt sich, daß die Sequenz die Leerzeiten beeinflußt.

Es seien nun N Aufträge auf M Maschinen abzufertigen. Dabei sei mit $l_{m,y'}$ $(y' = 1, \ldots, Y')$ die Maschinenleerzeit bezeichnet, während derer Maschine F_m auf Auftrag $A_{s_{m,y'}}$ wartet, der sich in der y'-ten Position der Auftragsfolge auf F_m befindet. Die Summe

$$L = \sum_{m=1}^{M} \sum_{y'=1}^{Y'} l_{m,y'} \tag{5.2.1}$$

drückt das erste Ziel Z_1 der statischen Fertigungsablaufplanung aus. Das Entscheidungskriterium besteht darin, daß Z_1 $(Z_1 \equiv L)$ minimiert wird.

Damit in Zusammenhang steht der Kapazitätsnutzungsgrad φ. Dieser liegt um so höher, je geringer die Maschinenleerzeiten sind. φ ist das Ziel Z_2 der statischen Fertigungsablaufplanung. Das Entscheidungskriterium besteht darin, daß Z_2 ($Z_2 \equiv \varphi$) maximiert wird.

Somit kann man die erste Zielvorstellung der statischen Fertigungsablaufplanung so formulieren: Minimierung der Gesamtleerzeit (Z_1 = min!) bzw. Maximierung der Kapazitätsnutzung (Z_2 = max!).

Abweichend vertritt *Adam*[1] die Auffassung, daß die Minimierung der Gesamtleerzeit keine eigenständige Zielvorstellung der statischen Fertigungsablaufplanung sei, denn die Kosten, die während der Maschinenleerzeiten anfallen, seien beschäftigungsunabhängige Kosten, die auf jeden Fall entstehen würden. Dabei wird jedoch übersehen, daß während der Maschinenleerzeiten auch anteilige, kapazitätsabhängige, variable Kosten anfallen. Während sich die beschäftigungsunabhängigen Kosten der Inanspruchnahme der Maschinen gegenüber indifferent verhalten[2], sind die kapazitätsabhängigen Kosten von der Inanspruchnahme der Maschinen abhängig. Die kapazitätsabhängigen, variablen Kosten sind die Kosten der Verbrauchsgüter, die zum Betrieb der Maschinen benötigt werden[3], z. B. Fertigungslöhne, Hilfslöhne, Maschinenölkosten, Stromkosten, usw..

Die Verbrauchskosten hängen u. a. auch von der Zeitdauer bzw. Intensität, in der die Maschinen genutzt werden, sowie von der Zahl der genutzten Maschinen ab und stehen in der Regel in einem engen Zusammenhang mit der Anpassung der Fertigungskapazität an die Beschäftigungsschwankungen[4]. Man kann z. B. beim Beschäftigungsrückgang die Verbrauchskosten dadurch herabsetzten, daß man die Fertigungskapazität verhältnismäßig vermindert. Der Betrag der Kapazitätsverminderung hängt aber auch von der Höhe der entstehenden Maschinenleerzeiten ab. Je kleiner der Betrag der Maschinenleerzeiten ist, desto mehr kann man die Fertigungskapazität vermindern.

Angenommen, es tritt ein Beschäftigungsrückgang von 25 % ein. Dabei kann man die Arbeitszeit (8-stündige Arbeitszeit) beim 100-prozentigen Kapazitätsnutzungsgrad um 2 Stunden, aber beim 87,5-prozentigen Kapazitätsnutzungsgrad nur um 1 Stunde vermindern.

Angenommen, es tritt ein Beschäftigungszuwachs von 25 % ein. Dabei muß man die Betriebszeit beim 100-prozentigen Kapazitätsnutzungsgrad um 2 Stunden, aber beim 87,5-prozentigen Kapazitätsnutzungsgrad um 3 Stunden vergrößern.

Aus den dargelegten Gründen muß man folgern, daß auch die Gesamtleerzeit zu minimieren bzw. die Kapazitätsnutzung zu maximieren ist.

---

1 Adam, D.: Produktionsplanung bei Sortenfertigung. 1969, S. 133-136.

2 Vgl. Gutenberg, E.: S. 336; Gutenberg nennt diese Kosten Bereitschaftskosten.

3 Vgl. ders., S. 354, 360 f, 364 ff.

4 Vgl. ders., S. 349, 359, 367.

Die Minimierung der Gesamtleerzeit wurde auch in mathematischen Entscheidungsmodellen erfaßt[5].

Die Maschinenleerzeiten lassen sich zu einer MxY'-Matrix zusammenfassen, die auch Maschinenleerzeitenmatrix (Tab. 5.2.1) genannt wird; falls $Y'_m < Y'$ ist, soll für $Y'_m < y' \leqslant Y'$ $l_{m,y'} = 0$ gesetzt werden.

Position (y') / Maschine (m)	1	2	...	y'	...	Y'
1	l_{11}	l_{12}	...	$l_{1y'}$	...	$l_{1Y'}$
2	l_{21}	l_{22}	...	$l_{2y'}$	...	$l_{2Y'}$
⋮	⋮	⋮		⋮		⋮
m	l_{m1}	l_{m2}	...	$l_{my'}$	...	$l_{mY'}$
⋮	⋮	⋮		⋮		⋮
M	l_{M1}	l_{M2}	...	$l_{My'}$	...	$l_{MY'}$

Tab. 5.2.1 Maschinenleerzeitenmatrix

B. Minimierung der Gesamtwartezeit. Auch hier kommen nur die ablaufbedingten Auftragswartezeiten in Betracht. In diesem Sinne bedeutet die Auftragswartezeit diejenige Zeit, während derer ein Auftrag vor einer Maschine wartet.

Der Einfluß der Sequenz auf die Wartezeiten läßt sich an dem bei der Minimierung der Gesamtleerzeit beschriebenen Beispiel erklären.

[5] Vgl. die Pionierarbeit von Johnson, S. M.: Optimal Two-and Three-Stage Production Schedules with Setup Times Included, in: Naval Research Logistics Quarterly, vol. 1, 1954, S. 61–68; ders.: Sequencing *n* Jobs on two Machines with Arbitrary Time Lags, in: Management Science, vol. 5, 1959, S. 299–303; Mitten, L. G.: Sequencing *n* Jobs on two Machines with Arbitrary Time Lags, in: Management Science, vol. 5, 1959, S. 293–298. Diese Modelle beruhen auf der Maschinenfolgematrix vom Typ B. Dabei wird der Spezialfall $Y = M$ behandelt; darüber hinaus werden nur 2 Maschinen in der Maschinenfolgematrix *R* berücksichtigt. Ferner vgl. auch Dudek, R. A. and Teuton, O. F.: Development of *M*-Stage Decision Rule for Scheduling *n* Jobs Through *M* Machines, in: Operations Research, vol. 12, 1964, S. 471–497 und Smith, R. D. and Dudek, R. A.: A General Algorithm for Solution of the *N*-Job, *M*-Machine Sequencing Problem of the Flow Shop, in: Operations Research, vol. 15, 1967, S. 71–81. Sie erweitern das Modell von *Johnson* in dem Sinne, daß sie in der Maschinenfolgematrix *M* Maschinen berücksichtigen; im übrigen legen auch sie ihrem Modell die Maschinenfolgematrix vom Typ *B* zugrunde, wobei $Y = M$ gesetzt wird. Darüber hinaus nehmen sie an, daß eine Sequenz nur dann optimal sei, wenn die Auftragsfolge für alle Maschinen gleich ist, was aber bis heute dahingestellt bleibt.

Abb. 5.2.3 zeigt den Fertigungsablauf unter der Sequenz S_1. Auftrag A_1 besetzt Maschine F_1 während einer Zeiteinheit, während Aufträge A_2 und A_3 warten müssen. Sobald Auftrag A_1 Maschine F_1 verläßt, beginnt dort Auftrag A_2, während Auftrag A_1 auf Maschine F_2 weiterläuft, und Auftrag A_3 warten muß, usw..

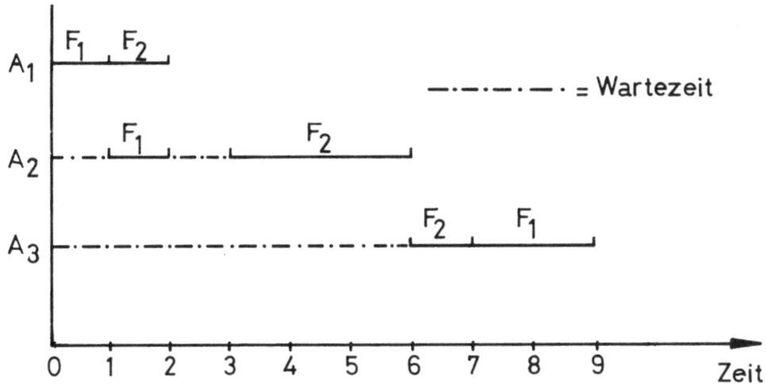

Abb. 5.2.3 Auftragsbezogener Fertigungsablauf unter der Sequenz S_1

Abb. 5.2.4 zeigt den Fertigungsablauf unter der Sequenz S_2. Auftrag A_1 besetzt Maschine F_1, und Auftrag A_3 Maschine F_2 während einer Zeiteinheit, während Auftrag A_2 warten muß. Sobald Auftrag A_1 Maschine F_1 verläßt, beginnt dort Auftrag A_3, während Auftrag A_1 auf Maschine F_2 weiterläuft, und Auftrag A_2 warten muß, usw..

Aus den Abb. 5.2.3 und 5.2.4 geht hervor, daß die Sequenz starken Einfluß auf die Wartezeiten ausübt.

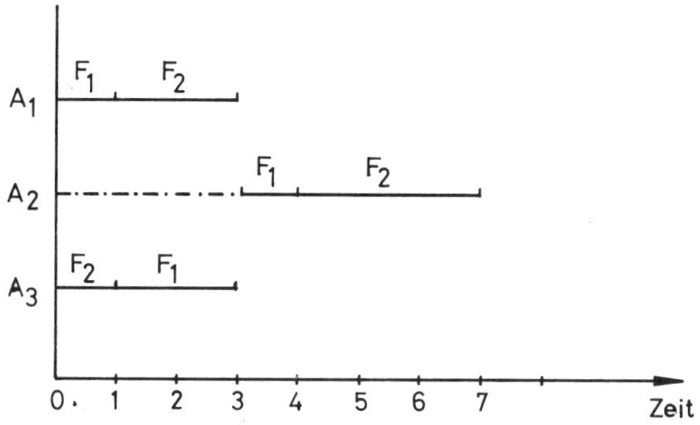

Abb. 5.2.4 Auftragsbezogener Fertigungsablauf unter der Sequenz S_2

Es seien nun N Aufträge auf M Maschinen zu bearbeiten. Hier sie mit $w_{n,\,y}$ $(y = 1, \ldots, Y)$ die Auftragswartezeit bezeichnet, während derer Auftrag A_n bei der Maschine $F_{r_{n,\,y}}$ wartet, die sich in der y-ten Position der Maschinenfolge von A_n befindet. Die Summe

$$W = \sum_{n=1}^{N} \sum_{y=1}^{Y} w_{n,\,y} \tag{5.2.2}$$

drückt das dritte Ziel Z_3 der statischen Fertigungsablaufplanung aus, wobei das Entscheidungskriterium darin besteht, daß Z_3 $(Z_3 \equiv W)$ minimiert wird.

Somit lautet die zweite Zielvorstellung der statischen Fertigungsablaufplanung Minimierung der Gesamtwartezeit (Z_3 = min!).

Auf die Wartezeiten entfallen Kosten, die zur Wartezeit und zum Auftragswert proportional sind:

Wartekosten = (Auftragswert) x (Kostensatz pro Zeiteinheit)
x (Auftragswartezeit).

Von dem Auftragswert abgesehen, sind die Wartekosten von der Auftragswartezeit abhängig. Man darf annehmen, daß die Verminderung der Gesamtwartezeit auch zur Verringerung der Gesamtwartekosten führt.

Auf den Auftragswert entfallen auch Verbrauchskosten. Da die Verbrauchskosten, wie bereits gesehen, auch von den Maschinenleerzeiten abhängen, beeinflussen die Maschinenleerzeiten den Auftragswert und damit die Wartekosten.

Die Minimierung der Gesamtwartezeit wurde kaum in Entscheidungsmodellen berücksichtigt. *Piehler*[6] hat in seinem Modell nur die Forderung erfaßt, daß Wartezeiten im Fertigungsablauf überhaupt nicht auftreten dürfen.

Die Wartezeiten lassen sich zu einer NxY-Matrix zusammenfassen, die auch Auftragswartezeitenmatrix (Tab. 5.2.2) genannt wird.

C. Minimierung der Gesamtrüstzeit. Eine Rüstzeitenmatrix, technologisch festgelegt, ist für jede Maschine vorgegeben. Diese Rüstzeitenmatrix erfaßt die Rüstzeiten einer Maschine F_m $(m = 1, \ldots, M)$ von einem Auftrag $A_{s_{m,\,y'}}$ zu jedem anderen Auftrag $A_{s_{m,\,y''}}$, so daß sie als eine Rundreiseproblem-Matrix zu interpretieren ist[7].

Da die Rüstzeitenmatrix einer Maschine von der Rüstzeitenmatrix jeder anderen unabhängig ist, könnte man die Summe

$$p^{(m)}_{i_1,\,i_1} + \sum_{y'=2}^{Y'} p^{(m)}_{i_{y'-1},\,i_{y'}} \quad (m = 1, \ldots, M) \tag{5.2.3}$$

---

6 Piehler, J.: Ein Beitrag zum Reihenfolgeproblem, in: Unternehmensforschung, 1960, S. 138–142.

7 Vgl. auch Bergner, R.: Anwendung mathematischer Methoden bei der Gruppenbearbeitung, in: Fertigungstechnik und Betrieb, 1964, S. 140–142; Presby, J. T. and Wolfson, M. L.: An Algorithm for Solving Job Sequencing Problems, in: Management Science, vol. 13, 1967, S. 454–464.

Position (y) / Auftrag (n)	1	2	...	y	...	Y
1	w_{11}	w_{12}	...	w_{1y}	...	w_{1Y}
2	w_{21}	w_{22}	...	w_{2y}	...	w_{2Y}
⋮	⋮	⋮		⋮		⋮
n	w_{n1}	w_{n2}	...	w_{ny}	...	w_{nY}
⋮	⋮			⋮		⋮
N	w_{N1}	w_{N2}	...	w_{Ny}	...	w_{NY}

Tab. 5.2.2 Auftragswartezeitenmatrix

durch die Permutation $(i_1, \ldots, i_{y'}, \ldots, i_{Y'})$ der Indizes $(1, \ldots, y', \ldots, Y')$ minimieren. Dadurch würde jedoch die Maschinenfolgematrix R übersehen, so daß es sehr wahrscheinlich ist, daß die entstehende optimale Sequenz unzulässig ist[8].

Demnach scheitert die Zurückführung des Problems der Minimierung der Gesamtrüstzeit auf das Rundreiseproblem dann, wenn N Aufträge auf M Maschinen auf Grund einer Maschinenfolgematrix abzufertigen sind. Vielmehr muß man die Summe

$$P' = \sum_{m=1}^{M} (p^{(m)}_{i_1, i_1} + \sum_{y'=2}^{Y'} p^{(m)}_{i_{y'-1}, i_{y'}}) \qquad (5.2.4)$$

unter Berücksichtigung der Maschinenfolgematrix R minimieren.

P' wird als viertes Ziel Z_4 der statischen Fertigungsablaufplanung betrachtet, wobei das Entscheidungskriterium darin besteht, daß Z_4 ($Z_4 \equiv P'$) minimiert wird. Unter dieser Bedingung heißt die dritte Zielvorstellung der statischen Fertigungsablaufplanung Minimierung der Gesamtrüstzeit (Z_4 = min!).

Es ist dabei zu beachten, daß auf die Rüstzeiten Kosten entfallen. Ohne Beeinträchtigung der Allgemeinheit kann man annehmen, daß die Verringerung der Gesamtrüstzeit auch die Verminderung von Gesamtrüstkosten nach sich zieht.

D. Minimierung der Durchlaufzeit des Fertigungsprozesses. Es seien mit t_B der Anfangszeitpunkt und mit t_E der Endzeitpunkt eines Planungszeitraumes bezeich-

---

8 Die Zulässigkeit (bzw. Unzulässigkeit) einer Sequenz wird im Teil III dieser Arbeit erörtert.

net. Die wirkliche Abwicklung der dem Planungszeitraum $[t_B, t_E]$ zugeordneten Aufträge findet im allgemeinen nicht in diesem Zeitraum statt, weil es im allgemeinen nicht möglich ist, daß die Maschinen, die an der Bearbeitung der Aufträge beteiligt sind, gerade im Zeitpunkt t_B zur Aufnahme der Aufträge bereitstehen und die Abwicklung der Aufträge gerade zum Zeitpunkt t_E abschließen. Strenggenommen kann die Maschine F_m $(m = 1, \ldots, M)$ die Aufträge zum Zeitpunkt $t_B + u_m$ aufnehmen und diese Aufträge zum Zeitpunkt $t_E + u'_m$ fertigstellen. Über das Vorzeichen von u'_m und u_m ist nichts vorauszusagen.

Der Zeitraum

$$[t_B + \min_{m=1,\ldots,M} (u_m), \; t_E + \max_{m=1,\ldots,M} (u'_m)]$$

stellt den effektiven Bearbeitungszeitraum der Aufträge dar. Damit in Zusammenhang steht die Durchlaufzeit des Fertigungsprozesses T:

$$T = [(t_E + \max_{m=1,\ldots,M} (u'_m)) - (t_B + \min_{m=1,\ldots,M} (u_m))] \quad (5.2.5)$$

T drückt das fünfte Ziel Z_5 $(Z_5 \equiv T)$ der statischen Fertigungsablaufplanung aus. Das Entscheidungskriterium besteht dabei darin, daß Z_5 minimiert wird.

Somit läßt sich die vierte Zielvorstellung der statischen Fertigungsablaufplanung so formulieren: Minimierung der Durchlaufzeit des Fertigungsprozesses (Z_5 = min!). Ökonomisch heißt das, die Bindungsdauer des in die Fertigung gesteckten Kapitals und damit die anteiligen Kapitalkosten werden minimiert, zumal die Bindungsdauer des in die Fertigung gesteckten Kapitals von der Durchlaufzeit des Fertigungsprozesses abhängt.

Die Minimierung der Durchlaufzeit des Fertigungsprozesses wurde in Entscheidungsmodellen sowohl bei gleicher Maschinenfolge (Maschinenfolgematrix vom Typ B)[9] als auch bei beliebiger Maschinenfolge (Maschinenfolgematrix vom Typ A)[10] erfaßt. Es wird fast immer angenommen, daß alle Maschinen zum selben Aus-

[9] Im Falle, daß N Aufträge auf 3 Maschinen bearbeitet werden, vgl. Lomnicki, Z. A.: A „Branch-and-Bound" Algorithm for the Exact Solution of the Three-machine Scheduling Problem, in: Operational Research Quarterly, vol. 16, 1965, S. 89-100 und McMahon, G. B. and Burton, P. G.: Flow-Shop Scheduling with the Branch-and-Bound Method, in: Operations Research, vol. 15, 1967, S. 473-481; dabei wird auch $Y = M$ gesetzt. Im Falle, daß N Aufträge auf M Maschinen bearbeitet werden, vgl. Brown, A. P. G. and Lomnicki, Z. A.: Some Applications of the „Branch-and-Bound Algorithm" to the Machine Scheduling Problem, in: Operational Research Quarterly, vol. 17, 1966, S. 173-185 und Ignall, E. and Schrage, L.: Applications of the Branch and Bound Technique to Some Flow-Shop Scheduling Problems, in: Operations Research, vol. 15, 1965, S. 400-412; hier wird angenommen, daß die Auftragsfolge bei allen Maschinen gleich sei; darüber hinaus wird auch $Y = M$ gesetzt.

[10] Vgl. Wagner, H. M.: An Integer Linear-Programming Modell for Machine Scheduling, in: Naval Research Logistics Quarterly, vol. 6, 1959, S. 131-139 und Bowman, E. H.: The Schedule-Sequencing Problem, in: Operations Research, vol. 7, 1959, S. 621-624. Beide Modelle sind in Form der Null-Eins-Programmierung formuliert. Im Modell von Wagner sind Leerzeitbeziehungen und im Modell von Bowmann Wartezeitbeziehungen eingebaut.

gangspunkt bereitstehen. Praktisch heißt das, ein Bearbeitungszeitraum beginnt dort, wo der vorangehende endet; die Verzahnung der aufeinanderfolgenden Bearbeitungszeiträume bleibt außer Betracht. In der hier entwickelten Definition ist demgegenüber die Verzahnung der aufeinanderfolgenden Bearbeitungszeiträume miteinbezogen.

E. Minimierung der Gesamtverspätungen. Fertigstellungstermine gibt es in der Regel bei der auftragsorientierten Werkstattfertigung. Bei der marktorientierten Werkstattfertigung gibt es diese nur unter der Bedingung, daß die „Multi-Phase-Multi-Cycle"-Regel zur Auftragsauflage benutzt wird. Wenn bei der marktorientierten Werkstattfertigung die „Single-Phase-Single-Cycle"-Regel aber zur Auftragsauflage verwendet wird, dann haben die Aufträge einen gemeinsamen Fertigstellungstermin, nämlich den Endzeitpunkt des Planungszeitraumes[11].

Mit $d_n (n = 1, 2, \ldots, N)$ sei der Fertigstellungstermin eines Auftrages A_n bezeichnet; die Fertigstellungstermine lassen sich dann im Terminvektor

$$d = (d_1, \ldots, d_n, \ldots, d_N)$$

zusammenfassen. Ferner seien $T_1, T_2, \ldots, T_N$ die Fertigstellungszeitpunkte der Aufträge, wobei unter Fertigstellungszeitpunkt der effektive Endzeitpunkt der Bearbeitung eines Auftrages zu verstehen ist.

Die Verspätung von Auftrag A_n läßt sich als Differenz zwischen dem effektiven Fertigstellungszeitpunkt und dem gewünschten Fertigstellungstermin darstellen[12]:

$$V_n = T_n - d_n \; (n = 1, \ldots, N).$$

V_n kann daher sowohl negative als auch positive Werte annehmen; nimmt V_n einen negativen Wert an, so ist es als Frühzeitigkeit zu interpretieren; nimmt aber V_n einen positiven Wert an, so tritt eine Terminüberschreitung auf.

Die Summe

$$V = \sum_{n=1}^{N} V_n \tag{5.2.6}$$

drückt das sechste Ziel Z_6 der statischen Ablaufplanung aus, wobei das Entscheidungskriterium darin besteht, daß Z_6 $(Z_6 \equiv V)$ minimiert wird. Die fünfte Zielvorstellung der statischen Fertigungsablaufplanung heißt daher Minimierung der Gesamtverspätungen $(Z_6 = \min!)$.

---

11 Vgl. hierzu auch Teil II, Abschn. 2.1 und 3.1.

12 Vgl. für die Notation auch Emmons, H.: One-Machine Sequencing to Minimize Certain Functions of Job Tardiness, in: Operations Research, vol. 17, 1969, S. 701-715, hier S. 701.

F. Termineinhaltung bzw. Minimierung der Gesamtterminüberschreitungen. Die Terminüberschreitung von Auftrag A_n $(n = 1, \ldots, N)$ wird durch die Beziehung

$$U_n = \max\, (T_n - d_n, 0)$$ [13]

gegeben.

Die Summe

$$U = \sum_{n=1}^{N} U_n \tag{5.2.7}$$

wird als siebentes Ziel Z_7 $(Z_7 = U)$ betrachtet, wobei man Z_7 entweder als Extremalziel oder als begrenztes Ziel auffassen kann.

Faßt man Z_7 als Extremalziel auf, so liegt eine extremale Zielvorstellung vor. Sie läßt sich folgendermaßen formulieren: Minimierung der Gesamtterminüberschreitungen $(Z_7 = \min!)$.

Faßt man aber Z_7 als begrenztes Ziel auf, so liegt eine begrenzte Zielvorstellung vor. Man kann $Z_7 \leqslant 0$ als Entscheidungskriterium auswählen. Unter dieser Bedingung lautet die Zielvorstellung Termineinhaltung, d. h., es soll $T' \leqslant d$ gesetzt werden, wobei $T' = (T_1, \ldots, T_n, \ldots, T_N)$ ist. Die Termineinhaltung läßt sich als Nebenbedingung im Entscheidungsmodell erfassen[14].

Auf die Terminüberschreitungen entfallen Kosten, wie Konventionalstrafen, entgangener Gewinn. Es wird angenommen, daß bei Verminderungen der Gesamtterminüberschreitungen auch die Terminüberschreitungskosten sinken.

5.3 Zielverträglichkeit in der statischen Fertigungsablaufplanung

A. Beziehung zwischen Z_1, Z_2 und Z_3. Man behauptet, daß es zwischen Z_1 und Z_3 (bzw. zwischen Z_2 und Z_3) einen Zielkonflikt gibt[1, 2]. Das trifft dennoch nicht zu. Es sei zunächst darauf hingewiesen, daß die anglo-amerikanische Literatur keinen derartigen Zielkonflikt kennt. Aber abgesehen davon, darf für diese Stellungnahme folgender Beweis geführt werden.

Für $m = 1, \ldots, M$ bezeichne $t_{m, s_{m, Y'_m}} = T'_m$ den effektiven Endzeitpunkt des in der Auftragsfolge von Maschine F_m stehenden letzten Auftrages $A_{s_{m, Y'_m}}$. Ferner sei mit

---

[13] Vgl. Emmons, H.: S. 701.

[14] In diesem Sinne vgl. Manne, A. S.: On the Job-Shop Scheduling Problem, in: Operations Research, vol. 8, 1960, S. 219–225; er legt seinem Modell die Maschinenfolgematrix vom Typ *B* zugrunde.

[1] Der angebliche Zielkonflikt zwischen Gesamtleerzeit und Gesamtwartezeit geht auf Gutenberg, E.: S. 214 zurück; er bezeichnet diesen Zielkonflikt als Ablaufplanungsdilemma.

[2] Danner, D.: S. 23 und Hoß, K.: S. 36; beide haben versucht, die Problematik der Fertigungsablaufplanung auf Grund des genannten Dilemmas zu erklären.

$t_{n,\, r_n,\, Y_n} = T_n$ $(n = 1, \ldots, N)$ der effektive Endzeitpunkt der in der Maschinenfolge von Auftrag A_n stehenden letzten Maschine $F_{r_n,\, Y_n}$ bezeichnet.

Die Gesamtwartezeit wird jetzt durch

$$W = \sum_{n=1}^{N} \sum_{y=1}^{Y} w_{n,y} = \sum_{n=1}^{N} T_n - \sum_{n=1}^{N} \sum_{y=1}^{Y} b_{n,y} \qquad (5.3.1)$$

gegeben , wobei

$$\sum_{n=1}^{N} T_n = \text{Auftragsdurchlaufzeitensumme}$$

und

$$\sum_{n=1}^{N} \sum_{y=1}^{Y} b_{n,\, y} = \text{Bearbeitungszeitensumme}$$

bedeuten.

Es sei mit

$$t_{n_0,\, r_{n_0},\, Y_{n_0}} = \max_{n = 1, \ldots, N} t_{n,\, r_n,\, Y_n}$$

der Endzeitpunkt des Auftragsdurchlaufs vom Auftrag mit der größten Auftragsdurchlaufzeit und mit

$$t_{m_0,\, s_{m_0},\, Y'_{m_0}} = \max_{m = 1, \ldots, M} t_{m,\, s_m,\, Y'_m}$$

der Endzeitpunkt des Maschinenlaufs von der Maschine mit der größten Maschinenlaufzeit bezeichnet; es gilt

$$t_{n_0,\, r_{n_0},\, Y_{n_0}} = t_{m_0,\, s_{m_0},\, Y'_{m_0}} = T^*.$$

Die durchschnittliche Auftragsdurchlaufzeit wird durch

$$\bar{T} = \frac{\sum_{n=1}^{N} T_n}{N}, \qquad (5.3.2)$$

und die in der Fertigung gebundene durchschnittliche Anzahl $\bar{N}$ der Aufträge zu einem Zeitpunkt im Zeitraum $[0, T^*]$ durch

$$\bar{N} = \frac{\sum_{n=1}^{N} T_n}{T^*}, \qquad (5.3.3)$$

gegeben.

Aus den Formeln (5.3.2) und (5.3.3) erhält man

$$\frac{\bar{T}}{\bar{N}} = \frac{T^*}{N} \tag{5.3.4}$$

und schließlich

$$\bar{T} = \frac{\bar{N}}{N} T^*. \tag{5.3.4a}$$

Es sei ferner bemerkt, daß

$$\frac{\bar{b}}{M\varphi} \doteq \frac{T^*}{N} \tag{5.3.5}$$

gilt, wobei

$$\bar{b} = \frac{1}{N} \sum_{n=1}^{N} \sum_{y=1}^{Y} b_{n,\,y}$$

und

$$\varphi = \frac{1}{MT^*} \sum_{n=1}^{N} \sum_{y=1}^{Y} b_{n,\,y}$$

(Kapazitätsnutzungsgrad in [0, T^*]) bedeuten.

Aus den Formeln (5.3.4) und (5.3.5) erhält man

$$\frac{\bar{b}}{M\varphi} = \frac{\bar{T}}{\bar{N}} \tag{5.3.6}$$

und schließlich

$$\bar{T} = \frac{\bar{N}\bar{b}}{M\varphi}. \tag{5.3.6a}$$

Aus (5.3.6a) und der Konstanz von $\bar{b}$ folgt, daß die durchschnittliche Auftragsdurchlaufzeit $\bar{T}$ umgekehrt proportional zu dem Kapazitätsnutzungsgrad ist; je höher der Kapazitätsnutzungsgrad liegt, desto geringer ist die durchschnittliche Auftragsdurchlaufzeit. Aus (5.3.2) folgt unter Berücksichtigung von (5.3.1), daß

---

[3] Vgl. für einen der Formel (5.3.3.) analogen Ausdruck Elmaghraby, S. E.: The Machine Sequencing Problem, in: Naval Research Logistics Quarterly, vol. 15, 1968, S. 205–230, hier S. 218. Elmaghraby hat für die Maschinenfolgematrix vom Typ *B* die Formel

$$\bar{N} = \frac{1}{T_N} \sum_{n=1}^{N} T_n$$

hergeleitet, wobei T_n die Auftragsdurchlaufzeit des in der Auftragsfolge stehenden letzten Auftrages ist. In dieser Formel muß T_N durch $T_N = T^*$ ersetzt werden, damit diese Formel auch für die Maschinenfolgematrix vom Typ *A* anwendbar ist.

sich die durchschnittliche Auftragsdurchlaufzeit nur dann verringert, wenn sich die Gesamtwartezeit verringert. Zwischen φ und L besteht aber die Beziehung, daß sich der Kapazitätsnutzungsgrad φ nur dann erhöht, wenn sich die Gesamtleerzeit L vermindert. Daher kann man schließen, daß es zwischen Z_1 und Z_3 (bzw. zwischen Z_2 und Z_3) keinen Konflikt gibt[4], was zu beweisen war.

Die Komplementaritätsbeziehung zwischen Z_1 und Z_3 (bzw. zwischen Z_2 und Z_3) ist bei gleichbleibendem $\bar{N}$ gültig. Diese Beziehung läßt sich aber darüber hinaus nur unter der Bedingung herleiten, daß keine Terminpräferenzen vorhanden sind. Das letzte gilt aber nur, wenn die Aufträge denselben Fertigstellungstermin besitzen. In diesem Fall muß ein Auftrag, der fertiggestellt ist, solange warten, bis alle Aufträge fertiggestellt werden. Daher kann man in diesem Fall den Auftragsbestand $\bar{N}$ gleich der Anzahl N der Aufträge setzen, die zu Beginn der Bearbeitung vorhanden sind. Berücksichtigt man das, dann kann man (5.3.6a) in der Form

$$\bar{T} = T^* = \frac{N\bar{b}}{M\varphi} \tag{5.3.6b}$$

schreiben.

Daraus folgt, daß zwischen Z_1 und Z_3 (bzw. zwischen Z_2 und Z_3) eine Komplementaritätsbeziehung besteht, die nicht von $\bar{N}$ abhängig ist.

B. Beziehung zwischen Z_1, Z_2, Z_3 und Z_5. Zunächst kann man

$$T = T^* \tag{5.3.7}$$

setzen. Hieraus und aus (5.3.4a) erhält man dann

$$\bar{T} = \frac{\bar{N}}{N}\, T. \tag{5.3.8}$$

Aus (5.3.1), (5.3.2) und (5.3.8) folgt, daß sich die Gesamtwartezeit bei gleichbleibendem $\bar{N}$ proportional zu der Durchlaufzeit verändert; je geringer die Durchlaufzeit T wird, desto mehr vermindert sich die Gesamtwartezeit. Daher besteht bei gleichbleibendem $\bar{N}$ eine Komplementaritätsbeziehung zwischen Z_5 und Z_3.

Aus (5.3.5) erhält man unter Berücksichtigung von (5.3.7)

$$\varphi = \frac{N\bar{b}}{MT}\,. \tag{5.3.9}$$

Daraus und aus der Komplementaritätsbeziehung zwischen Z_1 und Z_2 geht hervor, daß die Gesamtleerzeit L proportional zur Durchlaufzeit verläuft; je kleiner die Durchlaufzeit wird, desto geringer wird die Gesamtleerzeit. Demnach besteht eine Komplementaritätsbeziehung zwischen Z_5 und Z_1 sowie zwischen Z_5 und Z_2.

---

[4] So auch Dickhut, E. O.: S. 68–69; er hat aber auf den Beweis völlig verzichtet.

Die Beziehung zwischen T und $\bar{T}$ wird in der Abb. 5.3.1 dargestellt. Im allgemeinen gilt $\bar{T} < T$. Deshalb muß auch $\bar{T}_{\min} < T_{min}$ sein. Die Verkleinerung von T schränkt das Werteintervall von $\bar{T}$ immer mehr ein, bis T schließlich seinen minimalen Wert erreicht.

$$\frac{1}{N} \sum_{n=1}^{N} \sum_{y=1}^{Y} b_{n,\,y}$$

sei die untere Grenze von $\bar{T}$, und

$$\max_{n=1,\ldots,N} \left(\sum_{y=1}^{Y} b_{n,\,y}\right)$$

die untere Grenze von T.

$\bar{T}$ nimmt in T_{min} einen Wert im Intervall

$$\left[\frac{1}{N} \sum_{n=1}^{N} \sum_{y=1}^{Y} b_{n,\,y},\ T_{\min}\right],$$

in T_1 einen Wert im Intervall

$$\left[\frac{1}{N} \sum_{n=1}^{N} \sum_{y=1}^{Y} b_{n,\,y},\ T_1\right], \text{ usw. an.}$$

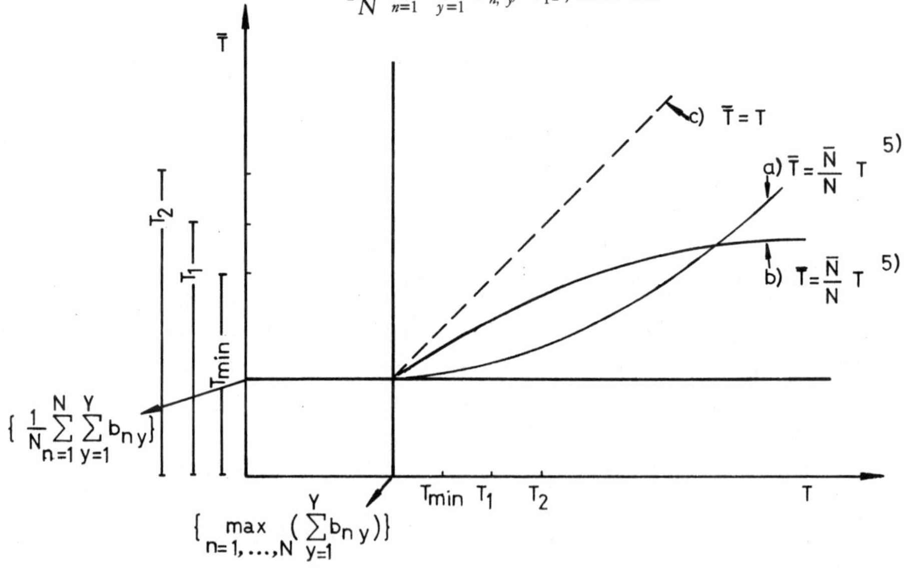

Abb. 5.3.1 Beziehung zwischen T und $\bar{T}$ unter Berücksichtigung von $\bar{N}$

5) In der Tat, die Kurven sind Schwankungen unterworfen. Darüber hinaus kann auch eine Kombination der Kurven a) und b) auftreten.

Bei Verkleinerung von T kann $\bar{N}$ entweder geringer oder größer werden. Daraus folgt: $\bar{T}$ kann, von unten gesehen, konkav (Kurve b)) verlaufen, wenn sich $\bar{N}$ bei Verringerung von T vergrößert, wobei $\bar{N} < N$ ist. $\bar{T}$ kann, von unten gesehen, konvex (Kurve a)) verlaufen, wenn sich $\bar{N}$ bei Verringerung von T vermindert, wobei die Ungleichung $\bar{N} < N$ gilt.

Berücksichtigt man nun die Bedingung, daß die Aufträge einen gemeinsamen Fertigstellungstermin besitzen, gilt $\bar{T} = T^* = T$ und $\bar{N} = N$. In diesem Fall verläuft die $\bar{T}$-Kurve linear, wie die unterbrochene Linie der Abb. 5.3.1 zeigt.

Aus alledem läßt sich folgern, daß zwischen Z_5 und Z_1, zwischen Z_5 und Z_2 sowie zwischen Z_5 und Z_3 eine Komplementaritätsbeziehung besteht; die Verminderung von Z_5 führt auch zur Verminderung von Z_1 und Z_3 sowie zur Vergrößerung von Z_2[6]. Auch die folgenden Beispiele bestätigen die Komplementaritätsbeziehung zwischen Z_5 und Z_3 sowie zwischen Z_5 und Z_1.

(i)

R =

n \ y	1	2
1	1	2
2	1	2
3	1	2

B =

n \ y	1	2
1	2	1
2	3	2
3	1	4

Sequenz S	Gesamtwartezeit Z_3	Gesamtleerzeit Z_1	Durchlaufzeit Z_5
S_1: 3 1 2	6	1	8
S_2: 1 3 2	6	2	9
S_3: 2 1 3	8	3	10
S_4: 1 2 3	8	4	11
S_5 { F_1: 3 2 1; F_2: 1 2 3 }	16	6	13

6 Vgl. auch Buchman, U. und Berthold, E.: Zu Fragen der Anwendung mathematischer Methoden und der modernen Rechentechnik in der Ökonomie, in: Fertigungstechnik und Betrieb, Jr. 13, 1963, Heft 10, S. 597–600, hier S. 598 f; sie verwenden den Bearbeitungszyklus statt der Durchlaufzeit als Zielfunktion.

(ii)

R =

n \ y	1	2
1	1	2
2	1	2
3	1	2

B =

n \ y	1	2
1	2	1
2	3	2
3	4	1

Sequenz S	Gesamtwartezeit Z_3	Gesamtleerzeit Z_1	Durchlaufzeit Z_5
S_1 { F_1: 1 2 3; F_2: 3 1 2	5	0	7
S_2 { F_1: 2 1 3; F_2: 3 2 1	6	0	7
S_3 { F_1: 1 3 2; F_2: 3 1 2	7	5	10
S_4: 2 1 3	9	8	11
S_5: 3 1 2	12	9	12
S_6 { F_1: 3 2 1; F_2: 3 1 2	16	10	13

(iii)

R =

n \ y	1	2
1	1	2
2	1	2
3	1	2

B =

n \ y	1	2
1	7	11
2	10	5
3	9	8

Sequenz S	Gesamtwartezeit Z_3	Gesamtleerzeit Z_1	Durchlaufzeit Z_5
S_1: 1 3 2	25	7	31
S_2: 1 2 3	25	10	34
S_3: 2 1 3	28	12	36
S_4: 3 2 1	28	13	37
S_5: 2 3 1	30	14	38
S_6 { F_1: 1 3 2, F_2: 3 2 1	48	12	42

(iiii)

R =

n \ y	1	2	3
1	1	2	3
2	1	2	3
3	1	2	3

B =

n \ y	1	2	3
1	1	6	4
2	2	2	6
3	3	3	2

Sequenz S	Gesamtwartezeit Z_3	Gesamtleerzeit Z_1	Durchlaufzeit Z_5
S_1: 2 1 3	11	6	16
S_2: 2 3 1	11	9	18
S_3: 3 2 1	11	9	18
S_4: 1 3 2	15	8	19
S_5: 1 2 3	17	8	19
S_6: 3 1 2	17	13	22

C. Beziehung zwischen Z_1, Z_2, Z_3, Z_5 und Z_6. Wenn man (5.2.6) weiter entwickelt, bekommt man

$$V = \sum_{n=1}^{N} V_n = \sum_{n=1}^{N} T_n - \sum_{n=1}^{N} d_n. \tag{5.3.10}$$

Setzt man

$$\sum_{n=1}^{N} T_n = \sum_{n=1}^{N} \sum_{y=1}^{Y} b_{n,y} + \sum_{n=1}^{N} \sum_{y=1}^{Y} w_{n,y}$$

in (5.3.10) ein, erhält man

$$V = \sum_{n=1}^{N} \sum_{y=1}^{Y} w_{n,y} + \sum_{n=1}^{N} \sum_{y=1}^{Y} b_{n,y} - \sum_{n=1}^{N} d_n. \tag{5.3.11}$$

Hieraus und aus der Konstanz von $(\sum_{n=1}^{N} \sum_{y=1}^{Y} b_{n,y} - \sum_{n=1}^{N} d_n)$ ergibt sich, daß eine Sequenz, die die Gesamtwartezeit minimiert, auch die Gesamtverspätungen minimieren muß.

Berücksichtigt man (5.3.2) und (5.3.6a), so erhält man aus (5.3.10)

$$V = \frac{N \bar{N} \bar{b}}{M \varphi} - \sum_{n=1}^{N} d_n. \tag{5.3.12}$$

Daraus folgt, daß sich bei gleichbleibendem $\bar{N}$ mit der Erhöhung des Kapazitätsnutzungsgrades die Gesamtverspätungen verringern.

Schließlich bekommt man aus (5.3.10) unter Berücksichtigung von (5.3.3) und (5.3.7)

$$V = \bar{N} T - \sum_{n=1}^{N} d_n. \tag{5.3.13}$$

Daraus geht hervor, daß die Verringerung von T bei gleichbleibendem $\bar{N}$ auch zur Verringerung von V führt.

Die Folge ist, daß zwischen Z_1 und Z_6, zwischen Z_2 und Z_6, zwischen Z_3 und Z_6 sowie zwischen Z_5 und Z_6 eine Komplementaritätsbeziehung besteht.

D. Beziehung zwischen Z_1, Z_2, Z_3, Z_5 und Z_7. Die Existenz von Fertigstellungsterminen hat im allgemeinen auf die Gesamtwartezeit negativen Einfluß, falls man die Terminüberschreitungen in Betracht ziehen will. Wird bei Minimierung der Gesamtterminüberschreitungen ein Auftrag frühzeitig fertiggestellt, so ist man nicht daran interessiert, die Frühzeitigkeit des betreffenden Auftrages noch mehr zu verstärken, was bei Minimierung der Gesamtwartezeit aber nicht der Fall ist. Die Ausschaltung von Wartezeiten allein genügt daher der Minimierung der Gesamtterminüberschreitungen nicht. Während hinsichtlich der Fertigstellungstermine die Aufträge bei Minimierung der Gesamtwartezeit gleich behandelt werden, konzentriert man sich bei Minimierung der Gesamtterminüberschreitungen jeweils auf die Aufträge, die eine positive Verspätung aufweisen.

Für die Terminüberschreitung von Auftrag A_n gelten die Gleichungen

$$U_n = \begin{cases} V_n & (V_n > 0) \\ 0 & (V_n \leq 0). \end{cases} \tag{5.3.14}$$

Führt man die Funktion

$$\delta(x) = \begin{cases} 1 & (x > 0) \\ 0 & (x \leq 0) \end{cases}$$

ein, kann man (5.3.14) in der Form

$$U_n = V_n \, \delta \, (V_n) \tag{5.3.15}$$

schreiben. Hieraus und aus (5.2.7) erhält man

$$U = \sum_{n=1}^{N} U_n = \sum_{n=1}^{N} V_n \, \delta(V_n). \tag{5.3.16}$$

Nimmt man an, daß - welche Sequenz auch immer gewählt wird - $\delta(V_n) = 1$ für jedes $n = 1, \ldots, N$ gelte, erhält man aus (5.3.16) unter Berücksichtigung vom Ausdruck (5.3.11)

$$U = \sum_{n=1}^{N} V_n = \sum_{n=1}^{N} \sum_{y=1}^{Y} w_{n,\,y} + {} + \sum_{n=1}^{N} \sum_{y=1}^{Y} b_{n,\,y} - \sum_{n=1}^{N} d_n. \tag{5.3.17}$$

Daraus folgt, daß in diesem Fall die Minimierung der Gesamtwartezeit auch zur Minimierung der Gesamtterminüberschreitungen führt.

Nimmt man nun an, daß - welche Sequenz auch immer gewählt wird - $\delta(V_n) = 0$ für jedes $n = 1, \ldots, N$ gelte, dann sind alle Sequenzen in bezug auf die Gesamtterminüberschreitungen gleichbedeutend. Man kann auch in diesem Fall die Sequenz wählen, die die Gesamtwartezeit minimiert.

Im allgemeinen gibt es aber eine Indexmenge J mit $\delta(V_n) = 1$ für jedes $n \epsilon J$ und eine Indexmenge $I\text{-}J$ mit $\delta(V_n) = 0$ für jedes $n \epsilon I\text{-}J$, wobei $I = \{1, \ldots, N\}$ ist.

Unter dieser Bedingung erhält man nun aus (5.3.16)

$$\begin{aligned} U &= \sum_{n \epsilon J} V_n \delta(V_n) + \sum_{n \epsilon I-J} V_n \delta(V_n) \\ &= \sum_{n \epsilon J} V_n \neq \sum_{n=1}^{N} \sum_{y=1}^{Y} w_{n,\,y} + \\ &\quad + \sum_{n=1}^{N} \sum_{y=1}^{Y} b_{n,\,y} - \sum_{n=1}^{N} d_n. \end{aligned} \tag{5.3.18}$$

Wie man leicht einsieht, kann man daraus nicht schließen, daß die Minimierung der Gesamtwartezeit auch zur Minimierung der Gesamtterminüberschreitungen führt.

Auch simulatorische Ergebnisse weisen darauf hin. Aus der Gegenüberstellung der Ergebnisse von *Jackson*[7] und *Baker* and *Dzielinski*[8] geht hervor, daß Gesamtwartezeit und Gesamtterminüberschreitungen nicht mit derselben Sequenz minimiert werden können.

Folglich kommt Z_7 mit Z_3 in Konflikt. Da aber zwischen Z_1 und Z_3, zwischen Z_2 und Z_3 sowie zwischen Z_5 und Z_3 eine Komplementaritätsbeziehung besteht, folgt, daß es auch zwischen Z_1 und Z_7, zwischen Z_2 und Z_7 sowie zwischen Z_5 und Z_7 einen Zielkonflikt gibt.

Die Folge ist, daß - wenn man Z_7 als Extremalziel auffaßt - Z_7 mit keinem von den Zielen Z_1, Z_2, Z_3 und Z_5 gemeinsam im Entscheidungsmodell erfaßt werden kann; es sei denn, daß man den vorliegenden Zielkonflikt durch einen Zielkompromiß löst. Faßt man aber Z_7 als begrenztes Ziel, dann läßt sich Z_7 als Nebenbedingung im Entscheidungsmodell darstellen.

5.4 Zielkonzeption der dynamischen Fertigungsablaufplanung

Es wird zunächst angenommen, das System befinde sich im Gleichgewicht. Im allgemeinen kann das System nur unter der Bedingung

$$\varphi_m = \frac{\lambda_m}{\mu_m} < 1 \quad (m = 1, \ldots, M)$$

sein Gleichgewicht erreichen;

$$\varphi_m = \frac{\lambda_m}{\mu_m}$$

bezeichne den Kapazitätsnutzungsgrad der Maschine F_m $(m = 1, \ldots, M)$. Damit sich das System jetzt im Gleichgewicht befindet, wird ferner angenommen, die Fertigung laufe schon unter der Kapazitätsbedingung

$$\varphi_m = \frac{\lambda_m}{\mu_m} < 1 \quad (m = 1, 2, \ldots, M)$$

ab.

A. Minimierung der mittleren Auftragsdurchlaufzeit. Für $m = 1, \ldots, M$ bezeichne $W^{(m)}$ die Wartezeit eines Auftrages bei der Maschine F_m (in $W^{(m)}$ ist auch die Bearbeitungszeit eingeschlossen). Man kann annehmen, daß die Gleichgewichtsverteilungsfunktion

$$P(W^{(1)} \leqslant t_1, W^{(2)} \leqslant t_2, \ldots, W^{(M)} \leqslant t_M) \equiv F(t_1, t_2, \ldots, t_M)$$

---

[7] Jackson, J. R.: Simulation Research on Job Shop Production, in: Naval Research Logistics Quarterly, vol. 4, 1957, S. 287-295; er betrachtet Z_7 = min! als Zielfunktion.

[8] Baker, C. T. and Dzielinski, B. P.: Simulation of a Simplified Job Shop, in: Management Science, vol. 6, 1960, S. 311-322; sie betrachten $\bar{T}$ = min! als Zielfunktion.

existiere[1]; ferner wird die Existenz der Mittelwerte $E(W^{(m)}) \equiv \bar{W}^{(m)}$ $(m = 1, \ldots, M)$ vorausgesetzt.

Mit W sei nun die Wartezeit eines Auftrages (in W ist auch die Bearbeitungszeit eingeschlossen) in der Werkstatt, d. h. die Auftragsdurchlaufzeit, bezeichnet. Da die Zufallsvariable W gleich der Summe der Zufallsvariablen $W^{(1)}, \ldots, W^{(M)}$ ist, ist ihr Mittelwert $E(W) \equiv \bar{W}$ gleich der Summe der Mittelwerte $\bar{W}^{(1)}, \ldots, \bar{W}^{(M)}$, also gilt

$$\bar{W} = \sum_{m=1}^{M} \bar{W}^{(m)}. \tag{5.4.1}$$

Die mittlere Auftragsdurchlaufzeit drückt das erste Ziel Z_8 der dynamischen Fertigungsablaufplanung aus. Das Entscheidungskriterium besteht dabei darin, daß Z_8 $(Z_8 \equiv \bar{W})$ minimiert wird. Somit lautet die erste Zielvorstellung der dynamischen Fertigungsablaufplanung Minimierung der mittleren Auftragsdurchlaufzeit ($Z_8 =$ min!).

B. Minimierung von mittlerem Auftragsbestand. Für $m = 1, \ldots, M$ bezeichne $N^{(m)}$ die Anzahl der wartenden Aufträge bei der Maschine F_m zu einem beliebigen Zeitpunkt (in $N^{(m)}$ ist auch der in der Bearbeitung sich befindende Auftrag eingeschlossen). Man kann annehmen, daß die Gleichgewichtswahrscheinlichkeitsfunktion

$$P(N^{(1)} = n_1, N^{(2)} = n_2, \ldots, N^{(M)} = n_M) \equiv P_{n_1 n_2 \ldots n_M}$$

existiere[2]; ferner wird die Existenz der Mittelwerte $E(N^{(m)}) = \bar{N}^{(m)}$ $(m = 1, 2, \ldots, M)$ vorausgesetzt.

Mit N sei nun die Anzahl der Aufträge bezeichnet, die sich zu einem beliebigen Zeitpunkt in der Werkstatt befinden. Der Auftragsbestand N ist gleich der Summe der Auftragsbestände $N^{(1)}, \ldots, N^{(M)}$. Deshalb ist der mittlere Auftragsbestand $E(N) \equiv \bar{N}$ gleich der Summe der mittleren Auftragsbestände $\bar{N}^{(1)}, \ldots, \bar{N}^{(M)}$, also gilt

$$\bar{N} = \sum_{m=1}^{M} \bar{N}^{(m)}. \tag{5.4.2}$$

Der mittlere Auftragsbestand $\bar{N}$ drückt das zweite Ziel Z_9 der dynamischen Fertigungsablaufplanung aus, wobei das Entscheidungskriterium darin besteht, daß Z_9

---

[1] Vgl. Sacks, J.: Ergodocity of Queues in Series, in: Annals of Mathematical Statistics, vol. 31, 1960, S. 579-588; Sacks hat bewiesen, daß die Gleichgewichtsverteilungsfunktion unter der Bedingung

$$\varphi_m = \frac{\lambda_m}{\mu_m} < 1 (m = 1, 2, \ldots, M) \text{ existiert.}$$

[2] Vgl. Jackson, R. R. P.: Random Queueing Processes with Phase-Type Service, in: Journal of Royal Statistical Society, Series B, vol. 18-19, 1956-57, S. 129-132; Jackson, J. R.: Networks of Waiting Lines, in: Operations Research, vol. 5, 1957, S. 518-521.

($Z_9 \equiv \bar{N}$) minimiert wird. Die zweite Zielvorstellung der dynamischen Fertigungsablaufplanung läßt sich dann so formulieren: Minimierung des mittleren Auftragsbestandes (Z_9 = min!).

C. Minimierung der mittleren Gesamtwartekosten (Gesamtzwischenlagerkosten). Für $m = 1, \ldots, M$ und $k = 1, \ldots, K$ bezeichne $\bar{W}_k^{(m)}$ die mittlere Wartezeit eines Auftrages der k-ten Prioritätsklasse bei der Maschine F_m; ferner bezeichne für $m = 1, \ldots, M$ und $k = 1, \ldots, K$ $c_{w,k}^{(m)}$ die Wartekosten (Lagerkosten) pro Zeiteinheit. Der Ausdruck $c_{w,k}^{(m)} \bar{W}_k^{(m)}$ bedeutet dann die mittleren Wartekosten (Zwischenlagerkosten) eines Auftrages der k-ten Prioritätsklasse bei der Maschine F_m.

Die Summe

$$\sum_{m=1}^{M} \sum_{k=1}^{K} c_{w,k}^{(m)} \bar{W}_k^{(m)} \tag{5.4.3}$$

stellt das dritte Ziel Z_{10} der dynamischen Fertigungsablaufplanung dar, wobei das Entscheidungskriterium darin besteht, daß Z_{10} minimiert wird. Die dritte Zielvorstellung der dynamischen Fertigungsablaufplanung heißt also Minimierung der mittleren Gesamtwartekosten (Gesamtzwischenlagerkosten) (Z_{10} = min!).

D. Minimierung der mittleren Auftragsverspätung. Die mittlere Auftragsverspätung wird durch

$$\bar{V} = \bar{W} - \bar{d} \tag{5.4.4}$$

gegeben, wobei $\bar{W}$ die mittlere Auftragsdurchlaufzeit und $\bar{d}$ die mittlere Fertigstellungsfrist bedeuten; $\bar{W}$ und $\bar{d}$ werden von dem Zeitpunkt berechnet, zu dem ein Auftrag bei der Werkstatt eintrifft. $\bar{V}$ kann sowohl negativ als auch positiv sein; $\bar{V} < 0$ stellt die mittlere Frühzeitigkeit dar; $\bar{V} > 0$ stellt die Terminüberschreitung dar.

Die mittlere Auftragsverspätung ist das vierte Ziel Z_{11} der dynamischen Fertigungsablaufplanung, wobei das Entscheidungskriterium darin besteht, daß Z_{11} ($Z_{11} \equiv \bar{V}$) minimiert wird. Unter dieser Bedingung lautet die vierte Zielvorstellung der dynamischen Fertigungsablaufplanung Minimierung der mittleren Auftragsverspätung (Z_{11} = min!).

Diese Zielvorstellung ist nur dann sinnvoll, wenn auch mit der Frühzeitigkeit gewisse Vorteile verbunden sind. Trifft das nicht zu, dann ist es sinnvoller, die Minimierung der mittleren Terminüberschreitung in Betracht zu ziehen.

E. Minimierung der mittleren Terminüberschreitung. $\bar{U}_k = \max(\bar{W}_k - \bar{d}_k, 0)$ repräsentiert die mittlere Terminüberschreitung eines Auftrages der k-ten Prioritätsklasse, wobei $\bar{W}_k$ die mittlere Auftragsdurchlaufzeit und $\bar{d}_k$ die mittlere Fertigstellungsfrist eines Auftrages der k-ten Prioritätsklasse bedeuten.

Die mittlere Terminüberschreitung wird dann durch

$$\bar{U} = \sum_{k=1}^{K} \bar{U}_k \tag{5.4.5}$$

gegeben.

$\bar{U}$ drückt das fünfte Ziel Z_{12} der dynamischen Fertigungsablaufplanung aus, wobei das Entscheidungskriterium darin besteht, daß Z_{12} ($Z_{12} \equiv \bar{U}$) minimiert wird. Sodann heißt die fünfte Zielvorstellung der dynamischen Fertigungsablaufplanung Minimierung der mittleren Terminüberschreitung (Z_{12} = min!).

5.5 Zielverträglichkeit in der dynamischen Fertigungsablaufplanung

Den nachfolgenden Betrachtungen wird die Annahme zugrunde gelegt, daß die einzelnen Maschinen-Warteschlangensysteme stochastisch unabhängig seien, d. h., die Maschinen-Warteschlangensysteme tragen stochastisch unabhängig voneinander zur Effektivität des Gesamtwarteschlangensystems bei. Die Effektivität kann an einem von den oben definierten Zielen bestimmt werden.

Die Annahme über die stochastische Unabhängigkeit der einzelnen Maschinen-Warteschlangensysteme ist unter gewissen Bedingungen (die Ankünfte müssen einer Poisson-Verteilung, und die Bearbeitungszeiten einer Exponentialverteilung gehorchen) vollkommen richtig. Darauf wird aber im Teil III dieser Arbeit eingegangen.

A. Beziehung zwischen Z_8 und Z_9. Aufgrund der *Little*schen Formel[1] erhält man die Beziehungen

$$\bar{N}^{(m)} = \lambda_m \cdot \bar{W}^{(m)} \text{ für } m = 1, \ldots, M. \tag{5.5.1}$$

Daraus folgt, daß sich der mittlere Auftragsbestand $\bar{N}^{(m)}$ proportional zur mittleren Auftragsdurchlaufzeit $\bar{W}^{(m)}$ verändert. Die Minimierung von $\bar{W}^{(m)}$ führt daher auch zur Minimierung von $\bar{N}^{(m)}$.

Es wird nun angenommen, daß die Bearbeitungszeiten eine Exponentialverteilung besitzen, die durch

$$B(t) = P\{\text{Bearbeitungszeit} \leq t\} = 1 - e^{-\mu_m t} \; (m = 1, \ldots, M)$$

gegeben wird. Nach dem *Burke*schen Satz folgt dann, daß der Outputprozeß wie der Inputprozeß ein Poisson-Prozeß mit Parameter λ_m ($m = 1, \ldots, M$) ist[2].

Die Maschinenfolge wird durch die Übergangsmatrix (Tab. 5.5.1) Π gesteuert[3].

---

[1] Little, J. D. C.: A Proof for the Queuing Formula: $L = \lambda \; W$, in: Operations Research, vol. 9, 1961, S. 383-387.

[2] Burke, P. J.: The Output of a Queuing System, in: Operations Research, vol. 4, 1956, S. 699-704; vgl. auch Cox, D. R. and Smith, W. L.: Queues. 1961, S. 139. Wichtig ist, daß die Gültigkeit dieses Ergebnisses von der Sequenzpolitik unabhängig ist; vgl. hierzu Saaty, T. L.: Elements of Queuing Theory with Applications. 1961, S. 255 und Hillier F. S. and Liebermann, G. L.: S. 316.

[3] Vgl. für die Übergangsmatrix auch Gavett, J. W.: S. 559.

m \ m'	1	2	...	M	M+1
0	$\pi_{0\,1}$	$\pi_{0\,2}$	...	π_{0M}	0
1	$\pi_{1\,1}$	$\pi_{1\,2}$	...	π_{1M}	$\pi_{1\,M+1}$
⋮	⋮	⋮		⋮	⋮
M	$\pi_{M\,1}$	$\pi_{M\,2}$	...	π_{MM}	$\pi_{M\,M+1}$

Tab. 5.5.1 Übergangsmatrix

Für $m = 0$ und $1 \leqslant m' \leqslant M$ bedeutet $\pi_{0,\,m'}$ die Wahrscheinlichkeit dafür, daß die Maschinenfolge eines beliebigen Auftrages mit der Maschine $F_{m'}$ $(m' = 1, \ldots, M)$ beginnt; für $1 \leqslant m \leqslant M$ und $1 \leqslant m' \leqslant M$ bedeutet $\pi_{m,\,m'}$ die Übergangswahrscheinlichkeit von der Maschine F_m nach der Maschine $F_{m'}$ während des Auftragsdurchlaufs; für $1 \leqslant m \leqslant M$ und $m' = M + 1$ bedeutet $\pi_{m,\,M+1}$ die Wahrscheinlichkeit dafür, daß der Auftrag die Werkstatt nach der Maschine F_m verläßt.

Im Falle, daß die Aufträge die gleiche Maschinenfolge besitzen, enthält jede Zeile der Übergangsmatrix nur ein Element mit positiver Wahrscheinlichkeit (gleich 1). Es sei $(0, i_1), (i_1, i_2), (i_2, i_3), \ldots, (i_{m-1}, i_m), (i_m, i_{m+1}), \ldots, (i_{M-1}, i_M), (i_M, M+1)$ eine Maschinenfolge. Es gilt dann

$$\pi_{0,\,i_1} = 1,\ \pi_{i_1,\,i_2} = 1,\ \pi_{i_2,\,i_3} = 1, \ldots, \pi_{i_{m-1},\,i_m} = 1,$$

$$\pi_{i_m,\,i_{m+1}} = 1, \ldots, \pi_{i_{M-1},\,i_M} = 1,\ \pi_{i_M,\,M+1} = 1;$$

der Output einer Maschine ist gleich dem Input der nachfolgenden Maschine in der Maschinenfolge. Nach dem *Burke*schen Satz gilt die Beziehung

$$\lambda_G = \lambda_{i_1} = \lambda_{i_2} = \lambda_{i_3} = \ldots = \lambda_{i_{m-1}}$$

$$= \lambda_{i_m} = \lambda_{i_{m+1}} = \ldots \lambda_{i_{M-1}} = \lambda_{i_M} = \lambda_{M+1}.$$

Hieraus und aus den Gleichungen (5.4.2) und (5.5.1) erhält man die Formel

$$\bar{N} = \lambda_G \bar{W}. \qquad (5.5.3)$$

Daraus folgt, daß die Minimierung von $\bar{W}$ auch die Minimierung von $\bar{N}$ nach sich zieht.

Es muß nun gezeigt werden, daß auch bei beliebiger Maschinenfolge wie bei gleicher Maschinenfolge eine Proportionalitätsbeziehung zwischen $\bar{W}$ und $\bar{N}$ besteht. Zu diesem Zweck wird auf Grund der stochastischen Unabhängigkeit der Maschinen-Warteschlangensysteme ein durchschnittliches Warteschlangensystem mit folgenden Parametern formuliert:

$$\bar{\lambda} = \frac{1}{M} \sum_{m=1}^{M} \lambda_m,$$

$$\bar{\mu} = \frac{1}{M} \sum_{m=1}^{M} \mu_m,$$

$$\bar{\varphi} = \sum_{m=1}^{M} \lambda_m / \sum_{m=1}^{M} \mu_m.$$

Für das durchschnittliche System gilt die Beziehung

$$\bar{N}^* = \bar{\lambda}\, \bar{W}^*, \text{ wobei} \tag{5.5.4}$$

$$N^* = \frac{N^{(1)} + N^{(2)} + \ldots + N^{(M)}}{M} = \frac{N}{M}$$

$$W^* = \frac{W^{(1)} + W^{(2)} + \ldots + W^{(m)}}{M} = \frac{W}{M}$$

$$\bar{N}^* = \frac{\bar{N}^{(1)} + \bar{N}^{(2)} + \ldots + \bar{N}^{(M)}}{M} = \frac{\bar{N}}{M}$$

$$\bar{W}^* = \frac{\bar{W}^{(1)} + \bar{W}^{(2)} + \ldots + \bar{W}^{(M)}}{M} = \frac{\bar{W}}{M}$$

bedeuten.

Setzt man in (5.5.4)

$$\bar{N}^* = \frac{\bar{N}}{M} \quad \text{und}$$

$$\bar{W}^* = \frac{\bar{W}}{M} \quad \text{ein, erhält man}$$

$$\bar{N} = \bar{\lambda}\, \bar{W}\text{[4]}; \tag{5.5.5}$$

(5.5.5) entspricht der Formel (5.3.8), die im statischen Fall hergeleitet wurde.

Die Minimierung von $\bar{W}$ zieht daher die Minimierung von $\bar{N}$ auch bei beliebiger Maschinenfolge nach sich.

---

4 Vgl. auch Gavett, J. W.: S. 559 f; er kommt aber auf andere Weise zu diesem Ergebnis.

Die Proportionalitätsbeziehung zwischen $\bar{N}$ und $\bar{W}$ läßt sich auch auf andere Weise erklären. Zunächst gilt die Beziehung

$$\bar{W}_w^* = \bar{W}^* - \frac{1}{\bar{\mu}}$$ [5],

wobei $\bar{W}_w^*$ die mittlere Wartezeit in der Warteschlange bedeutet; ferner gilt

$$\bar{N}^* = \bar{W}_w^* \bar{\mu} = (\bar{W}^* - \frac{1}{\bar{\mu}})\, \bar{\mu} \quad (5.5.4a)$$ [5a].

Setzt man

$$\bar{N}^* = \frac{\bar{N}}{M} \quad \text{und}$$

$$\bar{W}^* = \frac{\bar{W}}{M}$$

in (5.5.4a) ein, erhält man

$$\bar{N} = \bar{\mu}\bar{W} - M. \quad (5.5.5a)$$

Folglich besteht zwischen Z_8 und Z_9 eine Komplementaritätsbeziehung.

B. Beziehung zwischen Z_8, Z_9 und Z_{13} ($Z_{13} \equiv \bar{\varphi}$). An früherer Stelle (vgl. Abschnitt 4.2) wurde die Beziehung zwischen der mittleren Auftragsdurchlaufzeit und dem Kapazitätsnutzungsgrad unter gegebener Sequenzregel erklärt.

Es seien nun zwei Sequenzregeln S_1 und S_2 gegeben, wobei angenommen wird, daß der Einfluß der Sequenzregel S_2 auf die mittlere Auftragsdurchlaufzeit $\bar{W}^{(m)}$ stärker als der der Sequenzregel S_1 sei. Anschaulich gesprochen heißt das, die Wartekostenkurve, wie sie Abb. 5.5.1 angibt, muß nach links verschoben werden.

Die Wartekostenkurve wie auch die Kapazitätskostenkurve verlaufen, wie sie Abb. 5.5.1 zeigt, konvex (von unten gesehen). Die Wartekostenkurve sinkt mit absolut genommen abnehmender Steigung bei Vergrößerung von μ_m, und die Kapazitätskostenkurve steigt mit zunehmender Steigung bei Vergrößerung von μ_m an.

Es wird weiter angenommen, der Einfluß der Sequenzregel auf die mittlere Auftragsdurchlaufzeit werde um so größer, je höher der Kapazitätsnutzungsgrad liege[6, 7]. Anschaulich ausgedrückt heißt das, die der Sequenzregel S_1 entsprechende Wartekostenkurve steige steiler an, als die der Sequenzregel S_2 entsprechende War-

---

[5] Vgl. Hillier, F. S. and Lieberman, G. J.: S. 300.

[5a] Vgl. Saaty T. L.: Mathematical Methods of Operations Research. 1959, S. 347.

[6] Vgl. auch Aczel, M. A.: The Effect of Introducing Priorities, in: Operations Research, vol. 8, 1960, S. 733.

[7] Diese Annahme wird hier als Annahme *G* bezeichnet.

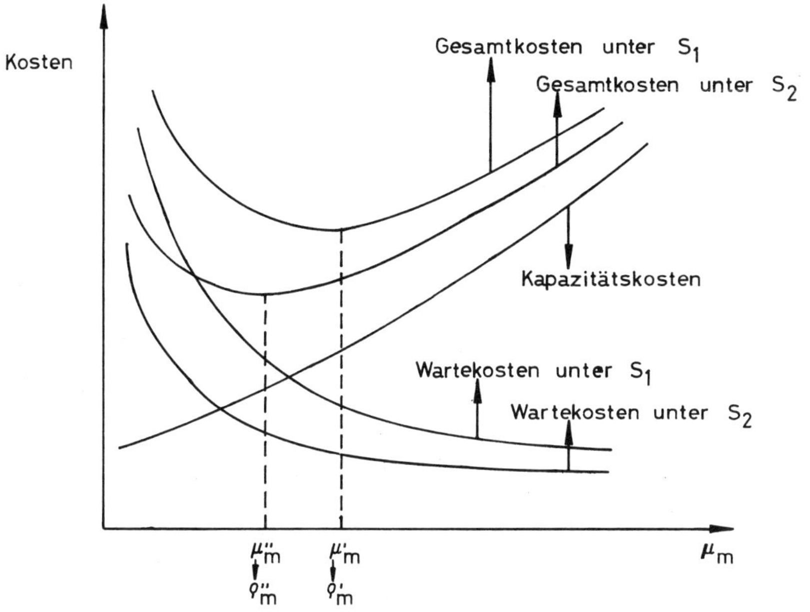

Abb. 5.5.1

tekostenkurve bei Verminderung von μ_m (bzw. Vergrößerung von

$$\varphi_m = \lambda_m/\mu_m \ (m = 1, \ldots, M)).$$

Mit f_1 (μ_m; S_1) bzw. f_2 (μ_m; S_2) seien die Wartekostenfunktion unter der Sequenzregel S_1 *bzw.* S_2 bezeichnet; ferner sei mit g (μ_m) die Kapazitätskostenfunktion bezeichnet.

Fall A. Kostenoptimale Bedienungsrate unter Sequenzregel S_1. Hier werden die Gesamtkosten durch die Beziehung

$$C_1 = f_1 \ (\mu_m; \ S_1) + g \ (\mu_m) \tag{5.5.6}$$

gegeben. Differenziert man (5.5.6) nach μ_m und setzt die Ableitung gleich null, so erhält man

$$\frac{dC_1}{d\mu_m} = f_1' \ (\mu_m; \ S_1) + g' \ (\mu_m) = 0. \tag{5.5.7}$$

Es sei μ_m' der kostenoptimale Wert; er muß offensichtlich die Beziehung (5.5.7) erfüllen. Setzt man μ_m' in (5.5.7) ein, erhält man die Beziehung

$$g'(\mu'_m) = -f_1'(\mu'_m; S_1)^8; \qquad (5.5.8)$$

(5.5.8) gibt an, daß das Gesamtkostenminimum dort liegt, wo die Grenzwartekosten gleich den Grenzkapazitätskosten sind.

Fall B. Kostenoptimale Bedienungsrate unter der Sequenzregel S_2.

In diesem Fall werden die Gesamtkosten durch

$$C_2 = f_2(\mu_m; S_2) + g(\mu_m) \qquad (5.5.9)$$

gegeben. Wenn man ähnlich wie im Fall A vorgeht, erhält man schließlich

$$g'(\mu''_m) = -f_2'(\mu''_m; S_2)^8. \qquad (5.5.10)$$

Es gilt nun $\mu''_m < \mu'_m$; denn wenn das nicht der Fall wäre, würde wegen der Konvexitätsbedingung und der Gleichung (5.5.10) die Beziehung

$$g'(\mu''_m) = -f_2'(\mu''_m; S_2) < -f_2'(\mu'_m; S_2), \qquad (5.5.11)$$

und wegen der Bedingung G die Beziehung

$$-f_2'(\mu'_m; S_2) < -f_1'(\mu'_m; S_1) \qquad (5.5.12)$$

gelten. Aus (5.5.11) und (5.5.12) würde sich bei Berücksichtigung von (5.5.8)

$$g'(\mu''_m) = -f_2'(\mu''_m; S_2) < -f_2'(\mu'_m; S_2)$$

$$< -f_1'(\mu'_m; S_1) = g'(\mu'_m)$$

ergeben. Das letzte führt aber zum Widerspruch, denn wenn $\mu''_m > \mu'_m$ wäre, müßte wegen der Konvexitätsbedingung $g'(\mu''_m) > g'(\mu'_m)$ sein. Daher ist $\mu''_m < \mu'_m$, was zu beweisen war.

Daraus folgt, daß $\varphi''_m > \varphi'_m$ ist.

Es wurde also festgestellt: Während die mittlere Auftragsdurchlaufzeit $\bar{W}^{(m)}$ und der Kapazitätsnutzungsgrad φ_m in bezug auf μ_m einander widerstreitende Ziele sind, verhalten sie sich in bezug auf die Sequenzregel gegenseitig komplementär. Das gleiche gilt auch zwischen dem mittleren Auftragsbestand $\bar{N}^{(m)}$ und dem Kapazitätsnutzungsgrad φ_m.

---

[8] Da die Wartekostenkurve negative Steigung hat, sind $-f_1'(\mu'_m; S_1)$ und $-f_2'(\mu''; S_2)$ positiv.

Wenn sich $\overline{W}^{(m)}$ für jedes $m = 1, \ldots, M$ vermindert, dann vermindert sich auch $\overline{W} = \sum_{m=1}^{M} \overline{W}^{(m)}$. Die Verringerung von $\overline{W}^{(m)}$ führt aber dazu, daß sich μ_m für jedes $m = 1, \ldots, M$ verringert, wodurch sich $\bar{\varphi}$ schließlich vergrößert. Also kann man einen höheren Kapazitätsnutzungsgrad nur dann erreichen, wenn man das Sequenzeffekt bei der Bestimmung der optimalen Bedienungsrate berücksichtigt.

Man hat die Komplementaritätsbeziehung, die zwischen $\overline{W}^{(m)}$ und φ_m bezüglich S besteht, von dem Zielkonflikt nicht unterscheiden, den es zwischen $\overline{W}^{(m)}$ und φ_m hinsichtlich μ_m gibt.

Hoß[9] betrachtet die Sequenzregel als Einflußfaktor zur Beseitigung des Zielkonfliktes, der bezüglich der Sequenzregel gar nicht existiert. Der Zielkonflikt hinsichtlich der Bedienungsrate (bei *Hoß* hinsichtlich der Ankunftsrate[10]) gilt bei allen Sequenzregeln und ist nur durch Zielkompromiß lösbar. Sowohl μ'_m als auch μ''_m, wie sie Abb. 5.5.1 angibt, sind Kompromißlösungen. Die Sequenzregel beeinflußt dabei die mittlere Auftragsdurchlaufzeit $\overline{W}^{(m)}$ und damit die Wartekosten derart, daß durch die Kompromißlösung eine geringere Bedienungsrate μ''_m $(\mu''_m < \mu'_m)$ und damit ein höherer Kapazitätsnutzungsgrad φ''_m $(\varphi''_m > \varphi'_m)$ entstehen.

Dickhut[11] spricht zwar von einer Komplementaritätsbeziehung zwischen $\overline{W}^{(m)}$ und φ_m, aber seine Argumentation scheint nicht korrekt zu sein, wenn er sagt, daß bei gleichbleibendem $\bar{N}^{(m)}$ mit einer geringeren Auftragsdurchlaufzeit $\overline{W}^{(m)}$ ein höherer Kapazitätsnutzungsgrad φ_m verbunden sei. Da zwischen $\overline{W}^{(m)}$ und $\bar{N}^{(m)}$ die Beziehung $\overline{W}^{(m)} = \lambda_m^{-1} \bar{N}^{(m)}$ gilt, ist es nicht möglich, $\overline{W}^{(m)}$ bei konstantem $\bar{N}^{(m)}$ zu verringern. Ersetzt man $\bar{N}^{(m)}$ durch $\bar{N}^{(m)} = \lambda_m \overline{W}^{(m)}$ in der Formel

$$\varphi_m = \frac{\bar{N}^{(m)}}{\mu_m \overline{W}^{(m)}}$$

(Diese Formel benutzt *Dickhut* zur Begründung seiner Behauptung), so erhält man

$$\varphi_m = \frac{\lambda_m \overline{W}^{(m)}}{\mu_m \overline{W}^{(m)}} = \frac{\lambda_m}{\mu_m}.$$

Das letzte widerspricht seiner Aussage, denn φ_m verhält sich der Verminderung von $\overline{W}^{(m)}$ (und auch von $\bar{N}^{(m)}$) gegenüber indifferent; man kann $\overline{W}^{(m)}$ und $\bar{N}^{(m)}$ durch die Sequenz vermindern, ohne daß φ_m vergrößert wird.

Will man jedoch auch den Kapazitätsnutzungsgrad φ_m durch die Sequenzregel positiv beeinflussen, so muß man, wie schon gesagt, den Sequenzeffekt bei der Bestimmung der optimalen Bedienungsrate berücksichtigen. Dadurch erreicht man einen höheren Kapazitätsnutzungsgrad (z. B. φ''_m), den man ohne den Sequenzeffekt nicht erreichen könnte (man hätte z. B. nur φ'_m erreicht).

---

9 Hoß, K.: S. 157 ff.

10 Vgl. hierzu Fn. 2, Teil II, Abschn. 4.3.

11 Dickhut, E.: S. 78 f.

In dem Kapazitätsnutzungsgrad φ''_m nehmen aber $\bar{W}^{(m)}$ und $\bar{N}^{(m)}$ einen niedrigeren Wert bei der Sequenzregel S_2 als bei der Sequenzregel S_1 an.

Auf diese Weise kann man also simultan mit einem höheren Kapazitätsnutzungsgrad auch eine geringere Auftragsdurchlaufzeit und einen niedrigeren Auftragsbestand erreichen.

Zusammenfassend läßt sich folgern, daß zwischen Z_8 und Z_{13} sowie zwischen Z_9 und Z_{13} eine Komplementaritätsbeziehung besteht.

Anmerkung: Entsprechend der Formel (5.3.6a) kann man hier die Formel

$$\bar{W} = \frac{\bar{N}\,\bar{b}}{M\,\bar{\varphi}}$$

einführen, wobei $\bar{b}$ die mittlere Bearbeitungszeit für die Gesamtbearbeitung eines Auftrages bedeutet.

C. Beziehung zwischen Z_8, Z_9 und Z_{11}. Aus (5.4.4) und der Konstanz von $\bar{d}$ ergibt sich, daß die Minimierung von $\bar{W}$ auch zur Minimierung von $\bar{V}$ führt[12].

Setzt man in (5.4.4) $\bar{W} = \bar{\lambda}^{-1}\,\bar{N}$ bzw. $\bar{W} = \lambda_G^{-1}\,\bar{N}$ ein, so erhält man

$$\bar{V} = \bar{\lambda}^{-1}\,\bar{N} - \bar{d}$$

bzw.

$$\bar{V} = \lambda_G^{-1}\,\bar{N} - \bar{d}\,. \qquad (5.5.13)$$

Hieraus und aus der Konstanz von $\bar{d}$ folgt, daß die Minimierung von $\bar{N}$ auch zur Minimierung von $\bar{V}$ führt.

Infolgedessen besteht eine Komplementaritätsbeziehung zwischen Z_8 und Z_{11} sowie zwischen Z_9 und Z_{11}.

D. Beziehung zwischen Z_8, Z_9, und Z_{12}. Für die Terminüberschreitung einer Prioritätsklasse gelten die Gleichungen

$$\bar{U}_k = \begin{cases} \bar{V}_k & (\bar{V}_k > 0) \\ 0 & (\bar{V}_k \leqslant 0) \end{cases} \qquad (5.5.14)$$

Führt man die Funktion

$$\delta\,(x) = \begin{cases} 1 & (x > 0) \\ 0 & (x \leqslant 0) \end{cases}$$

[12] Vgl. auch Conway, R. W.: Priority Dispatching and Job Lateness in a Job Shop, in: Industrial Engineering, vol. 16, Nr. 4, 1965, S. 228–237, hier S. 232.

ein, kann man die Gleichungen (5.5.14) in der Form

$$\bar{U}_k = \bar{V}_k \, \delta \, (\bar{V}_k) \tag{5.5.15}$$

schreiben. Hieraus und aus (5.4.5) folgt

$$\bar{U} = \sum_{k=1}^{K} \bar{V}_k \, \delta \, (\bar{V}_k). \tag{5.5.16}$$

Nimmt man an, daß - welche Sequenzregel auch immer gewählt wird - $\delta \, (\bar{V}_k) = 1$ für jedes $k = 1, \ldots, K$ gelte, erhält man aus (5.5.16)

$$\bar{U} = \bar{V} = \sum_{k=1}^{K} \bar{V}_k = \bar{W} - \bar{d}. \tag{5.5.17}$$

Daraus und aus der Konstanz von $\bar{d}$ geht hervor, daß man die mittlere Terminüberschreitung dadurch minimieren kann, daß man die mittlere Auftragsdurchlaufzeit minimiert.

Nimmt man nun an, daß - welche Sequenzregel auch immer gewählt wird - $\delta \, (\bar{V}_k) = 0$ für jedes $k = 1, \ldots, K$ gelte, sind alle Sequenzregeln in bezug auf die mittlere Terminüberschreitung gleichbedeutend. Man kann auch in diesem Fall die Sequenzregel wählen, die die mittlere Auftragsdurchlaufzeit minimiert, ohne die mittlere Terminüberschreitung zu verschlechtern.

Im allgemeinen gibt es aber eine Indexmenge J mit $\delta(\bar{V}_k) = 1$ für jedes $k \in J$ und eine Indexmenge $I\text{-}J$ mit $\delta(\bar{V}_k) = 0$ für jedes $k \in I\text{-}J$, wobei $I = \{1, \ldots, K\}$ ist. Wenn man das berücksichtigt, erhält man aus (5.5.16)

$$\bar{U} = \sum_{k \in I-J} \bar{V}_k \, \delta \, (\bar{V}_k) + \sum_{k \in J} \bar{V}_k \, \delta \, (\bar{V}_k)$$

$$= \sum_{k \in J} \bar{V}_k \neq \bar{W} - \bar{d}. \tag{5.5.18}$$

Wie man leicht erkennt, kann man daraus nicht schließen, daß die Minimierung der mittleren Auftragsdurchlaufzeit auch zur Minimierung der mittleren Terminüberschreitung führt.

Besitzt die Indexmenge J z. B. jeweils nur ein einziges Element, so ist es naheliegend, daß die optimale Sequenzregel zur Minimierung der mittleren Terminüberschreitung von $\bar{d}_k$ $(k = 1, 2, \ldots, K)$ abhängt, während die optimale Sequenzregel zur Minimierung der mittleren Auftragsdurchlaufzeit überhaupt nicht von $\bar{d}_k$ $(k = 1, 2, \ldots, K)$ abhängig ist.

Es muß also eine Substitutionalitätsbeziehung zwischen $\bar{W}$ und $\bar{U}$ bestehen. Auch die simulatorischen Ergebnisse von *Conway*[13] weisen darauf hin.

Setzt man nun in (5.5.18) $\bar{W} = \bar{\lambda}^{-1} \bar{N}$ bzw. $\bar{W} = \bar{\lambda}_G^{-1} \bar{N}$ ein, so erhält man

$$\bar{U} = \sum_{k \in J} \bar{V}_k \neq \bar{\lambda}^{-1} \bar{N} - \bar{d}$$

$$\bar{U} = \sum_{k \in J} \bar{V}_k \neq \bar{\lambda}_G^{-1} \bar{N} - \bar{d}. \qquad (5.5.19)$$

Daraus folgt, daß auch zwischen $\bar{N}$ und $\bar{U}$ eine Substitutionalitätsbeziehung besteht.

Zusammenfassend läßt sich folgern, daß es zwischen Z_8 und Z_{12} sowie zwischen Z_9 und Z_{12} einen Zielkonflikt gibt.

E. Zielkompromiß zwischen Z_8 und Z_{12}. Da Z_8 und Z_{12} einander widerstreitende Ziele sind, kann man sie im Entscheidungsmodell nicht gleichzeitig berücksichtigen. Deshalb müssen Z_8 und Z_{12} zu einem einzigen Ziel zusammengefaßt werden. Das ist aber nur durch Zielkompromiß erreichbar. Im folgenden soll daher versucht werden, den Zielkonflikt zwischen Z_8 und Z_{12} durch einen Zielkompromiß zu lösen.

$c_{k,m}$ bezeichne die Wahrscheinlichkeit dafür, daß sich ein zur *k*-ten Klasse gehöriger Auftrag, der sich z. Z. bei der Maschine F_m befindet, verspäten wird; ferner sei $W_{k,m}$ diejenige Zeit, die ein zur *k*-ten Klasse gehöriger Auftrag braucht, um die nachfolgenden Maschinen seiner Maschinenfolge zu durchlaufen.

$c_{k,m}$ hängt von $W_{k,m}$ ab. Es sei angenommen, für $W_{k_0,m_0} \leq W_{k,m} \leq d_k$ verlaufe $c_{k,m}$ linear von Null bis Eins$(0 \leq c_{k,m} \leq 1)$; für $W_{k,m} > d_k$ nehme $c_{k,m}$ immer den Wert Eins an; für $W_{k,m} < W_{k_0,m_0}$ nehme $c_{k,m}$ immer den Wert Null an.

Die Wahrscheinlichkeit $c_{k,m}$ kann man folgendermaßen schätzen: Man schätzt zuerst die Durchlaufzeit $W_{k,m}$ und postuliert dann eine Mindestzeit W_{k_0,m_0} über die hinaus $c_{k,m}$ linear von Null bis Eins verläuft (Abb. 5.5.2). Angenommen, $W'_{k,m}$ sei die geschätzte Durchlaufzeit; der Wert $c'_{k,m}$, der dem Wert $W'_{k,m}$ entspricht, ist dann die geschätzte Wahrscheinlichkeit.

Man kann nun $c_{k,m}$ $(m = 1, \ldots, M;\ k = 1, \ldots, K)$ als Kosten auffassen und diese zur Gewichtung der Wartezeiten $\bar{W}_k^{(m)}$ benutzen. Dadurch gewinnt man die Kostensumme

$$\sum_{k=1}^{K} \sum_{m=1}^{M} c_{k,m} \bar{W}_k^{(m)}. \qquad (5.5.20)$$

Die soeben definierte Kostensumme stellt ein Kompromißziel Z_{14} dar.

---

13 Conway, R. W.: S. 228–237, hier insbesondere S. 233 f. In der Untersuchung von Conway wird der mittleren Auftragsdurchlaufzeit $\bar{W}$ die Zahl $\sum_{k \in J} \delta(\bar{V}_k)$ der Aufträge mit positiver Verspätung gegenübergestellt; $\bar{U}$ steht aber in einem sehr engen Zusammenhang mit $\sum_{k \in J} \delta(\bar{V}_k)$.

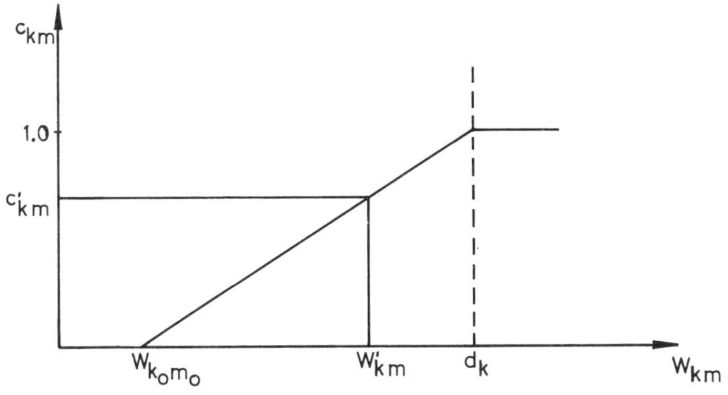

Abb. 5.5.2

6. Formulierung des Problems der Fertigungsablaufplanung

Nachdem die Strukturelemente der Fertigungsablaufplanung dargelegt sind, ist nun auf die Problemformulierung einzugehen. Bislang leidet die Ablaufplanungstheorie dadurch, daß man nicht auf die Formulierung des Problems großen Wert gelegt hat, sondern nur auf die mathematische Abwicklung des Problems. Darüber äußert sich auch *Gupta*[1]: „Scheduling research, ... suffers from an over-emphasis on the rigorous mathematical development of the problem and an under-emphasis on the realism of the formulation of the problem." Schwierigkeiten für die Problemformulierung verursacht insbesondere die Tatsache, daß der Fertigungsablaufplanung eine Zielkonzeption zugrunde liegt, die durch Zielkonflikte charakterisiert ist. Zielkonflikte blieben bisher bei der Problemformulierung immer außer Betracht. Solange aber Zielkonflikte nicht berücksichtigt werden, bleibt das ökonomische Problem ungelöst.

Daher soll im folgenden versucht werden, das Problem so zu formulieren, daß es der ökonomischen Problematik möglichst entspricht.

Bei der Definition des Problems der Fertigungsablaufplanung hat man immer die Wahl, es in statischer oder dynamischer Form zu formulieren, sowohl was den ökonomischen Inhalt als auch die mathematische Darstellung anbelangt.

Bei der Wahl zwischen den beiden Analysen ist die Frage, welche mathematisch vorteilhaft ist, nicht leicht zu beantworten. Die bisherigen Ergebnisse zeigen jedoch, daß die dynamische Analyse leichter zu behandeln ist.

Es muß aber gefragt werden, ob ökonomische Gründe dazu führen, die eine oder die andere Analyse anzunehmen. In der statischen Analyse sind alle relevanten Größen des Problems vorausbestimmt, während dieselben in der Werkstatt mehr oder weniger stochastisch variieren. Unter diesen Umständen ist ein deterministischer

[1] Gupta, J. N. D.: *M*-stage Scheduling Problem – A Critical Appraisal, in: Int. J. Prod. Res., vol. 9, No. 2, 1971, S. 267–281, hier S. 279.

Plan nur schwer durchzuführen. Das kann ein guter Grund sein für die Formulierung des Problems in dynamischer Form. Die Darstellung in statischer Form ist recht einfach und unreal. Davor warnt *Sisson*[2]: „Mechanical models (er meint damit die statische Betrachtungsweise) are intuitively quite unrealistic, however, since most of the factors describing a job are not predeterminable, but vary stochastically. Certainly, process time *P*, move or transportation times, and ready times *R* vary stochastically in a real shop. Even the required due date can change (because of changing customer or engineering requirements)." Darüber hinaus kann der ökonomische Inhalt in manchen Fällen leichter in dynamischer Form erfaßt werden als in statischer Form.

6.1 Formulierung des Problems der statischen Fertigungsablaufplanung

Im Abschnitt 6.11 wird das gewöhnliche (klassische) Problem definiert und kritisch erwogen von dem Standpunkt der Annahmen und der Zielfunktion. Im Abschnitt 6.12 wird das klassische Problem durch Abschwächung gewisser Annahmen erweitert, und im Abschnitt 6.13 wird das letzte durch Berücksichtigung von Zielkonflikten verallgemeinert.

	1) Marktorientiertes Werkstattfertigungs-Produktionssystem	2) Auftragsorientiertes Werkstattfertigungs-Produktionssystem
a) Ohne Termine	Z_1 Z_2 Z_3 Z_4 Z_5	—
b) Mit Terminen	Z_1 Z_2 Z_3 Z_4 Z_5 Z_6 Z_7	Z_1 Z_2 Z_3 Z_4 Z_5 Z_6 Z_7

Tab. 6.1.1

6.11 Das klassische Problem

Das Problem, mit dem man sich in der Fertigungsablaufplanung gewöhnlich befaßt hat, kann wie folgt definiert werden:

> Gegeben sind N Aufträge, die gemäß einer Maschinenfolgematrix $R = (r_{n,\,y})$ $(n = 1, \ldots, N;\ y = 1, \ldots, M)$ auf M Maschinen zu bearbeiten sind; die Bearbeitungszeiten werden durch die Bearbeitungszeitenmatrix $B = (b_{n,\,y})$ $(n = 1, \ldots, N;\ y = 1, \ldots, M)$, die Rüstzeiten werden durch die Rüstzeitenmatrix $P = (p_{n,\,y})$ $(n = 1, \ldots, N;\ y = 1, \ldots, M)$ gegeben, und die Aufträge müssen spätestens bis zu den Terminen $d_1, \ldots, d_N$ fertiggestellt sein. Gesucht ist diejenige Sequenz $S = (S_{m,\,y'})$ $(m = 1, \ldots, M;\ y' = 1, \ldots, N)$, die Z_i $(i = 1, 2, 3, 4, 5, 7)$ minimiert.

[2] Sisson, R. L.: Methods of Sequencing in Job-Shops - A Review, in: Operations Research, vol. 7, 1959, S. 10-29, hier S. 14.

Das soeben definierte Problem ist ein klassisches Problem im Bereich der Unternehmensforschung.

Für jedes Ziel aus der Zielmenge $\{Z_1, Z_2, Z_3, Z_4, Z_5, Z_7\}$ kann man einen Problemtyp erhalten, dem Ziel Z_5 wurde jedoch besondere Aufmerksamkeit zugewendet. Zur Verteidigung von Z_5 sagt etwa *Manne*[3]: „In minimizing t (d. h. Z_5) we may conceivably also obtain the following cost and profit benefits a) a lowered amount of inventory tied up in Work-in-Process, b) a shorter average customer delay time, and c) a lower amount of idle time incurred prior to the performance of all currently booked jobs – i. e. a greater capacity to take on additional work as new orders materialize. To the extent that all of these factors work in the same directions, calender time might constitute a reasonable proxy variable for economic cost."

Manne's Behauptung ist nun näher zu beleuchten. Im Falle (1-a) (vgl. Tab. 6.1.1) verhalten sich die Ziele mit Ausnahme von Z_4 bis zu einem gewissen Grad zueinander komplementär (vgl. Abschn. 5.3A und 5.3B), so daß die Reduzierung von Z_5 zum Teil auch die Reduzierung der übrigen Ziele nach sich zieht. In diesem Fall scheint die Behauptung von *Manne* wahr zu sein. Im Falle (1-b) und (2-b) aber kommt das Ziel Z_7 mit den übrigen Zielen in Konflikt (vgl. Abschn. 5.3D), so daß die Reduzierung von Z_5 im allgemeinen nicht zur Reduzierung von Z_7 führt. Das letzte widerspricht der Behauptung von *Manne*[4].

Bei der Definition des klassischen Problems bleiben die Zielkonflikte also im allgemeinen außer Betracht, so daß in Wirklichkeit die Unwirksamkeit

$$E_s = f_s\,(Z_1, Z_3, Z_4, Z_7)$$

subminimiert wird, wobei E_s die Unwirksamkeit der statischen Fertigungsablaufplanung bezeichnet.

Bei der Definition des klassischen Problems wird bezüglich der Annahmen davon ausgegangen, daß a) alle Aufträge zu Beginn der Planungsperiode simultan für die Bearbeitung verfügbar sind, b) die Maschinen am Anfang der Planungsperiode frei sind, die Aufträge zur Bearbeitung aufzunehmen, und c) die Rüstzeiten von der Sequenz unabhängig sind. Gerade diese Annahmen machen das klassische Problem unrealistisch. Um *Gupta* zu zitieren, nur wenige Probleme in der Praxis können formuliert werden wie das klassische Problem. „The current formulation of the flowshop (Job-shop) scheduling problem has the serious drawback that only a few problems that are found in practice can similarly be formulated"[5].

Aus den dargelegten Gründen ergibt sich die Folgerung: Das klassische Problem entspricht dem ökonomischen Gehalt nicht, obwohl die mathematische Abwicklung dieses Problems bisher in der Forschung im Vordergrund stand.

---

[3] Manne, A. S.: S. 221.
[4] Ebenso Gupta, J. N. D.: S. 276.
[5] ders.: S. 277.

6.12 Das erweiterte Problem

Die vorhin angeführten Annahmen kann man durch die nachstehenden Annahmen ersetzen: a) die Aufträge sind im allgemeinen zu den Zeitpunkten $t'_{A_1}, \ldots, t'_{A_N}$ zur Bearbeitung verfügbar, b) die Maschinen sind im allgemeinen zu den Zeitpunkten $t_{F_1}, \ldots, t_{F_M}$ frei, die Aufträge zur Bearbeitung aufzunehmen, worauf schon im Abschnitt 5.2D hingewiesen wurde, und c) die Rüstzeiten sind von der Sequenz abhängig. Unter Berücksichtigung dieser Annahmen kann das Problem redefiniert werden als:

> Gegeben sind N Aufträge, die gemäß einer Maschinenfolgematrix $R = (r_{n,y})$ $(n = 1, \ldots, N;\ y = 1, \ldots, Y)$ auf M Maschinen zu bearbeiten sind, wobei im allgemeinen die Aufträge zu den Zeitpunkten $t'_{A_1}, \ldots, t'_{A_N}$ für die Fertigung verfügbar, und die Maschinen zu den Zeitpunkten $t_{F_1}, \ldots, t_{F_M}$ frei sind, die Aufträge zur Bearbeitung aufzunehmen; die Bearbeitungszeiten werden durch die Bearbeitungszeitenmatrix $B = (b_{n,y})$ $(n = 1, \ldots, N;\ y = 1, \ldots, Y)$, die Rüstzeiten werden durch die Rüstzeitenmatrizen $P^{(m)} = (p^{(m)}{}_{y',y''})$ $(y' = 1, \ldots, Y';\ y'' = 1, \ldots, Y';\ m = 1, \ldots, M)$, und die Aufträge müssen spätestens bis zu den Terminen $d_1, \ldots, d_N$ fertiggestellt sein. Gesucht ist die Sequenz $S = (s_{m,y'})$ $(m = 1, \ldots, M;\ y' = 1, \ldots, Y')$, die Z_i $(i = 1, 2, 3, 4, 5, 7)$ minimiert.

Dieses Problem wird erweitertes Problem genannt. Bezüglich der Annahmen ist das erweiterte Problem realistisch, die Zielkonflikte aber bleiben auch immer noch außer Betracht.

6.13 Das verallgemeinerte Problem

Es seien $c_{l,m}$ $(m = 1, \ldots, M)$ die Leerkosten pro Zeiteinheit für die Maschine F_m; die Gesamtleerkosten C_l betragen dann

$$C_l = \sum_{m=1}^{M} \Big(\sum_{y'=1}^{Y'} l_{m,y'}\Big)\, c_{l,m}\,. \qquad (6.13.1)$$

Es seien $c_{w,n,y}$ die Wartekosten pro Zeiteinheit für den Auftrag A_n $(n = 1, \ldots, N)$ in der y-ten Position seiner Maschinenfolge; die Gesamtwartekosten C_w belaufen sich dann auf

$$C_w = \sum_{n=1}^{N} \sum_{y=1}^{Y} w_{n,y}\, c_{w,n,y}\,. \qquad (6.13.2)$$

Es seien $c^{(m)}_{r,y',y''}$ die Rüstkosten für die Maschine F_m vor der Bearbeitung des Auftrages $A_{s_{m,y''}}$, der sich in der y''-ten Position der Auftragsfolge von Maschine F_m befindet, sofern zuvor auf der Maschine F_m der Auftrag $A_{s_{m,y'}}$ bearbeitet wurde; die Gesamtrüstkosten C_r betragen dann

$$C_r = \sum_{m=1}^{M} \sum_{y'=1}^{Y'} c^{(m)}_{r,y',y''}\,. \qquad (6.13.3)$$

Es seien $c_{u,n}$ $(n = 1, \ldots, N)$ die Terminüberschreitungskosten pro Zeiteinheit für den Auftrag A_n; dann sind die Terminüberschreitungskosten C_u

$$C_u = \sum_{n=1}^{N} U_n \, c_{u,\,n} . \qquad (6.13.4)$$

Die Unwirksamkeit E_s wird nun durch

$$E_s = f(Z_1, Z_3, Z_4, Z_7) = C_l + C_w + C_r + C_u \qquad (6.13.5)$$

gegeben. Berücksichtigt man (6.13.5) als Zielfunktion, so erhält man die folgende verallgemeinerte Definition:

> Gegeben sind N Aufträge, die gemäß einer Maschinenfolgematrix $R = (r_{n,\,y})$ $(n = 1, \ldots, N;\ y = 1, \ldots, Y)$ auf M Maschinen zu bearbeiten sind, wobei im allgemeinen die Aufträge zu den Zeitpunkten $t'_{A_1}, \ldots, t'_{A_N}$ verfügbar, und die Maschinen zu den Zeitpunkten $t_{F_1}, \ldots, t_{F_M}$ frei sind, die Aufträge zur Bearbeitung aufzunehmen; die Bearbeitungszeiten werden durch die Bearbeitungszeitenmatrix $B = (b_{n,\,y})$ $(n = 1, \ldots, N;\ y = 1, \ldots, Y)$, die Rüstzeiten werden durch die Rüstzeitenmatrizen $P^{(m)} = (p^{(m)}_{y',\,y''})$ $(y' = 1, \ldots, Y';\ m = 1, \ldots, M)$, und die Aufträge müssen spätestens bis zu den Terminen $d_1, \ldots, d_N$ fertiggestellt sein. Gesucht ist diejenige Sequenz $S = (s_{m,\,y'})$ $(m = 1, \ldots, M;\ y' = 1, \ldots, Y')$, die die Unwirksamkeit (d. h. die Nebenkosten) E_s minimiert.

Das soeben definierte Problem stellt das verallgemeinerte Problem der statischen Fertigungsablaufplanung. Bei der Definition des verallgemeinerten Problems sind die Zielkonflikte berücksichtigt worden, indem die Ziele zu einer einzigen Kostenfunktion E_s zusammengefaßt worden sind. Damit entspricht das verallgemeinerte Problem der ökonomischen Problematik in vollem Umfang.

6.2 Formulierung des Problems der dynamischen Fertigungsablaufplanung

Im Abschnitt 6.21 wird das traditionelle Problem der dynamischen Fertigungsablaufplanung formuliert und kritisch in Erwägung gezogen nach dem Gesichts-

	1) Marktorientiertes Werkstattfertigungs-Produktionssystem	2) Auftragsorientiertes Werkstattfertigungs-Produktionssystem
a) Beeinflußbare Termine	Z_8 Z_9 Z_{10} Z_{13}	Z_8 Z_9 Z_{10} Z_{13}
b) Unbeeinflußbare Termine	—	Z_8 Z_9 Z_{10} Z_{11} Z_{12} Z_{13}

Tab. 6.2.1

punkt der Annahmen und der Zielfunktion. Im Abschnitt 6.22 wird das klassische Problem zu einem Problem erweitert, das im Falle (1-a) und (2-a) für die ökonomische Problematik besser geeignet ist als das klasssiche Problem. Im Abschnitt 6.23 wird das klassische Problem durch Berücksichtigung von Zielkonflikten verallgemeinert.

Im Falle (1-a) und (2-a) haben die Ziele Z_{11} und Z_{12} keinen Einfluß auf die Sequenzpolitik; denn in diesem Fall kann die Sequenzpolitik schon bei der Terminbestimmung berücksichtigt werden[6].

6.21 Das klassische Problem

In der dynamischen Fertigungsablaufplanung hat man sich gewöhnlich mit folgendem Problem beschäftigt:

> Aufträge verschiedener Beschreibungsklassen 1, . . ., K treffen im Verlauf der Zeit mit Ankunftsrate λ_G im Produktionssystem ein und werden gemäß einer stationären *Markow*schen Übergangsmatrix $\Pi = (\pi_{m,\,m'})$ $(m = 0, 1, \ldots, M;\ m' = 1, \ldots, M, M+1)$ auf M Maschinen bearbeitet; die Abfertigungskapazität der Maschinen wird durch die Bedienungsrate μ_m $(m = 1, \ldots, M)$ gegeben. Gesucht ist diejenige Sequenzpolitik $S = (s_1, \ldots, s_K)$, die Z_i $(i = 8, 9, 13)$ minimiert.

Man kann für jedes Ziel aus der Zielmenge $\{Z_8, Z_9, Z_{13}\}$ einen Problemtyp erhalten, vor allem aber hat man seine Aufmerksamkeit auf das Ziel Z_8 gerichtet. Wenn man dem klassischen Problem nähertritt, dann gelangt man zu der Überzeugung, daß es an der ökonomischen Problematik vorbeigeht. Im Falle (1-a) und (2-a) verhalten sich die Ziele Z_8, Z_9 und Z_{13} zueinander komplementär (vgl. Abschn. 5.5A und 5.5B), so daß die Minimierung von Z_8 auch die Minimierung von Z_9 und Z_{13} nach sich zieht. Man kann jedoch nicht behaupten, daß die Minimierung von Z_8 im allgemeinen auch zur Minimierung von Z_{10} führt, wie es im Abschnitt 5.5B getan wurde. Folglich kann die Unwirksamkeit

$$E_d = f_d\,(Z_8\,,\, Z_{13})$$

nur annähernd minimiert werden, wobei E_d die Unwirksamkeit der dynamischen Ablaufplanung bezeichnet; E_d besteht hier aus Warte- und Leerkosten. Im Falle (2-b) aber gerät das Ziel Z_{12} mit den übrigen Zielen in Konflikt (vgl. Abschn. 5.5D), so daß die Unwirksamkeit

$$E_d = f_d\,(Z_8, Z_{12}, Z_{13})$$

durch Minimierung von Z_8 nicht minimiert werden kann; E_d besteht nun aus Warte-, Leer- und Terminüberschreitungskosten.

---

6 Vgl. auch Conway, R. W.: S. 236.

Bei der Definition des klassischen Problems geht man immer von der Annahme aus, daß die Maschinen im Lauf der Zeit nicht ausfallen.

Zusammenfassend kann festgestellt werden: Mit der traditionellen Definition wird das ökonomische Problem der Lösung nicht nähergebracht.

6.22 Das erweiterte Problem

Es seien mit $K_g^{(m)}(\tau)$, $0 < \tau < \infty$, die Gesamtwartekosten, die durch die im Zeitintervall $0 \leqslant t \leqslant \tau$ in der Maschine F_m eingetroffenen Aufträge verursacht werden; $K_g^{(m)}(\tau)$, $0 < \tau < \infty$, ist ein stochastischer Prozeß. Dividiert man $K_g^{(m)}(\tau)$ durch τ, nimmt man die mathematische Erwartung und vollzieht den Grenzübergang für $\tau \to \infty$, so erhält man

$$\bar{K}^{(m)} = \lim_{\tau \to \infty} E\left[\frac{K_g^{(m)}(\tau)}{\tau}\right] \qquad (6.22.1)$$

vorausgesetzt, daß $\bar{K}^{(m)}$ existiert; $\bar{K}^{(m)}$ bedeutet die mittleren Wartekosten pro Zeiteinheit. $\bar{K}^{(m)}$ wird Wartekostenrate für die Maschine F_m genannt. Summiert man $\bar{K}^{(m)}$ über m $(m = 1, \ldots, M)$, dann bekommt man

$$\bar{K} = \sum_{m=1}^{M} \bar{K}^{(m)}; \qquad (6.22.2)$$

$\bar{K}$ ist die Wartekostenrate für das Produktionssystem; Z_{10} ist nur ein Sonderfall von $\bar{K}$.

Betrachtet man $\bar{K}$ als Zielfunktion und beachtet die Tatsache, daß die Maschinen im Laufe der Zeit ausfallen können, dann gelangt man zur folgenden Definition:

> Aufträge verschiedener Beschreibungsklassen $1, \ldots, K$ treffen im Verlauf der Zeit mit Ankunftsrate λ_G im Produktionssystem ein und werden gemäß einer stationären *Markow*schen Übergangsmatrix $\Pi = (\pi_{m,m'})$ $(m = 0, 1, \ldots, M;\ m' = 1, \ldots, M, M+1)$ auf M Maschinen bearbeitet, die aber im Lauf der Zeit ausfallen können. Die Abfertigungskapazität der Maschinen wird durch die Bedienungsrate μ_m $(m = 1, \ldots, M)$ gegeben. Gesucht ist diejenige Sequenzpolitik $S = (s_1, \ldots, s_K)$, die die mittlere Wartekostenrate $\bar{K}$ minimiert.

Dieses Problem wird erweitertes Problem genannt. Das erweiterte Problem entspricht der ökonomischen Problematik nur im Falle (1-a) und (2-a).

6.23 Das verallgemeinerte Problem

Um die ökonomische Problematik auch im Falle (2-b) zu erfassen, muß der Zielkonflikt, der in diesem Fall zwischen den Zielen besteht, gelöst werden, mit anderen Worten muß ein Kompromißziel formuliert werden. Z_{14} ist ein derartiges Ziel. Betrachtet man das Ziel Z_{14} als Zielfunktion, dann erhält man folgende verallgemeinerte Definition:

> Aufträge verschiedener Beschreibungsklassen $1, \ldots, K$ treffen im Verlauf der

Zeit mit Ankunftsrate λ_G im Produktionssystem ein und werden gemäß einer stationären *Markow*schen Übergangsmatrix $\Pi = (\pi_{m, m'})$ $(m = 0, 1, \ldots, M; m' = 1, \ldots, M, M + 1)$ auf M Maschinen bearbeitet, die aber im Lauf der Zeit ausfallen können; die Abfertigungskapazität der Maschinen wird durch die Bedienungsrate μ_m $(m = 1, \ldots, M)$ gegeben, und die Aufträge müssen zu bestimmten Terminen fertiggestellt sein. Gesucht ist die Sequenzpolitik $S = (s_1, \ldots, s_K)$, die Z_{14} minimiert.

III. Statisch-deterministische Ablaufplanungsmodelle

1. Netzwerktheoretische Interpretation grundlegender Strukturelemente des Problems der statischen Fertigungsablaufplanung

1.1 Das konjunktive Ablaufplan-Netzwerk

1.11 Aufstellung des konjunktiven Ablaufplan-Netzwerkes

Gemäß der Maschinenfolgematrix R muß jeder Auftrag auf bestimmten Maschinen ausgeführt werden. Nun wird die Ausführung von Auftrag A_n auf einer Maschine $F_{r_{n,y}}$ Operation genannt. Formal sei eine Operation durch ein Paar $(A_n, F_{r_{n,y}})$ darstellbar.

Für $n = 1, \ldots, N$ sei

$$m_n = \sum_{i=1}^{n} Y_i ;$$

dann erfüllen die Zahlen Y_n $(n = 1, \ldots, N)$ die rekursive Gleichung

$$Y_n = m_n - m_{n-1} \text{ mit } m_0 = 0.$$

Mittels der rekursiven Gleichung kann man die Operationen fortlaufend numerieren. Es sei

$$I_n = \{ m_{n-1} + 1, \ldots, m_n \}$$

die Indexmenge der Operationen von Auftrag A_n; $|I_n| = Y_n$. Die Indexmenge der Operationen für alle Aufträge wird durch

$$I' = \bigcup_{n=1}^{N} I_n$$

gegeben;

$$|I'| = \sum_{n=1}^{N} Y_n .$$

Ferner sei

$$I = \{0\} \cup I' \cup \{ \bar{m}_{N+1} \},$$

wobei 0 und $\bar{m}_{N+1}$ zwei fiktive Operationen sind; es wird $\bar{m}_{N+1} = m_N + 1$ gesetzt.

Es seien i und k $(i, k \in I_n)$ zwei aufeinanderfolgende Operationen von Auftrag A_n, die auf zwei Maschinen F_m und $F_{m'}$ derart durchgeführt werden, daß die Operation i der Operation k unmittelbar vorangeht; dann ist $k = i + 1$.

Es sei I^m die Indexmenge der Operationen, die auf der m-ten Maschine durchzuführen sind. Offensichtlich sind

$$I' = \bigcup_{m=1}^{M} I^m$$

$$\text{und } I^m \cap I^{m'} = \Phi \text{ für } m, m' = 1, \ldots, M \text{ und } m \neq m'.$$

Die technologischen Anordnungsbeziehungen zwischen den Operationen aus der Menge I' sind durch die Maschinenfolgematrix festgelegt. Folglich bildet die Menge I' zusammen mit der Ordnungsrelation „$<$" eine partiell geordnete Menge $(I', <)$. Das „$<$"-Zeichen bedeutet, daß eine Operation einer anderen Operation vorangeht, wie es der Maschinenfolgematrix entspricht. Wenn z. B. die Operation $i \in I'$ der Operation $j \in I'$ vorangeht, dann schreibt man $i < j$. Statt dessen kann man aber auch die Umkehrrelation „$>$" verwenden und schreibt $j > i$, d. h., Operation j folgt auf die Operation i[1]. Außerdem soll für die fiktiven Operationen 0 und $\bar{m}_{N+1}$ folgende Verabredung gelten: Operation 0 geht allen Operationen von I' voran, d. h. $0 < m_{n-1} + 1$ $(n = 1, \ldots, N)$; Operation $\bar{m}_{N+1}$ folgt auf alle Operationen von I', d. h. $\bar{m}_{N+1} > m_n$ $(n = 1, \ldots, N)$.

Es seien i und j zwei Operationen. Ist $i < j$ und existiert dabei keine andere Operation $k \in I'$ derart, daß $i < k < j$ gilt, dann sagt man, Operation i sei unmittelbarer Vorgänger von Operation j bzw. Operation j sei unmittelbarer Nachfolger von Operation i, und schreibt $i \ll j$ bzw. $j \gg i$. Das „$\ll$"-Zeichen bzw. das „$\gg$"-Zeichen drückt eine direkte Anordnungsbeziehung zwischen den Operationen von I' aus.

Die geordnete Menge $(I, <)$ kann man sich als einen Graphen $G_0 = [I; \boldsymbol{A}]$ vorstellen. $\boldsymbol{A}$ enthält die Pfeile von G_0; jeder Pfeil $(i, j) \in \boldsymbol{A}$ entspricht einer Anordnungsbeziehung $i \ll j$. I ist die Menge der Eckpunkte von G_0; jeder Eckpunkt entspricht einer Operation[2]. Die Menge $\boldsymbol{A}$ umfaßt also im Grunde die Maschinenfolgebeziehungen, die ursprünglich in der Maschinenfolgematrix R erfaßt wurden. Der Graph G_0 werde konjunktives Netzwerk genannt

---

[1] Für den selben Sachverhalt kann man auch sagen, Operation i sei Vorgänger von Operation j bzw. Operation j sei Nachfolger von Operation i; vgl. für die Begriffe Ordnungs-, Vorgänger- und Nachfolgerrelation z. B. Halmos, P. R.: Naive Mengenlehre. 1972, 3. Aufl., S. 72-75 und Levy, F. K., Thompson, G. L. and Wiest, J. D.: Mathematical Basis of the Critical-Path Method, in: Muth, J. F. and Thompson, G. L.: Industrial Scheduling. 1963, Chapter 22, S. 367 ff.

[2] Vgl. für die Beziehung zwischen Ordnungsrelation und Graph u. a. insbesondere Berge, C.: The Theory of Graphs and Its Applications. 1964, S. 11 f; Ore, O.: Graphs and Their Uses. 1963, 6. Aufl., S. 91 f, und Kaufmann, A.: Einführung in die Graphentheorie. 1971. S. 24 f.

Es sei bereits eine Sequenzmatrix gefunden. Sie legt die Auftragsfolgebeziehungen und damit die Anordnungsbeziehungen zwischen den Operationen von I^m $(m = 1, \ldots, M)$ fest. Diese Anordnungsbeziehungen sind im Gegensatz zu den vorhin erwähnten technologischen Anordnungsbeziehungen kapazitätsbedingt. Auch die kapazitätsbedingten Anordnungsbeziehungen können durch die Ordnungsrelationen „$<$" („$>$") und „$\ll$" („$\gg$") genau in derselben Weise erklärt werden wie die technologischen Anordnungsbeziehungen.

Fügt man für jede direkte Anordnungsbeziehung $g \ll h$ $(g, h \in I^m, m = 1, \ldots, M)$ einen Pfeil (g, h) in G_0 ein, so erhält man einen neuen Graphen $G_h = [I; \boldsymbol{A}, \boldsymbol{B}_h]$, wobei $\boldsymbol{B}_h$ die kapazitätsbedingten Anordnungsbeziehungen enthält. $\boldsymbol{B}_h$ bildet somit eine andere Art der Darstellung der Auftragsfolgebeziehungen, die ursprünglich in der Sequenzmatrix S_h erfaßt wurden. Der Graph G_h werde konjunktives Ablaufplan-Netzwerk genannt.

1.12 Die mit dem konjunktiven Ablaufplan-Netzwerk zusammenhängende Prezedenzmatrix

Die geordnete Menge $(I, <)$ ist auch durch eine quadratische Matrix $\boldsymbol{M}$ repräsentierbar, in der jeder Operation von I' eine Zeile und eine Spalte zugeordnet ist. Es seien i und j zwei Operationen von I' mit $i \ll j$. Die Prezedenzbeziehung $i \ll j$ kann man in der Matrix $\boldsymbol{M}$ zeigen, indem man in das durch die i-te Zeile und j-te Spalte festgelegte Feld 1 einträgt. Zur Auffüllung der Matrix $\boldsymbol{M}$ muß man sowohl die technologischen als auch die kapazitätsbedingten Anordnungsbeziehungen berücksichtigen. Sollte es jedoch zwischen zwei Operationen $k, l \in I'$ keine Anordnungsbeziehung geben, so bleibt das entsprechende Feld der Matrix leer. Die Matrix $\boldsymbol{M}$ wird Prezedenzmatrix genannt[3].

In bezug auf die Graphendarstellung gibt das (i, j)-te Element der Prezedenzmatrix an, ob es in dem Graphen G_h einen Pfeil gibt, der von dem Punkt i nach dem Punkt j führt. Existiert ein solcher Pfeil, so ist das (i, j)-te Element gleich 1. Andernfalls ist das (i, j)-te Element leer. Mit anderen Worten, die Prezedenzmatrix $\boldsymbol{M}$ zeigt die Pfeilen-Struktur von G_h. Daher wird sie im Anschluß an *Berge*[4] die mit dem Ablaufplan-Netzwerk zusammenhängende Prezedenzmatrix genannt.

1.2 Zulässige und unzulässige Sequenzen

1.21 Unzulässige Sequenzen und Kreise im Ablaufplan-Netzwerk

Eine Sequenz $S_h \in \boldsymbol{S}$, die die Maschinenfolgematrix R verletzt, heißt technologisch unzulässig. Derartige Sequenzen sind mit der vorgelegten Maschinenfolgematrix nicht vereinbar und somit unrealisierbar.

---

[3] Vgl. Marimont, R. B.: A New Method of Checking the Consistency of Precedence Matrices, in: Journal of the Association for Computing Machinery, vol. 6., N. 2, 1959, S. 164-171.

[4] S. 130; vgl. auch Levy, F. K., Thompson, G. L. and Wiest, J. D.: S. 374.

Es sei etwa die Maschinenfolgematrix

$$R = \begin{array}{lll} A_1: & F_1 & F_2 \\ A_2: & F_1 & F_2 \\ A_3: & F_2 & F_1 \end{array}$$

vorgegeben. Die Sequenz

$$S_h = \begin{array}{llll} F_1: & A_1 & A_3 & A_2 \\ F_2: & A_2 & A_3 & A_1 \end{array}$$

verletzt die vorgegebene Maschinenfolgematrix, deshalb ist sie unzulässig. Dies läßt sich so erklären: S_h legt fest, daß auf der Maschine F_1 A_2 nach A_3 ausgeführt wird. R legt fest, daß A_2 zuerst auf der Maschine F_1 und dann auf der Maschine F_2 bearbeitet wird. Ferner legt S_h fest, daß auf der Maschine F_2 A_3 nach A_2 bearbeitet wird. Hieraus ergibt sich, daß A_3 zuerst durch die Maschine F_1 und dann durch die Maschine F_2 vorgenommen wird. Das letzte ist aber nicht möglich, weil wegen R A_3 zuerst auf der Maschine F_2 und dann auf der Maschine F_1 bearbeitet werden muß.

Die Unzulässigkeit einer Sequenz läßt sich am besten am Ablaufplan-Netzwerk erklären. Ein Ablaufplan-Netzwerk, dem eine unzulässige Sequenz zugrunde liegt, enthält Kreise. Der Ablaufplan-Netzwerk in Abb. 1.21.1 enthält einen Kreis [(3,4), (4,5), (5,6), (6,3)] zwischen den Operationen 3, 4, 5 und 6.

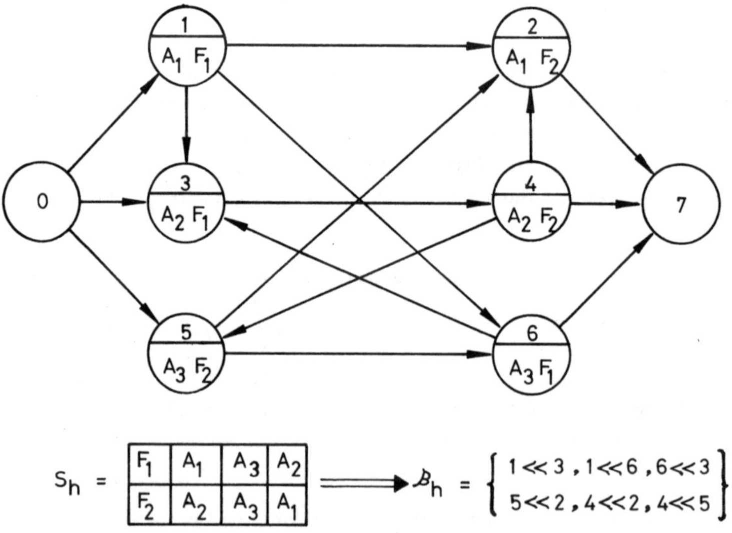

Abb. 1.21.1

Daraus folgt, daß eine unzulässige Sequenz dadurch gekennzeichnet wird, daß gewisse Operationen einen Kreis im Ablaufplan-Netzwerk bilden[5].

1.22 Algorithmen zur Prüfung der Zulässigkeit von Sequenzen

Die vorhergehenden Ausführungen haben gezeigt, daß die Existenz von Kreisen im Ablaufplan-Netzwerk ein Zeichen dafür ist, daß die vorgelegte Sequenz unzulässig ist. Demnach braucht man ein Verfahren, mit dem man prüfen kann, ob das der vorgelegten Sequenz entsprechende Ablaufplan-Netzwerk Kreise enthält oder nicht.

Es seien die Maschinenfolgematrix R und die Sequenzmatrix S_h vorgegeben. Es sei $G_h = [I; \boldsymbol{A}, \boldsymbol{B}_h]$ das entsprechende Ablaufplan-Netzwerk. Wenn $\boldsymbol{M}^n \neq 0$ für ein hinreichend großes n gilt, dann ist die Menge $\boldsymbol{A} \cup \boldsymbol{B}_h$ nicht konsistent. G_h enthält Kreise, und S_h ist unzulässig[6].

Diese Methode ist aber nicht effektiv gerade und besonders dann, wenn die Anzahl $|I|$ der Operationen allzu groß ist. Eine einfache und sehr wirksame Methode ist der nachstehend beschriebene Algorithmus. Er beruht auf dem Satz[7]: Eine Prezedenzmatrix $\boldsymbol{M}$ ist dann und nur dann konsistent, wenn jede Submatrix der Prezedenzmatrix $\boldsymbol{M}$ eine leere Spalte oder Zeile enthält. Eine leere Spalte bedeutet, daß die dieser Spalte zugeordnete Operation von keiner anderen Operation abhängig ist; eine leere Zeile bedeutet, daß von der dieser Zeile zugeordneten Operation keine andere Operation abhängt. Operationen mit leeren Zeilen oder Spalten bilden die Menge $V^{(\lambda)}$ der im λ-ten Schritt verfügbaren Operationen. Jede Operation $j \in V^{(\lambda)}$ kann im λ-ten Schritt geplant werden. Daher werden die Zeilen und Spalten für jedes $j \in V^{(\lambda)}$ von der Prezedenzmatrix $\boldsymbol{M}^{(\lambda)}$ entfernt. Die reduzierte Prezedenzmatrix $\boldsymbol{M}^{(\lambda+1)}$ wird dann erneut auf leere Zeilen und Spalten geprüft, usw. wie beim Algorithmus.

Anfangsdaten: $\boldsymbol{M}$; $V^{(0)}$

Schritt 1. Ist $V^{(\lambda)} = \Phi$ (ursprünglich $\lambda = 0$), so gehe zu 3. Andernfalls gehe zu 2.

Schritt 2. Bilde $\boldsymbol{M}^{(\lambda+1)}$ und $V^{(\lambda+1)}$. Setze $\lambda := \lambda + 1$. Gehe zu 1.

Schritt 3. Der Algorithmus ist beendet. Sind alle Operationen geplant, d. h., sind alle Zeilen und Spalten von $\boldsymbol{M}$ entfernt, dann ist die vorgelegte Sequenz S_h zulässig. Andernfalls ist sie unzulässig.

1.3 Das disjunktive Ablaufplan-Netzwerk

1.31 Aufstellung des disjunktiven Ablaufplan-Netzwerkes

Bisher wurde immer angenommen, daß die Sequenzmatrix bekannt ist. Deshalb waren sowohl die technologischen als auch die kapazitätsbedingten Anordnungs-

---

[5] Vgl. auch Akers, S. B. Jr. and Friedman, J.: A Non-Numerical Approch to Production Scheduling Problems, in: Operations Research, vol. 3, 1955, S. 429 ff.

[6] Vgl. Berge, C.: S. 132 und Levy, F. K., Thompson, G. L. and Wiest, J. D.: S. 377.

[7] Vgl. Marimont, R. B.

beziehungen festgelegt. Beim disjunktiven Ablaufplan-Netzwerk wird dagegen keine feste Sequenzmatrix vorausgesetzt. Folglich sind die kapazitätsbedingten Anordnungsbeziehungen nicht mehr bekannt.

Für $m = 1, \ldots, M$ sei mit J_m die Menge der zweielementigen Teilmengen von I^m; $|J_m| = \binom{|I^m|}{2}$ sei die Anzahl der Elemente von J_m. Es sei

$$J = \bigcup_{m=1}^{M} J_m.$$

Die Anzahl der Elemente von J wird dann durch

$$|J| = \sum_{m=1}^{M} \binom{|I^m|}{2}$$

gegeben. Für eine Teilmenge $\{i, j\} \subset J_m$ muß wegen der Kapazitätsrestriktion entweder $i \lll j$ oder $j \lll i$ gelten. Zusammen betrachtet, werden die Anordnungsbeziehungen $i \lll j$ und $j \lll i$ kapazitätsbedingte disjunktive Anordnungsbeziehungen genannt.

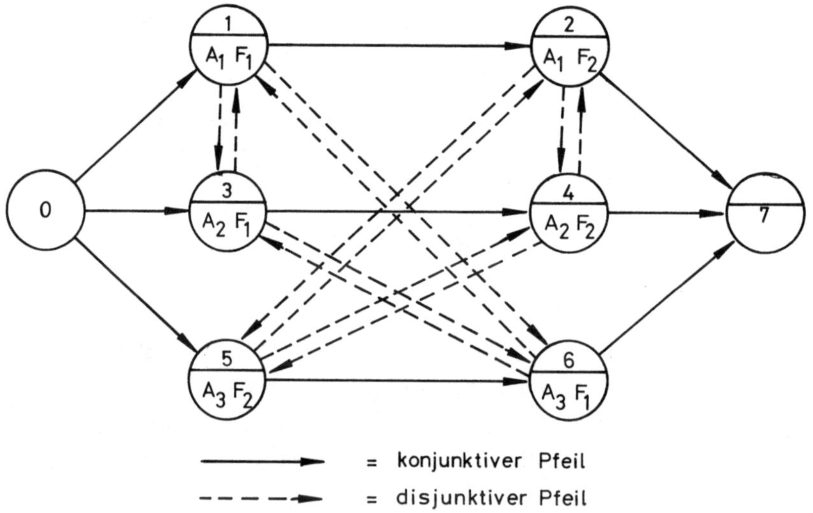

Abb. 1.31.1

Fügt man nun dem Graphen $G_0 = [I; \boldsymbol{A}]$ zwei disjunktive Pfeile (i, j) und (j, i) für jedes Paar $(i \lll j, j \lll i)$ $(\{i, j\} \subset J_m, m = 1, \ldots, M)$ hinzu, dann erhält man einen Graphen $\boldsymbol{D} = [I; \boldsymbol{A}, \boldsymbol{W}]$, wobei $\boldsymbol{W}$ alle kapazitätsbedingten disjunktiven Pfeile enthält. $\boldsymbol{D}$ wird disjunktives Ablaufplan-Netzwerk genannt[8].

[8] Der Begriff „disjunktiver Graph“ geht auf *Roy* and *Sussman* zurück; näheres darüber vgl. Balas, E.: Machine Sequencing via Disjunktive Graphs: An Implicit Enumeration Algorithm, in: Operations Research, vol. 17, 1969, S. 941–957, hier S. 941 f.

Es sei nun $\boldsymbol{B}_h$ eine Auswahl von disjunktiven Pfeilen aus $\boldsymbol{W}$, so daß von jedem disjunktiven Paar $[(i, j), (j, i)]$ nur ein disjunktiver Pfeil in $\boldsymbol{B}_h$ enthalten ist. Es sei $\boldsymbol{B} = \{\boldsymbol{B}_1, \boldsymbol{B}_2, \ldots, \boldsymbol{B}_\omega\}$; $\omega = |\boldsymbol{B}| = 2^{|U|}$ sei die Anzahl der Elemente aus $\boldsymbol{B}$. Jedes $\boldsymbol{B}_h \in \boldsymbol{B}$ bildet eine alternative Darstellung der kapazitätsbedingten Anordnungsbeziehungen.

Für jedes $\boldsymbol{B}_h \in \boldsymbol{B}$ stellt $G_h = [I; \boldsymbol{A}, \boldsymbol{B}_h]$ ein konjunktives Ablaufplan-Netzwek dar. Es sei $G = \{G_1, G_2, \ldots, G_\omega\}$. Ferner wird $\boldsymbol{B}_0 = \Phi$ gesetzt, so daß $G_0 = [I; \boldsymbol{A}, \boldsymbol{B}_0] = [I; \boldsymbol{A}]$ ist.

Abb. 1.31.1 zeigt ein disjunktives Ablaufplan-Netzwerk, das auf der Maschinenfolgematrix

$$R = \begin{matrix} A_1: & F_1 & F_2 \\ A_2: & F_1 & F_2 \\ A_3: & F_2 & F_1 \end{matrix}$$

beruht.

1.32 Ein Algorithmus zur Konstruktion zulässiger Sequenzen

Im Abschnitt 1.22 war die Sequenzmatrix gegeben, und man wollte sich davon überzeugen, ob die Sequenzmatrix mit der vorgelegten Maschinenfolgematrix vereinbar ist. Jetzt wird aber nur die Maschinenfolgematrix gegeben, und man will daraus eine (alle möglichen) zulässige(n) Sequenz(en) erzeugen.

Es sei $\boldsymbol{D} = [I; \boldsymbol{A}, \boldsymbol{W}]$ das R entsprechende disjunktive Ablaufplan-Netzwerk. Man sucht eine Auswahl $\boldsymbol{B}_h \in \boldsymbol{B}$ derart, daß das resultierende konjunktive Ablaufplan-Netzwerk $G_h = [I; \boldsymbol{A}, \boldsymbol{B}_h]$ frei von Kreisen ist. Dann sind $\boldsymbol{B}_h$ und die $\boldsymbol{B}_h$ entsprechende Sequenz S_h zulässig.

Mit $V^{(\lambda)}$ sei die Menge der Operationen bezeichnet, die im λ-ten Schritt für die Planung verfügbar sind. Für jedes $j \in V^{(\lambda)}$ ist sein unmittelbarer Vorgänger k $(j, k \in I_n)$ geplant. Die Menge $V^{(\lambda)}$ enthält also die ersten nicht geplanten Operationen im λ-ten Schritt. Im folgenden wird $V^{(\lambda)}$ Schnitt genannt. Ferner sei mit $V_m^{(\lambda)}$ die Menge der Operationen bezeichnet, die im λ-ten Schritt für die Planung verfügbar und auf der Maschine F_m durchzuführen sind; $V_m^{(\lambda)} \subseteq V^{(\lambda)}$. Im weiteren wird $V_m^{(\lambda)}$ erzeugende Menge genannt. Um die Kapazitätsrestriktionen zu erfüllen, muß man die Operationen aus $V_m^{(\lambda)}$ hintereinander bearbeiten. Man muß also im λ-ten Schritt eine Operation j aus $V_m^{(\lambda)}$ auswählen und sie allen nicht geplanten Operationen aus I^m voranstellen. Am disjunktiven Ablaufplan-Netzwerk heißt das, alle zum Eckpunkt j einmündenden disjunktiven Pfeile müssen entfernt werden. Es sei $j \in V_m^{(\lambda)}$ die im λ-ten Schritt geplante Operation; dann ist

$$V^{(\lambda+1)} = \{V^{(\lambda)} \setminus \{j\}\} \cup \{k\},$$

wobei k der unmittelbare Nachfolger von j in den technologischen Anordnungsbeziehungen ist, d. h. $k \gg j$ $(k, j \in I_n)$. Man beginnt mit den ersten Operationen der

Aufträge, d. h. mit

$$V^{(0)} = \{ i | i \gg 0 \},$$

und geht weiter vor wie bei dem nachstehend beschriebenen

Algorithmus

Anfangsdaten: $G_0 = [I; A]$; $V^{(0)}$

Schritt 1. Bilde $V^{(\lambda)}$. Ist $V^{(\lambda)} = \Phi$, so gehe zu 3. Anderenfalls wähle eine Maschine F_m derart, daß $V^{(\lambda)} \cap I^m = V_m^{(\lambda)} \neq \Phi$ ist. Gehe zu 2.

Schritt 2. Wähle eine Operation j aus $V_m^{(\lambda)}$ und entferne alle disjunktiven Pfeile in D, die zum Eckpunkt j einmünden. Setze $\lambda: = \lambda + 1$. Gehe zu 1.

Schritt 3. Der Algorithmus terminiert. Eine Auswahl B_h ist erreicht. Der Graph $G_h = [I; A, B_h]$ enthält keine Kreise. Folglich sind B_h und die B_h entsprechende Sequenz S_h zulässig.

Jede durch den Algorithmus konstruierte Auswahl B_h ist mit A vereinbar und läßt sich in $|I'| + 1$ Schritten erzeugen[9]. Es seien B_h und $B_{h'}$ zwei durch den Algorithmus konstruierte Auswahlen; dann gilt $B_h \neq B_{h'}$[10]. Infolgedessen vermag der Algorithmus, alle $B_h \in B'$ in endlich vielen Schritten zu erzeugen[11]; hierbei ist

$$B' = \{ B_h | B_h \text{ zulässig} \}$$

$$= \{ B_h | G_h = [I; A, B_h] \text{ enthält keine Kreise} \}.$$

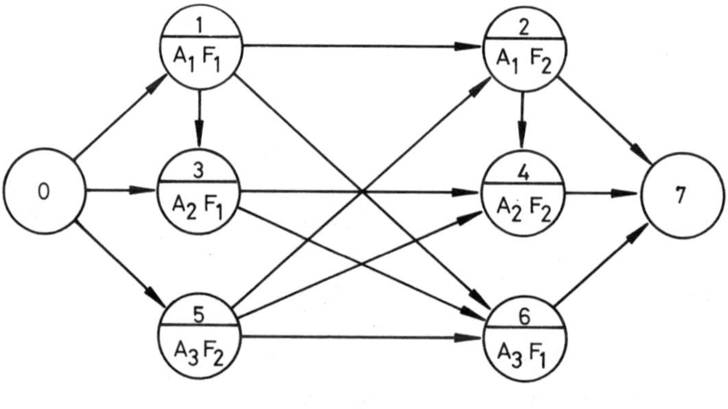

Abb. 1.32.1

[9] Vgl. Heller, J. and Logemann, G.: An Algorithm for the Construction and Evaluation of Feasible Schedules, in: Management Science, vol. 8, N. 2, 1962, S. 168–183, hier S. 182 (Remarks 2 und 3); Florian, M. et. all.: An Implicit Enumeration Algorithm for the Machine Sequencing Problem, in: Management Science, Series B, vol. 17, 1971, S. 789–792, hier S. 785, Lemma 1 und 2.

[10] Vgl. Florian, M. et. all.: S. 786, Lemma 3.

[11] Vgl. Heller J. and Logemann, G.: S. 182, Remark 1.

Die Durchführung des Algorithmus führt auf einen Lösungsgraphen. Zur Erläuterung wird das disjunktive Ablaufplan-Netzwerk der Abb. 1.31.1 verwendet. Abb. 1.32.2 zeigt den Lösungsgraphen. Unter dem letzten Knoten ist die konstruierte zulässige Auswahl B_h. Abb. 1.32.1 zeigt das zu B_h zugehörige konjunktive Ablaufplan-Netzwerk G_h.

Abb. 1.32.2

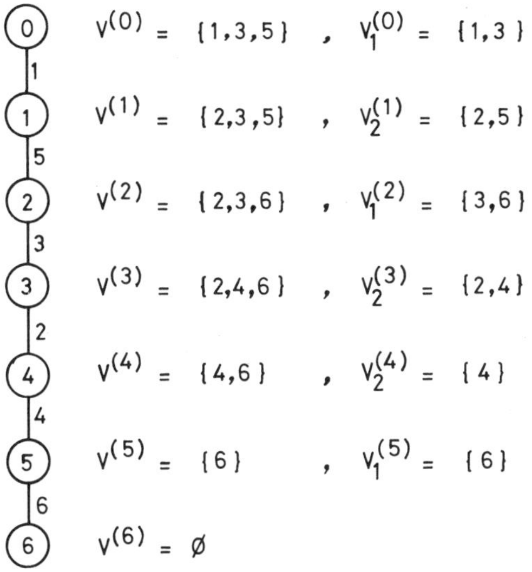

$$\mathcal{B}_h = \left\{ \begin{array}{l} 1 \ll 3,\ 1 \ll 6,\ 3 \ll 6 \\ 5 \ll 2,\ 2 \ll 4,\ 5 \ll 4 \end{array} \right\} \Longrightarrow S_h =$$

F_1	A_1	A_2	A_3
F_2	A_3	A_1	A_2

2. Das klassische Modell der statischen Fertigungsablaufplanung

2.1 Prämisse des klassischen Modells

Die Definition des klassischen Problems enthält folgende vereinfachende Annahmen:

1. Die Aufträge sind am Anfang der Planungsperiode simultan für die Bearbeitung verfügbar.

2. Die Maschinen sind am Anfang der Planungsperiode frei, die zu bearbeitenden Aufträge aufzunehmen.

3. Die Aufträge sind gleichbedeutend; kein Element $s_{m,\,y'}$ der Sequenzmatrix $S = (s_{m,\,y'})$ ist im voraus festgelegt.

4. Die Bearbeitungszeiten $b_{n,\,y}$ und Rüstzeiten $p_{n,\,y}$ $(n = 1, \ldots, N;\ y = 1, \ldots, M)$ sind vorausbestimmt und konstant. Daher hat die Sequenz keinen Einfluß auf die Bearbeitungs- und Rüstzeiten.

5. Die Maschinenfolgematrix $R = (r_{n,y})$ $(n = 1, \ldots, N;\ y = 1, \ldots, M)$ ist vorgegeben.

6. Jeder Auftrag wird auf jeder Maschine ausgeführt.

7. Kein Auftrag wird mehr als ein Mal durch eine Maschine vorgenommen.

8. Es gibt nur eine Maschine in jeder Maschinengruppe Q_e $(e = 1, \ldots, \nu)$.

9. Die Aufträge müssen spätestens bis zu den gewünschten Terminen $d_1, \ldots, d_N$ fertiggestellt sein.

10. Jede Operation $j \in I'$ muß ununterbrochen durchgeführt werden.

11. Keine Maschine kann gleichzeitig mehr als einen Auftrag ausführen.

12. Kein Auftrag darf gleichzeitig auf mehr als einer Maschine bearbeitet werden.

13. Jeder Auftrag muß nach dem Abschluß der Bearbeitung auf der laufenden Maschine so schnell wie möglich auf die Folgemaschine gelegt werden.

Die aufgezählten Annahmen bilden grundsätzlich die Voraussetzungen für die Aufstellung des klassischen Ablaufplanungsmodells[1], d. h. für die mathematische Darstellung der Strukturelemente des klassischen Problems der Fertigungsablaufplanung.

2.2 Aufstellung des klassischen Modells

2.21 Das disjunktive Netzwerkmodell

An früherer Stelle wurde $b_{n,y}$ als die Bearbeitungszeit von Auftrag A_n auf der Maschine $F_{r_{n,y}}$, und $p_{n,y}$ als die Rüstzeit der Maschine $F_{r_{n,y}}$ vor Beginn der Bearbeitung von Auftrag A_n definiert. Demgemäß drückt $b_{n,y}$ bzw. $p_{n,y}$ die Bearbeitungszeit bzw. Rüstzeit der Operation $(A_n, F_{r_{n,y}})$ aus. Bei der Numerierung der Operationen aber erhält $(A_n, F_{r_{n,y}})$ einen gewissen Index $j \in I_n$, so daß man vereinfacht

$$b_j = b_{n,y}$$

und $$\qquad , j \in I_n,\ n = 1, \ldots, N,$$

$$p_j = p_{n,y}$$

schreiben kann. Ferner wird $a_j = b_j + p_j$ gesetzt, wobei a_j die erweiterte Bearbeitungszeit bedeutet; $a_0 = 0$.

Auf Grund der Annahmen 3 und 4 wird das disjunktive Ablaufplan-Netzwerk $\boldsymbol{D} = [I;\ \boldsymbol{A},\ \boldsymbol{W}]$ aufgestellt, und jedem Pfeil (i, j) eine Zahl a_i zugeordnet.

Für jedes $j \in I$ sei t_j der Anfangstermin von Operation j; es gilt $t_0 = 0$. Die Parameter t_j $(j \in I)$ müssen auf Grund der Annahmen 10 und 12 die Restriktionen

$$t_j - t_i \geqq a_i,\ (i, j) \in \boldsymbol{A}, \tag{2.21.1}$$

[1] Vgl. auch Elmaghraby, S.: S. 208–209; Bakshi, M. S. and Arora, S. R.: S. 247. Die Annahmen 1 und 2 werden bei ihnen nicht erwähnt, obwohl diese Annahmen für die Aufstellung des klassischen Modells sehr wichtig sind.

und auf Grund der Annahme 11 die disjunktiven Restriktionen

$$\left.\begin{array}{ll}\text{entweder} & t_j - t_i \geqq a_i \\ \text{oder} & t_i - t_j \geqq a_j\end{array}\right\}, \ (i, j) \in \boldsymbol{W}, \ (j, i) \in \boldsymbol{W}, \tag{2.21.2}$$

erfüllen. Die Restriktionen (2.21.1) und (2.21.2) hängen mit dem disjunktiven Ablaufplan-Netzwerk $\boldsymbol{D}$ zusammen.

Jedem Ablaufplan-Netzwerk $G_b \in G$ entsprechen die Restriktionen

$$t_j - t_i \geqq a_i, \ (i, j) \in \boldsymbol{A} \cup \boldsymbol{B}_b, \ \boldsymbol{B}_b \in \boldsymbol{B}. \tag{2.21.3}$$

Die Restriktionen (2.21.3) bzw. der Graph G_b definieren ein Critical Path-Problem, das in der Berechnung der Parameter t_j besteht. Die Berechnung von t_j läßt sich mittels der Rekursionsgleichung

$$t_j = \max_{(i, j) \in \boldsymbol{A} \cup \boldsymbol{B}_b} (t_i + a_i) \tag{2.21.4}$$

durchführen[2]. Die so gewonnenen Werte heißen früheste Anfangstermine.

$l_{m, y'}$ wurde als die Leerzeit definiert, während derer Maschine F_m auf Auftrag $A_{s_{m, y'}}$ wartet, der sich in der y'-ten Position der Auftragsfolge auf F_m befindet. Dementsprechend stellt $l_{m, y'}$ die Leerzeit der Maschine F_m vor der Operation $(A_{s_{m, y'}}, F_m)$ dar. Der Operation $(A_{s_{m, y'}}, F_m)$ ist aber ein gewisser Index $j \in I^m$ zugeordnet; daher ist

$$l_j = l_{m, y'}, \ j \in I^m, \ m = 1, \ldots, M.$$

Es seien $A_{s_{m, y'-1}}$ und $A_{s_{m, y'}}$ zwei aufeinanderfolgende Aufträge in der Auftragsfolge von Maschine F_m. Es wird angenommen, daß der Auftrag $A_{s_{m, y'}}$ zuerst auf der Maschine $F_{\overline{m}}$ und dann auf der Maschine F_m bearbeitet werden muß. Die Leerzeit $l_{m, y'}$ der Maschine F_m vor Beginn der Bearbeitung des Auftrages $A_{s_{m, y'}}$ wird durch

---

2 Gl. (2.21.4) schildert eine spezielle Rechenmethode, die sogenannte *PERT*- oder *CP*-Methode, zur Lösung des durch die Restriktionen (2.21.3) dargestellten Linearen Programms, das im Grunde das duale Programm eines Null-Eins Linearen Programms ist; hierzu vgl. Charnes, A. and Cooper, W. W.: A Network Interpretation and a Directed Subdual Algorithm for the Critical Path Scheduling, in: Journal of Industrial Engineering, vol. 12/13, 1961/62, S. 213–218. Ein anderer wirksamer Algorithmus zur Lösung des Critical Path-Problems ist der Algorithmus von *Ford*; dazu vgl. Suchowizki, S. I. und Radtschik, I. A.: Mathematische Methoden der Netzplantechnik, 1969, S. 27 ff. Auch der Algorithmus von *Bellman-Kalaba* ist dazu geeignet; vgl. dazu Kaufmann, A.: Graphs, Dynamic Programming, and Finite Games, 1967, S. 257 ff.

$$l_{m,\,y'} = \max\,[(T\,(A_{s_{m,\,y'}},\,F_{\bar{m}}) - T\,(A_{s_{m,\,y'-1}},\,F_m)),\,0] =$$

$$= t\,(A_{s_{m,\,y'}},\,F_m) - T\,(A_{s_{m,\,y'-1}},\,F_m)^*$$

gegeben, wobei

$$t\,(A_{s_{m,\,y'}},\,F_m) = \max\,[T\,(A_{s_{m,\,y'}},\,F_{\bar{m}}),\,T\,(A_{s_{m,\,y'-1}},\,F_m)]$$

ist. Hieraus erhält man

$$l_j = (t_j - t_i - a_i),\ i,\,j \in I^m,$$

$$m = 1,\ldots,M\ (i \ll j). \qquad (2.21.5)$$

Unter Berücksichtigung von (2.21.5) kann man die Leerzeit einer Maschine F_m bei festem $\boldsymbol{B}_b$ durch

$$\sum_{j \in I^m} l_j = t_{q_m} + a_{q_m} - \sum_{j \in I^m} a_j \qquad (2.21.6)$$

berechnen. Die Gesamtleerzeit beläuft sich dann bei festem $\boldsymbol{B}_b$ auf

$$Z_1 = \sum_{j \in I} l_j = \sum_{m=1}^{M} (t_{q_m} + a_{q_m} - \sum_{j \in I^m} a_j); \qquad (2.21.7)$$

q_m bedeutet die letzte Operation auf der Maschine F_m.

$w_{n,\,y}$ wurde als die Wartezeit definiert, während derer Auftrag A_n bei der Maschine $F_{r_{n,\,y}}$ wartet, die sich in der y-ten Position der Maschinenfolge von A_n befindet. Demgemäß stellt $w_{n,\,y}$ die Wartezeit der Operation $(A_n,\,F_{r_{n,\,y}})$ dar. Die Operation $(A_n,\,F_{r_{n,\,y}})$ bekommt aber bei der Numerierung einen gewissen Index $i \in I_n$; folglich kann man einfach

$$w_i = w_{n,\,y},\ i \in I_n,\ n = 1,\ldots,N \text{ schreiben.}$$

Es seien $F_{r_{n,\,y-1}}$ und $F_{r_{n,\,y}}$ zwei aufeinanderfolgende Maschinen in der Maschinenfolge von Auftrag A_n. Es wird angenommen, daß auf der Maschine $F_{r_{n,\,y}}$ zuerst der Auftrag $A_{\bar{n}}$ und dann der Auftrag A_n bearbeitet werden muß. Die Wartezeit $w_{n,\,y}$ von Auftrag A_n vor der Maschine $F_{r_{n,\,y}}$ wird durch

$$w_{n,\,y} = \max\,[(T\,(A_{\bar{n}},\,F_{r_{n,\,y}}) - T\,(A_n,\,F_{r_{n,\,y-1}})),\,0] =$$

$$= t\,(A_n,\,F_{r_{n,\,y}}) - T\,(A_n,\,F_{r_{n,\,y-1}})^*$$

---

* $T(A_{s_{m,\,y'-1}},\,F_m) = t(A_{s_{m,\,y'-1}},\,F_m) + a_{s_{m,\,y'-1}}$; $T(.)$ = Endzeitpunkt; $t(.)$ Anfangszeitpunkt.

* $T(A_n,\,F_{r_{n,\,y-1}}) = t(A_n,\,F_{r_{n,\,y-1}}) + a_{r_{n,y-1}}$.

gegeben, wobei

$$t\,(A_n,\, F_{r_{n,\,y}}) = \max\,[T\,(A_{\bar{n}}\,,\, F_{r_{n,\,y}}),\; T\,(A_n,\, F_{r_{n,\,y-1}})]$$

ist. Hieraus ergibt sich

$$w_i = (t_i - t_{i-1} - a_{i-1}),\; i \in I_n,\; n = 1, \ldots, N. \qquad (2.21.8)$$

Summiert man (2.21.8) über alle $i \in I$, dann erhält man bei festem $\boldsymbol{B}_h$

$$\begin{aligned} Z_3 &= \sum_{i\in I} w_i = \sum_{i\in I} (t_i - t_{i-1} - a_{i-1}) \\ &= \sum_{n=1}^{N} (t_{m_n} + a_{m_n}) - \sum_{i\in I} a_i. \end{aligned} \qquad (2.21.9)$$

Die Durchlaufzeit wird bei festem $\boldsymbol{B}_h$ zu

$$\begin{aligned} Z_5 &= \max\,(T_1, \ldots, T_n) \\ &= \max\,(t_{m_1} + a_{m_1}, \ldots, t_{m_N} + a_{m_N}) = t_{\bar{m}_{N+1}}. \end{aligned} \qquad (2.21.10)$$

Die Gesamtverspätung beträgt bei festem $\boldsymbol{B}_h$

$$Z_6 = \sum_{n=1}^{N} (t_{m_n} + a_{m_n} - d_n), \qquad (2.21.11)$$

und die Gesamtterminüberschreitung beträgt bei festem $\boldsymbol{B}_h$

$$\begin{aligned} Z_7 &= \sum_{n=1}^{N} [\max\,(t_{m_n} + a_{m_n} - d_n, 0)] \\ &= \sum_{n=1}^{N} \delta_n\,(t_{m_n} + a_{m_n} - d_n), \end{aligned} \qquad (2.21.12)$$

wobei

$$\delta_n = \begin{cases} 1, \text{ wenn } t_{m_n} > d_n - a_{m_n}, \\ 0, \text{ wenn } t_{m_n} \leq d_n - a_{m_n} \end{cases} \quad \text{ist.}$$

Aus (2.21.7) und (2.21.9) bis (2.21.12) geht hervor, daß Z_1, Z_3, Z_5, Z_6 und Z_7 bei festem $\boldsymbol{B}_h$ von den Parametern t_j abhängen, die die Restriktionen (2.21.3) erfüllen. Es sei mit Z irgendeins von den Zielen Z_1, Z_3, Z_5, Z_6 und Z_7 bezeichnet; dann gilt

$$Z = Z\,(t_1, \ldots, t_{m_N};\, \boldsymbol{B}_h).$$ [3]

---

[3] Wegen der Annahme 13 dürfen die Parameter t_j bei festem $\boldsymbol{B}_h$ nicht über die frühesten Anfangstermine verlängert werden. Infolgedessen kann $Z = Z\,(t_1, \ldots, t_{m_N};\, \boldsymbol{B}_h)$ bei festem $\boldsymbol{B}_h$ mittels der Rekursionsgleichung (2. 21. 4) berechnet werden.

Somit läßt sich das klassische Ablaufplanungsmodell als Critical Path-Problem im disjunktiven Ablaufplan-Netzwerk D wie folgt formulieren:

$$\min_{B_h} \left\{ \min_{t_1, \ldots, t_{m_N}} \{Z(t_1, \ldots, t_{m_N}; B_h) \mid t_j - t_i \geqq a_i, (i, j) \in A \cup B_h, B_h \in B', t_j \geqq 0\} \right\} \quad (2.21.13)$$

In ähnlicher Weise haben *Raimond*[4], *Balas*[5], *Yamamoto*[6], *Gorenstein*[7] und *Florian* et. all.[8] das klassische Ablaufplanungsmodell formuliert. Sie alle beschränken sich jedoch nur auf das Ziel Z_5. Folglich sind diese Formulierungen nur ein Sonderfall der allgemeinen Form (2.21.13).

2.22 *Das gemischt ganzzahlige Programmierungsmodell*

Es zeigt sich, daß das Problem (2.21.13) zu dem folgenden Problem äquivalent ist:

Man bestimme das Minimum der Funktion

$$Z = Z(t_1, \ldots, t_{m_N}) \quad (2.22.1)$$

unter den Restriktionen

$$t_{i+1} - t_i \geqq a_i, \; i \in \{I_n - \{m_n\}\}, \; n = 1, \ldots, N,$$

$$t_{\bar{m}N+1} - t_{m_n} \geqq a_{m_n},$$

$$n = 1, \ldots, N \text{ (nur für } Z_5), \quad (2.22.2)$$

entweder $t_j - t_i \geqq a_i$
oder $t_i - t_j \geqq a_j$ $\Big\}$, $i, j \in I^m$, $m = 1, \ldots, M$[9], (2.22.3)

[4] Raimond, J. F.: Minimaximal Paths in Disjunktive Graphs by Direct Search, IBM, Journal of Research and Development, vol. 13, 1969, S. 391–399.

[5] Balas, E.: Machine Sequencing via . . . , S. 943; ders.: Finding a Minimaximal Path in a Disjunktive *PERT* Network, in: Théorie des Graphes, Journées internationales d'etude, Rome 1966, Dunod, Paris 1967, S. 21–30, hier S. 24; ders.: Discrete Programming by the Filter Method, in: Operations Research, vol. 15, 1967, S. 915–957, hier S. 948; ders.: Machine Sequencing: Disjunktive Graphs and Degree-Constrained Subgraphs, in: Naval Research Logistics Quarterly, vol. 17, 1970, S. 1–9, hier S. 4.

[6] Yamamoto, M.: An Algorithm for General Scheduling Problem, in: Journal of the Operations Research Society of Japan, vol. 16, 1973, S. 65–77, hier S. 68.

[7] Gorenstein, S.: An Algorithm for Project (Job) Sequencing with Resource Constraints, in: Operations Research, vol. 20, 1972, S. 835–850, hier S. 838.

[8] Florian, M. et. all.: S. 738 f.

[9] Es steht dabei ganz frei, die eine oder andere Alternativbedingung (2.22.3) einzusetzen, je nachdem, welche es gestattet, das Minimum der Zielfunktion zu erreichen. Demnach muß man ω Teilprobleme lösen, damit man das Minimum bestimmen kann, wobei jedes Teilproblem auf ein Critical Path-Problem in $G_h = [I; A, B_h]$, $B_h \in B'$ führt.

$$t_j \geqq 0, j \in I. \tag{2.22.4}$$

Dieses Problem kann man mit der „Entweder/Oder"-Methode[10] in ein gemischt ganzzahliges Programmierungsproblem überführen, in dem die ganzzahligen Variablen die Werte 0 oder 1 annehmen dürfen.

Es sei die Bedingung

$$|t_j + a_j - t_i| \leqq \Lambda,\ i, j \in I^m,$$

$$m = 1, \ldots, M, \tag{2.22.5}$$

erfüllt, wie groß t_i, t_j auch immer sein mögen. Es sei für jedes $\{i, j\}$ -Paar y_{ji} eine ganzzahlige Variable, wobei

$$y_{ji} = \begin{cases} 1, \text{ wenn die Operation } j \text{ der Operation } i \text{ vorangeht,} \\ 0, \text{ andernfalls} \end{cases}$$

ist. Dann kann man die Alternativbedingungen (2.22.3) durch die Bedingungen

$$\left.\begin{array}{ll} t_j - t_i + \Lambda\, y_{ji} & \geqq a_i, \\ t_i - t_j + \Lambda\,(1 - y_{ji}) & \geqq a_j, \\ 0 \leqq y_{ji} \leqq 1;\ y_{ji} & \text{ganz,} \end{array}\right|\ i, j \in I^m,\ m = 1, \ldots, M, \tag{2.22.3$'$}$$

ersetzen. Denn ist $y_{ji} = 0$ für $i < j$, so führt (2.22.3)′ auf die gewünschte Ungleichung $t_j - t_i \geqq a_i$ und die Ungleichung $t_i - t_j + \Lambda \geqq a_j$ oder $t_j + a_j - t_i \leqq \Lambda$, die wegen (2.22.5) automatisch erfüllt ist, so daß sie ausgelassen werden kann. Ist $y_{ji} = 1$ für $j < i$, gilt das Umgekehrte.

Zur Minimierung von Z_5 ($Z_5 \equiv T$) muß man das folgende gemischt ganzzahlige Programmierungsproblem lösen:

$$\min Z_5 = t_{\bar{m}_{N+1}},$$

$$t_{i+1} - t_i \geqq a_i,\ i \in \{I_n - \{m_n\}\},\ n = 1, \ldots, N,$$

$$t_{\bar{m}_{N+1}} - t_{m_n} \geqq a_{m_n},\ n = 1, \ldots, N,$$

$$t_j - t_i + \Lambda\, y_{ji} \geqq a_i,\ i, j \in I^m,\ m = 1, \ldots, M,$$

$$t_i - t_j + \Lambda\,(1 - y_{ji}) \geqq a_j,\ j, i \in I^m,\ m = 1, \ldots, M,$$

$$0 \leqq y_{ji} \leqq 1;\ y_{ji} \text{ ganz},\ j, i \in I^m,\ m = 1, \ldots, M,$$

$$t_j \geqq 0. \tag{2.22.9}$$

---

10 Vgl. zur „Entweder/Oder"-Methode u. a. besonders Dantzig, G. B.: Lineare Programmierung und Erweiterungen. 1966, S. 609 f.; Hadley, G.: Nichtlineare und Dynamische Programmierung. 1969, S. 312 ff. und Korbut, A. A. und Finkelstein, J.: Diskrete Optimierung. 1971, S. 24 ff.

Manne[11], *Balas*[12] und *Greenberg*[13] haben Modelle vorgeschlagen, die dem Modell (2.22.9) ähnlich sind.

In dem Modell von *Manne* – historisch erste Realisierung der „Entweder/Oder"-Methode im Bereich der Ablaufplanung – kommt noch die Restriktion $t_{m_n} + a_{m_n} \leqslant d_n (n = 1, \ldots, N)$ hinzu, die im Modell (2.22.9) nicht erfaßt ist. Diese Restriktion ist aber ziemlich unrealistisch, weil es im allgemeinen in der Praxis nicht möglich ist, die Termine einzuhalten. Mathematisch bedeutet das, die Hinzufügung der Restriktion $t_{m_n} + a_{m_n} \leqslant d_n$ würde das Modell unlösbar machen. Deswegen sollte man diese Restriktion besser auslassen, wenn man die Lösbarkeit des Modells sicherstellen will.

Aber abgesehen davon kann man die Restriktion $t_{m_n} + a_{m_n} \leqslant d_n$, wenn man sie in der leicht modifizierten Form $t_0 - t_{m_n} \geqslant a_{m_n} - d_n$ schreibt, auch im disjunktiven Ablaufplan-Netzwerk darstellen. Dies geschieht dadurch, daß man in $\boldsymbol{A}$ einen von m_n nach 0 führenden Pfeil $(m_n, 0)$ einführt, und diesem Pfeil die Zahl $(a_{m_n} - d_n)$ zuordnet. So hat man wiederum eine Beziehung zwischen dem Netzwerkmodell und dem gemischt ganzzahligen Programmierungsmodell erhalten, falls man $t_{m_n} + a_{m_n} \leqslant d_n$ in (2.22.9) einbeziehen will.

In dem Modell von *Greenberg* sind die Alternativbedingungen als

$$\left.\begin{aligned} t_i + a_i\, y_{ij} &\leqslant t_j + \wedge\, y_{ji}, \\ t_j + a_j\, y_{ji} &\leqslant t_i + \wedge\, y_{ij}, \\ y_{ji} + y_{ij} &= 1, \end{aligned}\right\}$$

geschrieben. Ersetzt man dabei y_{ij} durch $(1 - y_{ji})$ und y_{ji} durch $(1 - y_{ij})$, so erhält man die Restriktionen

$$\left.\begin{aligned} & t_j - t_i + (a_i + \wedge)\, y_{ji} \geqslant a_i, \\ & t_i - t_j + (a_j + \wedge)\,(1 - y_{ji}) \geqslant a_j, \\ & 0 \leqslant y_{ji} \leqslant 1;\ y_{ji} \text{ ganz}, \end{aligned}\right\}$$

welche ähnlich sind wie (2.22.3)'.

Man betrachte Z_1 $(Z_1 \equiv L)$ als Zielfunktion. Das zu lösende Problem kann dann geschrieben werden als:

$$\min \sum_{m=1}^{M} T_m',$$

$$t_{i+1} - t_i \geqslant a_i,\ i \in \{I_n - \{m_n\}\},\ n = 1, \ldots, N,$$

[11] Manne, A. S.: On the Job-Shop . . .

[12] Discrete Programming by . . ., S. 948–949.

[13] Greenberg, H. H.: A Branch-Bound Solution to the General Scheduling Problem, in: Operations Research, vol. 16, 1968, S. 353–361.

$$T'_m - t_i \geqslant a_i,\ i \in I^m,\ m = 1, \ldots, M,$$

$$t_j - t_i + \wedge y_{ji} \geqslant a_i,\ i, j \in I^m,\ m = 1, \ldots, M,$$

$$t_i - t_j + \wedge (1 - y_{ji}) \geqslant a_j,\ j, i \in I^m,\ m = 1, \ldots, M,$$

$$0 \leqslant y_{ji} \leqslant 1;\ y_{ji}\ \text{ganz},\ i, j \in I^m,\ m = 1, \ldots, M,$$

$$t_j \geqslant 0, \qquad (2.22.10)$$

wobei

$$\min \sum_{m=1}^{M} T'_m = \min \sum_{m=1}^{M} (t_{q_m} + a_{q_m})$$

ist. Aber die Minimierung von

$$\sum_{m=1}^{M} (t_{q_m} + a_{q_m})$$

ist äquivalent mit der Minimierung von

$$\sum_{m=1}^{M} (t_{q_m} + a_{q_m}) - \sum_{i \in I} a_i,$$

weil $\sum_{i \in I} a_i$ konstant ist. Folglich ist die Minimierung von $\sum_{m=1}^{M} T'_m$ äquivalent mit der Minimierung von Z_1; T'_m bedeutet den Endzeitpunkt des in der Auftragsfolge von Maschine F_m $(m = 1, \ldots, M)$ stehenden letzten Auftrages.

Greenberg[14] hat ein Modell vorgeschlagen, das dem Modell (2.22.10) ähnlich ist, mit dem Unterschied, daß in seinem Modell die Alternativbedingungen in einer modifizierten Form geschrieben sind wie beim Modell (2.22.9).

Im Falle, daß Z_3 zu minimieren ist, lautet das zu lösende Problem

$$\min \sum_{n=1}^{N} T_n,$$

$$t_{i+1} - t_i \geqslant a_i,\ i \in \{I_n - \{m_n\}\},\ n = 1, \ldots, N,$$

$$T_n - t_{m_n} \geqslant a_{m_n},\ n = 1, \ldots, N,$$

$$t_j - t_i + \wedge\, y_{ji} \geqslant a_i,\ i, j \in I^m,\ m = 1, \ldots, M,$$

$$t_i - t_j + \wedge (1 - y_{ji}) \geqslant a_j,\ j, i \in I^m,\ m = 1, \ldots, M,$$

$$0 \leqslant y_{ji} \leqslant 1;\ y_{ji}\ \text{ganz},\ j, i \in I^m,\ m = 1, \ldots, M,$$

14 Greenberg, H. H.: A Branch-Bound Solution to the ...

$$t_j \geqslant 0, \tag{2.22.11}$$

wobei

$$\min \sum_{n=1}^{N} T_n = \min \sum_{n=1}^{N} (t_{m_n} + a_{m_n})$$

ist. Aber die Minimierung von

$$\sum_{n=1}^{N} (t_{m_n} + a_{m_n})$$

ist wegen der Konstanz von

$$\sum_{i \in I} a_i$$

äquivalent mit der Minimierung von

$$\sum_{n=1}^{N} (t_{m_n} + a_{m_n}) - \sum_{i \in I} a_i .$$

Infolgedessen ist die Minimierung von

$$\sum_{n=1}^{N} T_n$$

äquivalent mit der Minimierung von Z_3. T_n $(n = 1, \ldots, N)$ bedeutet den Endzeitpunkt der in der Maschinenfolge von Auftrag A_n $(n = 1, \ldots, N)$ stehenden letzten Maschine.

Schließlich kann man Z_7 als Zielfunktion betrachten, so daß sich das zu lösende Problem als

$$\min \sum_{n=1}^{N} \delta_n (t_{m_n} + a_{m_n} - d_n),$$

$$t_{i+1} - t_i \geqslant a_i, \; i \in \{ I_n - \{ m_n \} \}, \; n = 1, \ldots, N,$$

$$t_j - t_i + \wedge \, y_{ji} \geqslant a_i, \; i, j \in I^m, \; m = 1, \ldots, M,$$

$$t_i - t_j + \wedge \, (1 - y_{ji}) \geqslant a_j, \; j, i \in I^m, \; m = 1, \ldots, M,$$

$$t_{m_n} - \delta_n (d_n - a_{m_n}) \geqslant 0, \; n = 1, \ldots, N,$$

$$0 \leqslant y_{ji} \leqslant 1; \; y_{ji} \text{ ganz}, \; i, j \in I^m, \; m = 1, \ldots, M,$$

$$0 \leqslant \delta_n \leqslant 1; \; \delta_n \text{ ganz}, \; n = 1, \ldots, N,$$

$$t_j \geqslant 0 \tag{2.22.12}$$

ergibt. Die Restriktionen

$$t_{m_n} - \delta_n (d_n - a_{m_n}) \geqq 0, 0 \leqq \delta_n \leqq 1; \delta_n$$

ganz werden auferlegt, um sicherzustellen, daß die ganzzahligen Variablen δ_n $(n = 1, \ldots, N)$ die Werte 0 oder 1 und in Übereinstimmung mit der Bedingung

$$\delta_n = \begin{cases} 1, \text{ wenn } t_{m_n} + a_{m_n} - d_n > 0 \text{ bzw. } t_{m_n} > d_n - a_{m_n} \\ 0, \text{ wenn } t_{m_n} \leqq d_n - a_{m_n} \end{cases}$$

ist, annehmen müssen[15].

Modelle der Form (2.22.11) und (2.22.12) wurden in der Literatur nicht angegeben, soweit es dem Verfasser bekannt ist. Daher tragen diese Modelle zur Vervollständigung der Aufstellung des klassischen Modells der statischen Fertigungsablaufplanung bei.

2.23 Andere vorhandene Modelle für das klassische Problem

Bowman[16], *Wagner*[17] und *Himes* and *von Lanzenauer*[18] betrachten das klassische Ablaufplanungsmodell als ein gewöhnliches Programmierungsproblem und schlagen ein ganzzahliges Programmierungsmodell vor, in dem die ganzzahligen Variablen Werte 0 oder 1 annehmen; dabei wird die Minimierung von Z_5 als Zielfunktion benutzt.

Das gemischt ganzzahlige Programmierungsmodell (2.22.9) ist aber viel eleganter als die eben erwähnten ganzzahligen Programmierungsmodelle. Die Anzahl der Variablen ist im allgemeinen geringer in der gemischt ganzzahligen Formulierung als in der rein-ganzzahligen Formulierung, und da viele Restriktionen in der gemischt ganzzahligen Formulierung überflüssig sind, braucht also die gemischt ganzzahlige Formulierung im Vergleich zu der rein-ganzzahligen Formulierung eine geringere Anzahl von Restriktionen. Darüber äußert sich auch *Manne*[19]: „In general, Wagner's formulation will require slightly more than twice the number of unknowns in current proposal. Because of the large number of Inequalities implied by his condition (8), the current proposal is bound to be advantageous in terms of the number of Inequality restraints".

---

[15] Die Funktion $\sum_{n=1}^{N} \delta_n(t_{m_n} + a_{m_n} - d_n)$ ist eine unstetige Funktion, und man kann sie behandeln wie beim Fixkostenproblem; vgl. hierzu Dantzig, G. B.: S. 618; Hadley, G.: S. 174 f und 306 f; Korbut, A. A. und Finkelstein, J. J.: S. 31 ff und Greenberg, H.: Integer Programming. 1971, S. 8.

[16] Bowman, E. H.

[17] Wagner, H. M.

[18] Von Lanzenauer and Himes, R. C.: A Linear Programming Solution to the General Sequencing Problem, in: Canadian Journal of the Operations Research Society, vol. 8, N. 2, 1970, S. 129-134.

[19] Manne, A. S.: in F_n. S. 222.

3. Das erweiterte Modell der statischen Fertigungsablaufplanung

3.1 Prämisse des erweiterten Modells

Die Definition des erweiterten Problems impliziert folgende Annahmen:

1. Die Aufträge sind nicht zu Beginn t_B der Planungsperiode, sondern zu den Zeitpunkten $t'_{A_1}, \ldots, t'_{A_N}$ für die Fertigung verfügbar.

2. Die Maschinen sind nicht zu Beginn t_B der Planungsperiode, sondern zu den Zeitpunkten $t_{F_1}, \ldots, t_{F_M}$ frei, die Aufträge zur Bearbeitung aufzunehmen.

3. Die Bearbeitungszeiten b_{ny} $(n = 1, \ldots, N; y = 1, \ldots, Y)$ sind vorausbestimmt und konstant; die Rüstzeiten $p^{(m)}_{y', y''}$ $(y', y'' = 1, \ldots, Y')$ sind zwar im voraus festgelegt, aber durch die Sequenz S beeinflußbar.

4. Die Maschinenfolgematrix $R = (r_{n, y})$ $(n = 1, \ldots, N; y = 1, \ldots, Y)$ ist vorgegeben.

5. Ein Auftrag darf mehrmals durch eine Maschine vorgenommen werden.

6. Es gibt nur eine Maschine in jeder Maschinengruppe Q_e $(e = 1, \ldots, \nu)$.

7. Die Aufträge müssen spätestens bis zu den gewünschten Terminen $d_1, \ldots, d_N$ fertiggestellt sein.

8. Jede Operation $j \in I'$ muß ununterbrochen durchgeführt werden.

9. Keine Maschine kann gleichzeitig mehr als einen Auftrag ausführen.

10. Kein Auftrag darf gleichzeitig auf mehr als einer Maschine bearbeitet werden.

11. Jeder Auftrag muß nach Abschluß der Bearbeitung auf der laufenden Maschine so schnell wie möglich auf die Folgemaschine gelegt werden.

3.2 Aufstellung des erweiterten Modells

3.21 Vorbereitende Bemerkungen

Annahmen 1 und 2 verursachen Schwierigkeiten für die Modellbildung. Darum wird hier folgender Kunstgriff angewendet: Es werden eine fiktive Maschine F_0 und ein fiktiver Auftrag A_0 eingeführt, mit der Einschränkung, daß jeder Auftrag A_n $(n = 1, \ldots, N)$ zuerst auf der Maschine F_0, und auf jeder Maschine F_m $(m = 1, \ldots, M)$ zuerst der Auftrag A_0 bearbeitet werden muß. Zugleich wird aber verlangt, daß nunmehr $n = 0, 1, \ldots, N$ und $m = 0, 1, \ldots, M$ gelten sollen.

Nach der Einführung von A_0 und F_0 muß jedoch die Maschinenfolgematrix R durch die Maschinenfolgematrix R',

$$R' = \left[\begin{array}{c|ccccc} r_{0,0} & r_{0,1} & \dots & r_{0,y} & \dots & r_{0,Y} \\ \hline r_{1,0} & r_{1,1} & \dots & r_{1,y} & \dots & r_{1,Y} \\ \vdots & \vdots & & \vdots & & \vdots \\ r_{n,0} & r_{n,1} & \dots & r_{n,y} & \dots & r_{n,Y} \\ \vdots & \vdots & & \vdots & & \vdots \\ r_{N,0} & r_{N,1} & \dots & r_{N,y} & \dots & r_{N,Y} \end{array}\right]$$

und die Bearbeitungszeitenmatrix B durch die Bearbeitungszeitenmatrix B',

$$B' = \left[\begin{array}{c|ccccc} b_{0,0} & b_{0,1} & \dots & b_{0,y} & \dots & b_{0,Y} \\ \hline b_{1,0} & b_{1,1} & \dots & b_{1,y} & \dots & b_{1,Y} \\ \vdots & \vdots & & \vdots & & \vdots \\ b_{n,0} & b_{n,1} & \dots & b_{n,y} & \dots & b_{n,Y} \\ \vdots & \vdots & & \vdots & & \vdots \\ b_{N,0} & b_{N,1} & \dots & b_{N,y} & \dots & b_{N,Y} \end{array}\right]$$

ersetzt werden; dabei sind

$$y = 0, 1, \dots, Y, \; r_{n,0} = F_0 \; (n = 1, \dots, N), \; r_{0,0} =$$
$$= 0, \; r_{0,y} = F_y \; (y = 1, \dots, M; \; y = m), \; r_{0,y} =$$
$$= 0 \; (Y_0 < y \leq Y; \; Y_0 = M), \; b_{0,0} = 0, \; b_{n,0} =$$
$$= t'_{A_n} \; (n = 1, \dots, N), \; b_{0,y} =$$
$$= t_{F_y} \; (y = 1, \dots, M; \; y = m), \; b_{0,y} =$$
$$= 0 \; (Y_0 < y \leq Y).$$

Dementsprechend muß auch die Sequenzmatrix S durch die Sequenzmatrix S',

$$S' = \left[\begin{array}{c|ccccc} s_{0,0} & s_{0,1} & \cdots & s_{0,y'} & \cdots & s_{0,Y'} \\ \hline s_{1,0} & s_{1,1} & \cdots & s_{1,y'} & \cdots & s_{1,Y'} \\ \cdot & \cdot & & \cdot & & \cdot \\ \cdot & \cdot & & \cdot & & \cdot \\ \cdot & \cdot & & \cdot & & \cdot \\ s_{\cdot,0} & s_{m,1} & \cdots & s_{m,y'} & \cdots & s_{m,Y'} \\ \cdot & \cdot & & \cdot & & \cdot \\ \cdot & \cdot & & \cdot & & \cdot \\ \cdot & \cdot & & \cdot & & \cdot \\ s_{M,0} & s_{M,1} & \cdots & s_{M,y'} & \cdots & s_{M,Y'} \end{array}\right]$$

ersetzt werden; dabei sind

$$y' = 0, 1, \ldots, Y', \; s_{m,0} = A_0 \; (m = 1, \ldots, M), \; s_{0,0} =$$
$$= 0, \; s_{0,y'} = A_{y'} \; (y' = 1, \ldots, N), \; s_{0,y'} =$$
$$= 0 \; (Y_0' < y' \leqq Y'; \; Y_0' = N).$$

Für $n = 1, \ldots, N$ sei $Y_n + 1 = \bar{Y}_n$; es sei $\bar{Y}_0 = Y_0$; es sei $\sum_{i=0}^{n} \bar{Y}_i = m_n$; dann erfüllen die Zahlen $\bar{Y}_n$ $(n = 1, \ldots, N)$ die rekursiven Gleichungen $\bar{Y}_n = m_n - m_{n-1}$ mit $m_0 = \bar{Y}_0$. Man kann nun die rekursiven Gleichungen verwenden, um die Operationen zu numerieren. Man erhält

$$I' = \{1, \ldots, m_0, m_0 + 1, \ldots, m_n,$$
$$m_n + 1, \ldots, m_{N-1} + 1, \ldots, m_N\}$$

und schließlich $\qquad I = \{0\} \cup I' \cup \{\bar{m}_{N+1}\}.$

Zur Aufstellung des disjunktiven Ablaufplan-Netzwerkes gelten die gleichen Regeln wie früher, aber folgende Bedingungen kommen noch hinzu:

$0 \lll i \;\forall\; i \in I_0$,
$\forall\; i, j \in I^0$ soll weder $i < j$ noch $j < i$ gelten,
$\forall\; j \in I^m \setminus \{i_m\}$ $(m = 1, \ldots, M)$ soll $i_m < j$ gelten, sofern
$i_m \in I^m$ die Operation (A_0, F_m) bezeichnet; offensichtlich ist

$$I_0 = \{i_m \mid m = 1, \ldots, M\}.$$

3.22 *Das disjunktive Netzwerkmodell*

Bezüglich der Bearbeitungszeiten gilt die oben erklärte Beziehung

$$b_j = b_{n,\, y},\; j \in I_n,\; n = 0, 1, \ldots, N.$$

$p^{(m)}_{y',\, y''}$ wurde als die Rüstzeit der Maschine F_m vor Beginn der Bearbeitung von Auftrag $A_{s_{m,\, y''}}$ definiert, der sich in der y''-ten Position der Auftragsfolge von F_m befindet, unter der Bedingung, daß zuvor auf der Maschine F_m der Auftrag $A_{s_{m,\, y'}}$ bearbeitet wurde. Man kann $p^{(m)}_{y',\, y''}$ folglich als die Rüstzeit der Operation $(A_{s_{m,\, y''}}, F_m)$ erklären, sofern die Operation $(A_{s_{m,\, y''}}, F_m)$ auf die Operation $(A_{s_{m,\, y'}}, F_m)$ unmittelbar folgt. Und da der Operation $(A_{s_{m,\, y''}}, F_m)$ ein Index $j \in I^m$, und der Operation $(A_{s_{m,\, y'}}, F_m)$ ein Index $i \in I^m$ zugeordnet wird, kann man vereinfacht schreiben

$$p_{ij} = p^{(m)}_{y',\, y''},\; i, j \in I^m,\; m = 1, \ldots, M.$$

Es wird nun $a_{ij} = b_i + p_{ij}$ gesetzt, wobei a_{ij} die variable (von der Sequenz abhängige) Bearbeitungszeit ausdrückt; a_{ij} besteht also aus der Bearbeitungszeit der Operation i und der Rüstzeit der Operation j, die auf i unmittelbar folgt, sofern i und j durch die selbe Maschine vorgenommen werden. Für $i, j \in I^0 \cup I_0$ und $i, j \in I_n$ $(n = 1, \ldots, N)$ gilt $p_{ij} = 0$; deshalb kann in diesem Fall $a_{ij} = a_i = b_i$ gesetzt werden.

Es werde das disjunktive Ablaufplan-Netzwerk $\boldsymbol{D} = [I; \boldsymbol{A}, \boldsymbol{W}]$ betrachtet, wobei jedem Pfeil (i, j) die Zahl a_{ij} zugeordnet ist. Damit in Zusammenhang stehen dann die Restriktionen

$$t_j - t_i \geqq a_{ij},\; (i, j) \in \boldsymbol{A} \tag{3.22.1}$$

$$\begin{aligned} &\text{entweder} \quad t_j - t_i \geqq a_{ij} \\ &\text{oder} \quad t_i - t_j \geqq a_{ji} \end{aligned} \Bigg\},\; (i, j) \in \boldsymbol{W},\; (j, i) \in \boldsymbol{W}. \tag{3.22.2}$$

Es werde nun ein konjunktives Ablaufplan-Netzwerk $G_b \in G$ betrachtet; G_b entsprechen dann die Restriktionen

$$t_j - t_i \geqq a_{ij},\; (i, j) \in \boldsymbol{A} \cup \boldsymbol{B}_b,\; \boldsymbol{B}_b \in \boldsymbol{B}. \tag{3.22.3}$$

Die Leerzeit einer Operation j wird durch

$$l_j = (t_j - t_i - a_{ij}),\; i, j \in I^m,$$

$$m = 0, 1, \ldots, M,\; i \lll j, \tag{3.22.4}$$

gegeben; $l_j = 0$ für $j \in I^0$. Bei festem $\boldsymbol{B}_b$ erhält man dann unter Beachtung von (3.22.4)

$$Z_1 = \sum_{j \in I} l_j = \sum_{m=1}^{M} [t_{q_m} - \sum_{i \in I^m} a_{ij}],$$

$$j \in I^m,\ (i, j) \in \boldsymbol{B}_b,\ i \ll j. \qquad (3.22.5)$$

Die Wartezeit w_i einer Operation i wird durch

$$w_i = (t_i - t_{i-1} - a_{i-1}),\ i \in I_n,$$

$$n = 0, 1, \ldots, N \qquad (3.22.6)$$

gegeben; $w_i = 0$ für $i \in I_0$. Die Gesamtwartezeit beläuft sich dann bei festem $\boldsymbol{B}_b$ auf

$$Z_3 = \sum_{i \in I} w_i = \sum_{i \in I} (t_i - t_{i-1} - a_{i-1}) =$$

$$= \sum_{n=1}^{N} (t_{m_n} + a_{m_n}) - \sum_{i \in I} a_i. \qquad (3.22.7)$$

Z_5 und Z_7 können in genau der gleichen Weise wie oben berechnet werden.

Nach all diesen Überlegungen kann das erweiterte Ablaufplanungsmodell geschrieben werden als:

$$\min_{\boldsymbol{B}_b} \left| \min_{t_1, \ldots, t_{m_N}} \{Z(t_1, \ldots, t_{m_N}; \boldsymbol{B}_b) \mid t_j - t_i \right.$$

$$\left. \geqq a_{ij},\ (i, j) \in \boldsymbol{A} \cup \boldsymbol{B}_b,\ \boldsymbol{B}_b \in \boldsymbol{B}',\ t_j \geqq 0\} \right|. \qquad (3.22.8)$$

Dieses Problem ist ein Critical Path-Problem in $\boldsymbol{D} = [I; \boldsymbol{A}, \boldsymbol{W}]$.

3.23 *Das gemischt ganzzahlige Programmierungsproblem*

Das Problem (3.22.8) ist äquivalent mit dem nachstehenden Problem:

Man bestimme das Minimum der Funktion

$$Z = Z(t_1, \ldots, t_{m_N}) \qquad (3.23.1)$$

unter den Restriktionen

$$t_{i+1} - t_i \geqq a_i,\ i \in \{I_n - \{m_n\}\},\ n = 1, \ldots, N, \qquad (3.23.2)$$

$$t_{\bar{m}_{N+1}} - t_{m_n} \geqq a_{m_n},\ n = 1, \ldots, N \text{ (nur für } Z_5) \qquad (3.23.3)$$

$$\begin{matrix} \text{entweder} & t_j - t_i \geqq a_{ij} \\ \text{oder} & t_i - t_j \geqq a_{ji} \end{matrix} \Bigg\},\ i, j \in I^m,\ m = 1, \ldots, M,[1] \qquad (3.23.4)$$

---

[1] Vgl. auch Fn. 9 Teil III, Abschn. 2.22.

$$t_j \geqslant 0, \; j \in I; \qquad (3.23.5)$$

für $j \in I_0 \cup I^0$ gilt $t_j = 0$. Dieses Problem kann ähnlich wie Problem ((2.22.1) – (2.22.4)) in ein gemischt ganzzahliges Programmierungsproblem umgewandelt werden.

Es sei die Bedingung

$$|t_j + a_{ji} - t_i| \leqslant \wedge, \; i, j \in I^m, \; m = 1, \ldots, M, \qquad (3.23.6)$$

erfüllt, welche Werte man für die t_i, t_j auch immer einsetzt. Als nächstes sei für jedes Paar (i, j) y_{ji} eine ganzzahlige Variable, wobei

$$y_{ji} = \begin{cases} 1, & \text{wenn die Operation } j \text{ der Operation } i \text{ vorangeht,} \\ 0, & \text{anderenfalls} \end{cases}$$

ist. Dann können die Alternativbedingungen (3.23.4) durch die Bedingungen

$$\left.\begin{array}{l} t_j - t_i + \wedge y_{ji} \geqslant a_{ij}, \\ t_i - t_j + \wedge(1 - y_{ji}) \geqslant a_{ji}, \\ 0 \leqslant y_{ji} \leqslant 1; \; y_{ji} \text{ ganz}, \end{array}\right\} \; i, j \in I^m, \; m = 1, \ldots, M, \qquad (3.23.4)'$$

ersetzt werden. Denn ist $y_{ji} = 0$ für $i < j$, so reduziert (3.23.4)' auf die Ungleichungen

$$t_j - t_i \geqslant a_{ij},$$

$$t_i - t_j + \wedge \geqslant a_{ji},$$

welch letztere wegen (3.23.6) automatisch erfüllt sein muß und deswegen ausgelassen werden kann. Für $y_{ji} = 1$ gilt das Umgekehrte.

Es werde Z_5 als Zielfunktion betrachtet; das zu lösende Problem ergibt sich dann als

$$\min Z_5 = t_{\overline{m}_{N+1}},$$

$$t_{i+1} - t_i \geqslant a_i, \; i \in \{I_n - \{m_n\}\}, \; n = 1, \ldots, N,$$

$$t_{\overline{m}_{N+1}} - t_{m_n} \geqslant a_{m_n}, \; n = 1, \ldots, N,$$

$$t_j - t_i + \wedge y_{ji} \geqslant a_{ij}, \; i, j \in I^m, \; m = 1, \ldots, M,$$

$$t_i - t_j + \wedge(1 - y_{ji}) \geqslant a_{ji}, \; i, j \in I^m, \; m = 1, \ldots, M,$$

$$0 \leqslant y_{ji} \leqslant 1;\ y_{ji} \text{ ganz},\ i, j \in I^m,\ m = 1, \ldots, M,$$

$$t_j \geqslant 0. \tag{3.23.7}$$

Im Falle, daß Z_3 als Zielfunktion angesehen wird, lautet das zu lösende Problem

$$\min \sum_{n=1}^{N} T_n,$$

$$t_{i+1} - t_i \geqslant a_i,\ i \in \{I_n - \{m_n\}\},\ n = 1, \ldots, N,$$

$$T_n - t_{m_n} \geqslant a_{m_n},\ n = 1, \ldots, N,$$

$$t_j - t_i + \wedge y_{ji} \geqslant a_{ij},\ i, j \in I^m,\ m = 1, \ldots, M,$$

$$t_i - t_j + \wedge (1 - y_{ji}) \geqslant a_{ji},\ i, j \in I^m,\ m = 1, \ldots, M,$$

$$0 \leqslant y_{ji} \leqslant 1;\ y_{ji} \text{ ganz},\ i, j \in I^m,\ m = 1, \ldots, M,$$

$$t_j \geqslant 0;\ T_n \geqslant 0, \tag{3.23.8}$$

wobei die Minimisierung von $\sum_{n=1}^{N} T_n$ mit der Minimisierung von Z_3 äquivalent ist.

Betrachtet man Z_7 als Zielfunktion, so kann man das zu lösende Problem schreiben als:

$$\min \sum_{n=1}^{N} \delta_n \, (t_{m_n} + a_{m_n} - d_n),$$

$$t_{i+1} - t_i \geqslant a_i,\ i \in \{I_n - \{m_n\}\},,\ n = 1, \ldots, N,$$

$$t_j - t_i + \wedge y_{ji} \geqslant a_{i,j},\ i, j \in I^m,\ m = 1, \ldots, M,$$

$$t_i - t_j + \wedge (1 - y_{ji}) \geqslant a_{j,i},\ i, j \in I^m,\ m = 1, \ldots, M,$$

$$t_{m_n} - \delta_n \, (d_n - a_{m_n}) \geqslant 0,\ n = 1, \ldots, N,$$

$$0 \leqslant y_{ji} \leqslant 1;\ y_{ji} \text{ ganz},\ i, j \in I^m,\ m = 1, \ldots, M,$$

$$0 \leqslant \delta_n \leqslant 1;\ \delta_n \text{ ganz},\ n = 1, \ldots, N,$$

$$t_j \geqslant 0. \tag{3.23.9}$$

Schließlich muß man zur Minimierung von Z_1 das folgende Problem lösen:

$$\min \sum_{m=1}^{M} T'_m,$$

$$t_{i+1} - t_i \geqslant a_i,\ i \in \{I_n - \{m_n\}\},\ n = 1, \ldots, N,$$

$$T'_m - t_i \geqq a_i,\ i \in I^m,\ m = 1, \ldots, M,$$

$$t_j - t_i + \wedge y_{ji} \geqq a_{ij},\ i, j \in I^m,\ m = 1, \ldots, M,$$

$$t_i - t_j + \wedge (1 - y_{ji}) \geqq a_{ji},\ i, j \in I^m,\ m = 1, \ldots, M,$$

$$0 \leqq y_{ji} \leqq 1;\ y_{ji} \text{ ganz},\ i, j \in I^m,\ m = 1, \ldots, M,$$

$$t_j \geqq 0;\ T'_m \geqq 0, \qquad (3.23.10)$$

wobei die Minimisierung von $\sum_{m=1}^{M} T'_m$ äquivalent mit der Minimisierung von Z_1 ist.

4. Das verallgemeinerte Modell der statischen Fertigungsablaufplanung

4.1 Prämisse des verallgemeinerten Modells

Aus der Definition des verallgemeinerten Problems ergibt sich, daß alle Annahmen, die für das erweiterte Ablaufplanungsmodell gemacht wurden, auch hier gelten können. Zur Aufstellung des verallgemeinerten Modells wird aber angenommen, daß die Rüstzeiten konstant sind. Außerdem wird noch angenommen, daß die Maschinenleerkosten $c_{l,m}$ pro Zeiteinheit, die Wartekosten $c_{w,n,y}$ pro Zeiteinheit und die Rüstkosten $c^{(m)}_{r,y',y''}$ gegeben sind.

4.2 Aufstellung des verallgemeinerten Modells

4.21 Das disjunktive Netzwerkmodell

$c_{w,n,y}$ drückt die Wartekosten pro Zeiteinheit für die Wartezeit von Auftrag A_n $(n = 1, \ldots, N)$ vor der Maschine $F_{r_{n,y}}$ aus, die sich in der y-ten Position der Maschinenfolge von A_n befindet. Mit anderen Worten, $c_{w,n,y}$ bezeichnet die Wartekosten pro Zeiteinheit für die Operation $(A_n, F_{r_{n,y}})$. Angenommen, der Operation $(A_n, F_{r_{n,y}})$ sei ein Index i zugeordnet; dann muß die Beziehung

$$c_{w,i} = c_{w,n,y},\ i \in I_n,\ n = 1, \ldots, N,$$

gelten.

$c_{l,m}$ stellt die Leerkosten pro Zeiteinheit für die Leerzeit von Maschine F_m vor irgendeinem Auftrag dar, der durch die Maschine F_m vorgenommen wird. Es sei $i \in I^m$ eine Operation, die auf der Maschine F_m ausgeführt wird; dann ist

$$c_{l,i} = c_{l,m},\ i \in I^m,\ m = 1, \ldots, M.$$

Für die Rüstkosten $c^{(m)}_{r,\,y',\,y''}$ gilt

$$c_{r,\,j,\,i} = c^{(m)}_{r,\,y',\,y''},\ j,\ i \in I^m,\ m = 1, \ldots, M.$$

Es sei $\boldsymbol{D} = [I; \boldsymbol{A}, \boldsymbol{W}]$ das disjunktive Ablaufplan-Netzwerk; es sei $G_h = [I; \boldsymbol{A}, \boldsymbol{B}_h]$, $\boldsymbol{B}_h \in \boldsymbol{B}'$, ein Ablaufplan-Netzwerk. Wird $\boldsymbol{B}_h$ festgehalten, dann gilt:

$$C_l = \sum_i c_{l,\,i} \cdot l_i = \sum_{m=1}^{M} (t_{q_m} + a_{q_m} - \sum_{i \in I^m} a_i)\, c_{l,\,m}, \qquad (4.21.1)$$

$$C_w = \sum_i c_{w,\,i}\, w_i = \sum_i (t_i - t_{i-1} - a_{i-1})\, c_{w,\,i},\quad i \in I_n,\ n = 1, \ldots, N, \qquad (4.21.2)$$

$$C_u = \sum_{n=1}^{N} c_{u,\,n}\, U_n = \sum_{n=1}^{N} \delta_n\, (t_{m_n} + a_{m_n} - d_n)\, c_{u,\,n}, \qquad (4.21.3)$$

$$C_r = \sum_j c_{r,\,j,\,i},\ (j,\ i) \in \boldsymbol{B}_h,\ j \ll i. \qquad (4.21.4)$$

Aus (4.21.1) - (4.21.4) folgt, daß die Unwirksamkeit E_s ($E_s = C_l + C_w + C_u + C_r$) bei festem $\boldsymbol{B}_h$ von den Parametern t_j abhängt, die die Restriktionen

$$t_j - t_i \geqq a_i,\ (i,\ j) \in \boldsymbol{A} \cup \boldsymbol{B}_h,\ \boldsymbol{B}_h \in \boldsymbol{B}' \qquad (4.21.5)$$

erfüllen, so daß das zu lösende Problem als

$$\min_{\boldsymbol{B}_h} \left| \min_{t_1, \ldots, t_{m_N}} \{ E(t_1, \ldots, t_{m_N}; \boldsymbol{B}_h) \mid t_j - t_i \geqq a_i,\ (i,\ j) \in \boldsymbol{A} \cup \boldsymbol{B}_h,\ \boldsymbol{B}_h \in \boldsymbol{B}',\ t_j \geqq 0 \} \right| \qquad (4.21.6)$$

geschrieben werden kann.

4.22 Das gemischt ganzzahlige Programmierungsmodell

Es wird ein Auftrag A_{N+1} eingeführt, unter der Bedingung, daß der Auftrag A_{N+1} auf jeder Maschine F_m ($m = 1, \ldots, M$) zuletzt bearbeitet wird. Gleichzeitig wird aber verlangt, daß nunmehr $n = 0, 1, \ldots, N, N + 1$ gelten soll. Nach der Einführung von A_{N+1} muß R durch R',

$$R' = \left[\begin{array}{c|cccccc} r_{0,0} & r_{0,1} & \dots & r_{0,y} & \dots & r_{0,Y} \\ \hline r_{1,0} & r_{1,1} & \dots & r_{1,y} & \dots & r_{1,Y} \\ \vdots & \vdots & & \vdots & & \vdots \\ r_{n,0} & r_{n,1} & \dots & r_{n,y} & \dots & r_{n,Y} \\ \vdots & \vdots & & \vdots & & \vdots \\ r_{N,0} & r_{N,1} & \dots & r_{N,y} & \dots & r_{N,Y} \\ \hline r_{N+1,0} & r_{N+1,1} & \dots & r_{N+1,y} & \dots & r_{N+1,Y} \end{array}\right]$$

und B durch B',

$$B' = \left[\begin{array}{c|cccccc} b_{0,0} & b_{0,1} & \dots & b_{0,y} & \dots & b_{0,Y} \\ \hline b_{1,0} & b_{1,1} & \dots & b_{1,y} & \dots & b_{1,Y} \\ \vdots & \vdots & & \vdots & & \vdots \\ b_{n,0} & b_{n,1} & \dots & b_{n,y} & \dots & b_{n,Y} \\ \vdots & \vdots & & \vdots & & \vdots \\ b_{N,0} & b_{N,1} & \dots & b_{N,y} & \dots & b_{N,Y} \\ \hline b_{N+1,0} & b_{N+1,1} & \dots & b_{N+1,y} & \dots & b_{N+1,Y} \end{array}\right]$$

ersetzt werden; dabei sind

$$y = 1, \dots, Y,\ r_{n,0} = F_0\ (n = 1, \dots, N),$$

$$r_{0,0} = 0,\ r_{0,y} = F_y\ (y = 1, \dots, M),$$

$$r_{0,y} = 0\ (Y_0 < y \leqslant Y;\ Y_0 = M),$$

$$b_{0,0} = 0,\ b_{n,0} = t'_{A_n}\ (n = 1, \dots, N),$$

$$b_{0,y} = t_{F_y}\ (y = 1, \dots, M;\ y = m),$$

$$r_{N+1,y} = F_y\ (y = 1, \dots, M;\ y = m),$$

$$r_{N+1,y} = 0\ (Y_{N+1} < y \leqslant Y;\ Y_{N+1} = M),$$

$$b_{N+1,\,y} = 0 \;(y = 0, 1, \ldots, Y;\; y = m),$$

$$r_{N+1,0} = 0.$$

Dementsprechend muß auch S durch S',

$$S' = \left[\begin{array}{c|ccccc|c} s_{0,0} & s_{0,1} & \cdots & s_{0,y'} & \cdots & s_{0,Y'} & s_{0,Y'+1} \\ \hline s_{1,0} & s_{1,1} & \cdots & s_{1,y'} & \cdots & s_{1,Y'} & s_{1,Y'+1} \\ \cdot & \cdot & & \cdot & & \cdot & \cdot \\ \cdot & \cdot & & \cdot & & \cdot & \cdot \\ \cdot & \cdot & & \cdot & & \cdot & \cdot \\ s_{m,0} & s_{m,1} & \cdots & s_{m,y'} & \cdots & s_{m,Y'} & s_{m,Y'+1}, \\ \cdot & \cdot & & \cdot & & \cdot & \cdot \\ \cdot & \cdot & & \cdot & & \cdot & \cdot \\ \cdot & \cdot & & \cdot & & \cdot & \cdot \\ s_{M,0} & s_{M,1} & \cdots & s_{M,y'} & \cdots & s_{M,Y'} & s_{M,Y'+1} \end{array}\right]$$

ersetzt werden, wobei

$$y' = 0, 1, \ldots, Y' + 1,\; s_{m,\,0} = A_0 \;(m = 1, \ldots, M),$$

$$s_{0,\,0} = 0,\; s_{0,\,y'} = A_{y'} \;(y' = 1, \ldots, N),$$

$$s_{0,\,y'} = 0 \;(Y_0' < y' \leqslant Y' + 1;\; Y_0' = N),$$

$$s_{m,\,y'+1} = A_{N+1} \;(m = 1, \ldots, M).$$

Für $n = 1, \ldots, N$ sei $Y_n + 1 = \bar{Y}_n$; es seien $\bar{Y}_0 = Y_0$, $\bar{Y}_{N+1} = Y_{N+1}$; es sei $\sum_{i=0}^{n} \bar{Y}_i = m_n$; dann erfüllen die Zahlen $\bar{Y}_n$ $(n = 1, \ldots, N, N+1)$ die rekursiven Gleichungen $\bar{Y}_n = m_n - m_{n-1}$ mit $\bar{Y}_0 = m_0$. Zur Numerierung der Operationen kann man die Rekursionsgleichungen verwenden. Man erhält dann die Indexmenge $I' = \{1, \ldots, m_0, m_0 + 1, \ldots, m_n, m_n + 1, \ldots, m_N, m_N + 1, \ldots, m_{N+1}\}$ und schließlich die Indexmenge

$$I = \{0\} \cup I' \cup \{\bar{m}_{N+2}\}^{1}.$$

Zur Aufstellung des disjunktiven Ablaufplan-Netzwerkes gelten die gleichen Regeln wie früher, aber folgende Bedingungen kommen noch hinzu:

$$\forall\; i \in I_0 \text{ gilt } i \gg 0,$$

[1] $\bar{m}_{N+2}$ ist eine künstliche Operation; es wird $\bar{m}_{N+2} = m_{N+1} + 1$ gesetzt.

$\forall\ i, j \in I^0$ (i $\neq j$) soll weder $i < j$ noch $j < i$ gelten,

$\forall\ j \in I^m \setminus \{i_m\}$, $m = 1, \ldots, M$ soll $i_m < j$ gelten, sofern

$i_m \in I^m$ die Operationen (A_0, F_m) bezeichnet; offenbar gilt

$I_0 = \{i_m \mid m = 1, \ldots, M\}$,

$\forall\ j \in I^m \setminus \{\bar{i}_m\}$, $m = 1, \ldots, M$ soll $\bar{i}_m > j$ gelten,

sofern $\bar{i}_m \in I^m$ die Operation (A_{N+1}, F_m) bezeichnet; offensichtlich ist

$I_{N+1} = \{\bar{i}_m \mid m = 1, \ldots, M\}$.

Es sei nun die Bedingung $|t_i + a_i - t_j| \leqq \wedge$, $i, j \in I^m$, $m = 1, \ldots, M$ erfüllt, welche Werte man für t_i und t_j auch immer einsetzt. Als nächstes sei für jedes Paar (i, j) $(i, j \in I^m)$ y_{ji} eine ganzzahlige Variable, wobei

$$y_{ji} = \begin{cases} 1, & \text{wenn Operation } j \text{ der Operation } i \text{ \textit{unmittelbar} vorangeht,} \\ 0, & \text{andernfalls} \end{cases}$$

ist; mit $y = (y_{ji})$ sei der Vektor sämtlicher ganzzahliger Variablen bezeichnet.

Das verallgemeinerte Ablaufplanungsmodell kann dann als gemischt ganzzahliges Programmierungsproblem wie folgt geschrieben werden:

$$\min E\,(t, y, \delta), \tag{4.22.1}$$

$$t_{i+1} - t_i \geqq a_i,\ i \in \{I_n - \{m_n\}\},$$

$$n = 1, \ldots, N, \tag{4.22.2}$$

$$\left.\begin{array}{ll} \wedge + t_i \geqq a_j + t_j + \wedge\, y_{j,i} & (4.22.3) \\ \wedge + t_j \geqq a_i + t_i + \wedge\, y_{i,j} & (4.22.4) \end{array}\right\},\ m = 1, \ldots, M,$$

$$\left.\begin{array}{ll} \sum_{j \in I'm} y_{ji} = 1 & (4.22.5) \\ \sum_{j \in I''m} y_{ji} = 1 & (4.22.6) \end{array}\right\},\ m = 1, \ldots, M,$$

$$t_{m_n} - \delta_n\,(d_n - a_{m_n}) \geqq 0,$$

$$n = 1, \ldots, N, \tag{4.22.7}$$

$$0 \leqq \delta_n \leqq 1;\ \delta_n \text{ ganz},\ n = 1, \ldots, N, \tag{4.22.8}$$

$$t \geqq 0; \tag{4.22.9}$$

es gilt $t_j = 0$ für $j \in I^0 \cup I_0$; mit t bzw. δ seien der Vektor der t_j bzw. der Vektor der δ_n bezeichnet; ferner sind $I'^m = I^m - \{\bar{i}_m\}$ und $I''^m = I^m - \{i_m\}$ $(m = 1, \ldots, M)$.

Die Zielfunktion $E(t, y, \delta)$ wird wie folgt ausgedrückt:

$$E(t, y, \delta) = C_l + C_w + C_u + C_r = \sum_i l_i c_{l,i}$$

$$+ \sum_i w_i c_{w,i} + \sum_{n=1}^{N} U_n c_{u,n} + \sum_{m=1}^{M} (\sum_{i \in I^m} c_{r,j,i}) =$$

$$= \sum_i (t_i - \sum_j (t_j + a_j) y_{ji}) c_{l,i}$$

$$+ \sum_i (t_i - t_{i-1} - a_{i-1}) c_{w,i}$$

$$+ \sum_{n=1}^{N} U_n c_{u,n} + \sum_{ij} c_{r,j,i} y_{ji}.$$

Die Restriktionen (4.22.5) und (4.22.6) definieren ein Zuordnungsproblem, das durch einen paarigen Graphen, wie Abb. 4.22.1 zeigt, darstellbar ist[2]. Jeder Pfeil

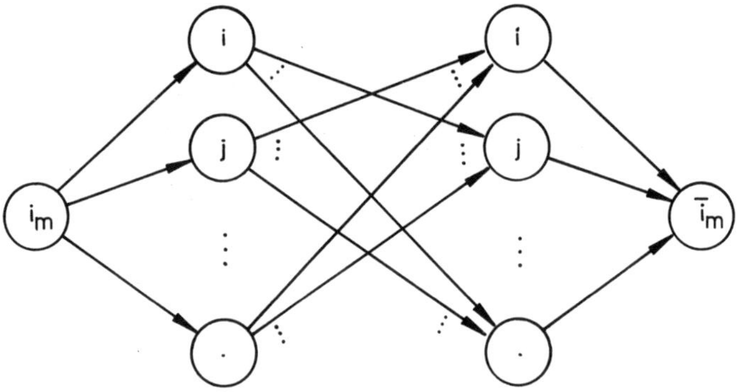

Abb. 4.22.1

ist mit einer Variablen $y_{j,i}$, $j \in I'^m$, $i \in I''^m$ $(i \neq j)$ verbunden. Eine Lösung des Zuordnungsproblems enthält $(n(I^m) - 1)$ Variable y_{ji} mit dem Wert 1. Diese Variablen repräsentieren $(n(I^m) - 1)$ Pfeile aus dem paarigen Graphen derart, daß zwei Pfeile die Operationen i_m *und* $\bar{i}_m$ mit einer Operation k $(k \in I^m)$ und die übrigen $(n(I^m) - 3)$ Pfeile die $(n(I^m) - 2)$ Operationen aus der Menge $\bar{I}^m = I^m - \{i_m, \bar{i}_m\}$ miteinander verbinden. $n(I^m)$ Operationen und $(n(I^m) - 1)$ Pfeile bilden einen Baumgraphen, wie Abb. 4.22.2 zeigt.

---

[2] Vgl. Mensch, G.: Minimizing Change-Over Cost in the Machine Setup Problem, in: The Journal of the Canadian Research Society, vol. 7, N. 2, 1969, S. 92-96, hier S. 95.

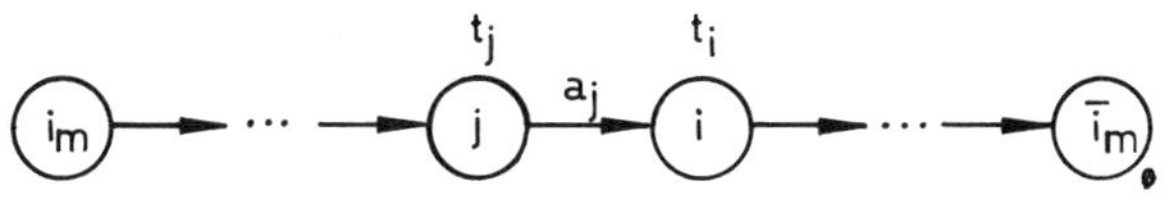

Abb. 4.22.2

Die Variablen y_{ji} mit dem Wert 0 führen dazu, daß für jede Maschine F_m $(m = 1, \ldots, M)$ $[(n\,(\bar{I}^m))^2 - 1]$ Restriktionen in (4.22.3) und (4.22.4) überflüssig sind. Aus insgesamt $M \cdot n\,(\bar{I}^m) \cdot (n\,(\bar{I}^m) + 1)$ Restriktionen (4.22.3) und (4.22.4) ergeben sich also $M \cdot (n\,(\bar{I}^m) + 1)$ aktive Restriktionen und $M \cdot [(n\,(\bar{I}^m))^2 - 1]$ überflüssige Restriktionen.

Daraus geht hervor, daß für jede ganzzahlige Lösung (t, y, δ) nur $M \cdot (n\,(\bar{I}^m) + 1)$ Restriktionen in (4.22.3) und (4.22.4) aktiv sind. Damit ist gesichert, daß in dem Ausdruck

$$\sum_i \left(t_i - \sum_j (t_j + a_j)\, y_{ji}\right) c_{l,\,i}$$

$M \cdot (n\,(\bar{I}^m) + 1)$ Variable y_{ji} mit dem Wert 1 eintreten $(n\,(\bar{I}^m) + 1$ Variable für jede Maschine). Daher werden für jede Maschine $(n\,(\bar{I}^m) + 1)$ Differenzen $t_i - (t_j + a_j)$ geltend bleiben, wobei solch eine Differenz mit einem Pfeil (j, i) des Baumgraphen in Abb. 4.22.2 zusammenhängt. Es treten also so viele Differenzen auf, wie für die Berechnung der Leerzeiten und damit der Leerkosten nötig sind.

Ohne die Restriktionen (4.22.5) und (4.22.6) würden für jede Maschine

$$\frac{n\,(\bar{I}^m) \cdot (n\,(\bar{I}^m) - 1)}{2}$$

Variablen y_{ji} mit dem Wert 1 in der Zielfunktion auftreten, so daß $E = E\,(t, y, \delta)$ keine geeignete Zielfunktion wäre. In diesem Fall würde bei einer ganzzahligen Lösung (t, y, δ) ein Graph entstehen, wie Abb. 4.22.3 zeigt.

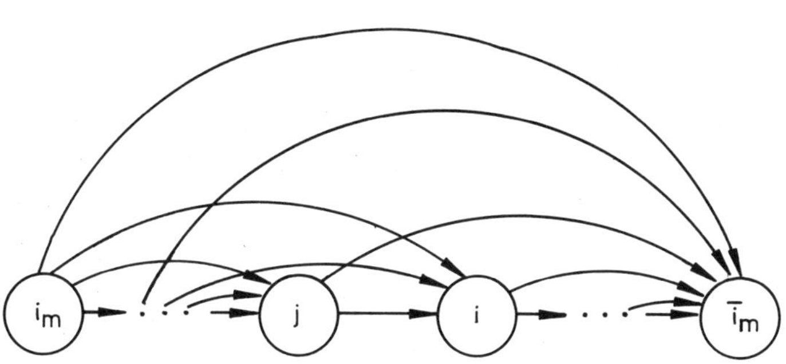

Abb. 4.22.3

Gupta[3] hat ein Modell zur Minimierung der Terminüberschreitungskosten vorgeschlagen, wobei die technologischen Bedingungen der Maschinenfolgematrix vom Typ *B* unterworfen sind. *Mensch*[4] hat ein Modell zur Minimierung der Rüstkosten entwickelt. *Pritsker, Watters* and *Wolfe*[5] haben ein Modell zur Minimierung der Terminüberschreitungskosten vorgeschlagen, das auf der Maschinenfolgematrix vom Typ *A* beruht. Alle diese Modelle sind also nur Spezialfälle des hier vorgeschlagenen verallgemeinerten Modells.

5. Anwendung der Kombinatorischen Programmierung zur Ermittlung optimaler Sequenzen

Bislang sind verschiedene Gruppen von Methoden zur Lösung statischer Ablaufplanungsmodelle vorgeschlagen worden, aber eine dieser Methoden, bekannt unter dem Namen „Kombinatorische Programmierung", hat sich als äußerst erfolgsversprechend erwiesen. Darunter sind nach *Elmaghraby*[1] und *Pierce*[2] Lösungsmethoden zu verstehen, die auf der Basis zweier Ideen entwickelt wurden: Die Benutzung der Enumeration und die Elimination von Lösungen, die wegen Unzulässigkeit, Dominanz oder Beschränkung sicherlich kein Optimum ergeben können.

Die Methoden der Kombinatorischen Programmierung gehen vor allem von den endlich vielen zulässigen Lösungen aus, indem sie den kombinatorischen Charakter des zu lösenden Problems ausnutzen. Sie gewährleisten bei ihrer Anwendung die Ermittlung einer optimalen Lösung in endlich vielen Schritten, ohne daß dafür spezielle Endlichkeitsbeweise notwendig sind.

Für die Methoden der Kombinatorischen Programmierung gebraucht man heute sehr häufig den Namen „Branch-and-Bound". Die allgemeine Idee der „Branch-and-Bound"-Methode wurde in der Arbeit von *Lawler* and *Wood*[3], *Agin*[4], *Balas*[5], *Jaeschke*[6] und besonders in der Arbeit von *Mitten*[7] dargelegt.

---

[3] Gupta, J. N. D.: Optimal Flowshop Scheduling with Due Dates and Penalty Costs, in: Journal of Operations Research Society of Japan, vol. 14, No. 1, 1971, S. 35–45.

[4] Mensch, G..

[5] Pritsker, A. A. B., Watters, L. J. and Wolfe, P. M.: Mathematical Formulation: A Problem in Design, The Rand Corporation, Report P-3790, 1968 zitiert in: McMillan, C.: Mathematical Programming: An Introduction to the Design and Application of Optimal Machines, 1970, S. 365–372.

[1] Elmaghraby, S. E.: The Machine Sequencing ....

[2] Pierce, J. F.: Application of Combinatorial Programming to a Class of All-Zero-One Integer Programming Problems, in: Management Science, 1968, S. 191–209; Pierce, J. F. and Hatfield, D. J.: Production Sequencing by Combinatorial Programming, in: Pierce, J. F.: Operations Research and the Design of Management Information Systems, 1967, Chapter 17.

[3] Lawler, E. L. and Wood, D. E.: Branch- and Bound Methods: A Survey, in: Operations Research, vol. 14, 1966, S. 699–719.

[4] Agin, N.: Optimum Seeking with Branch-and-Bound, in: Management Science, vol. 13, 1966, Series B, S. 176–185.

[5] Balas, E.: A Note on the Branch-and-Bound Principle, in: Operations Research, vol. 16, 1968, S. 442–445.

[6] Jaeschke, G.: „Branching and Bounding". Eine allgemeine Methode zur Lösung kombinatorischer Probleme, in: Unternehmensforschung, Vol. 5, 1964, S. 133–155.

5.1 Algorithmen zur Lösung des klassischen Modells

5.11 „Branch-and-Bound"-Algorithmus 1

Man betrachte die Alternativbedingungen

$$\left.\begin{array}{l} t_j - t_i + \wedge\, y_{ji} \geqslant a_i, \\ t_i - t_j + \wedge\, (1 - y_{ji}) \geqslant a_j, \end{array}\right\}, \; i, j \in I^m, \; m = 1, \ldots, M.$$

Bei der Lösung eines gemischt ganzzahligen Programmierungsproblems mit dem Branch-and-Bound-Algorithmus von *Land* and *Doig*[1] oder von *Dakin*[1] geht man von einem gewöhnlichen Linearen Programm aus, indem man die Ganzzahligkeitsforderungen außer Betracht läßt. Ohne die Ganzzahligkeitsrestriktionen aber sind die Alternativbedingungen nicht restriktiv; denn sie werden wegen der Unbeschränktheit von $\wedge$ erfüllt sein, welche Werte man für t_j auch immer einsetzt. Folglich kann man sie auslassen[2]. Dann bleiben nur die Restriktionen, die mit dem Ablaufplan-Netzwerk G_0 zusammenhängen. Zur Lösung des mit G_0 zusammenhängenden Critical Path-Problems kann man sich der Rekursionsgleichung (2.21.4) bedienen.

Um die Ganzzahligkeitsforderungen zu berücksichtigen, muß man jeweils einer Variablen y_{ji} den Wert 1 oder 0 geben. Gibt man y_{ji} den Wert 0, so muß man die Restriktion $t_j - t_i \geqslant a_i$ (bzw. den Pfeil (i, j)) dem Linearen Programm (bzw. dem Graphen G_0) hinzufügen. Das Umgekehrte gilt für den Fall, daß man y_{ji} den Wert 1 gibt.

Daraus folgt, daß das Hinzufügen einer der disjunktiven Restriktionen (2.21.2) dazu führt, daß die damit zusammenhängende ganzzahlige Variable y_{ji} den Wert 0 oder 1 annehmen muß. Eine bestimmte Kombination von Werten der Variablen y_{ji}, $i \in I^m$, $m = 1, \ldots, M$, entspricht also einer bestimmten Auswahl $\boldsymbol{B}_h$. Es sei y^h der zu $\boldsymbol{B}_h$ zugehörige Vektor. Dann gelten die Äquivalenzbeziehungen[3]:

$$\left.\begin{array}{l} y^h_{ji} = 0 \Leftrightarrow (i, j) \in \boldsymbol{B}_h \cap W^+ \\ y^h_{ji} = 1 \Leftrightarrow (j, i) \in \boldsymbol{B}_h \cap W^- \end{array}\right\}, \qquad (5.11.1)$$

wobei $W^+ = \{(i, j) \mid (i, j) \in \boldsymbol{W}\}$ die normalen disjunktiven Pfeile und $W^- = \{(j, i) \mid (j,i) \in \boldsymbol{W}\}$ die entgegengesetzten disjunktiven Pfeile enthält.

---

7 Mitten, L. G.: Branch-and-Bound Methods: General Formulation and Properties, in: Operations Research, vol. 18, 1970, S. 24–33.

1 Burkard, R. E.: Methoden der Ganzzahligen Optimierung. 1972, S. 173–184; im Falle, daß die ganzzahligen Variablen Werte 0 oder 1 annehmen, ist der Algorithmus von *Land* and *Doig* mit dem Algorithmus von *Dakin* identisch; vgl. hierzu auch Shanno, D. F.: The Simplex Method in Mixed Integer and Integer Programming – A Unified Computational View, in: Canadian Journal of Operations Research and Information Processing, vol. 11, N. 2, 1973, S. 150–162, hier S. 154.

2 Hadley, G.: Linear Programming. 1969, 4. Aufl., S. 398 f.

3 Balas, E.: Machine Sequencing: Disjunktive Graphs ..., S. 4–5.

Auf Grund der Äquivalenzbeziehungen (5.11.1) können sowohl das Netzwerkmodell als auch das gemischt ganzzahlige Programmierungsmodell mit dem Branch-and-Bound-Algorithmus gelöst werden, der nachstehend beschrieben ist.

Der Algorithmus führt auf einen Baumgraphen, dessen Knoten den verschiedenen zu lösenden Teilproblemen entsprechen, wobei jedes Teilproblem ein Critical Path-Problem in $G^{(r)} = [I; \boldsymbol{A}, \boldsymbol{B}^{(r)}]$ ist; $\boldsymbol{B}^{(r)}$ ist eine dem Knoten (r) entsprechende partielle Auswahl. Eine Kante des Baumgraphen entspricht einem Paar $(G^{(k)}, G^{(l)})$, so daß sich $G^{(l)}$ aus $G^{(k)}$ durch Hinzufügung eines disjunktiven Pfeils (i, j) oder (j, i) ergibt.

Jedem Knoten (r) des Baumgraphen wird der Wert $Z(\boldsymbol{B}^{(r)})$ der Zielfunktion für das entsprechende Critical Path-Problem zugeordnet. $Z(\boldsymbol{B}^{(r)})$ bildet die untere Schranke sämtlicher Werte, die die Zielfunktion $Z(t_1, \ldots, t_{m_N}; \boldsymbol{B}_b)$ auf einer Teilmenge von Auswahlen $\boldsymbol{B}_b$ annimmt, die mit dem Knoten (r) des Baumgraphen verbunden sind. Jede solche Auswahl $\boldsymbol{B}_b$ enthält die disjunktiven Pfeile aus $\boldsymbol{B}^{(r)}$ und eine beliebige Kombination von den noch nicht ausgewählten disjunktiven Pfeilen.

Die Branch-Strategie beruht hier auf der Auswahlregel[4]: Verfolge einen Zweig des Baumgraphen solange, bis man eine (technologisch und kapazitätsmäßig) zulässige Auswahl erreicht oder nachweist, daß eine solche nicht existiert. Setze danach die Rechnung beim letzten Knoten fort, bei dem ein Teilproblem noch nicht gelöst wurde. Diese Strategie führt auf eine Suche des Baumgraphen, wie sie Abb. 5.11.1 zeigt.

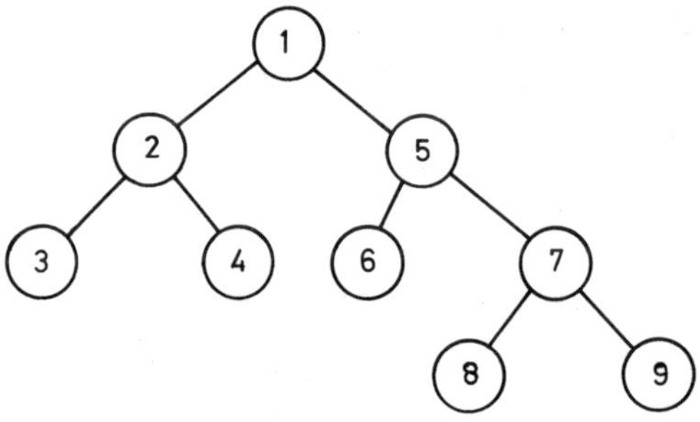

Abb. 5.11.1

Das Suchverfahren kann man noch beschleunigen, indem man den Wert Z^* der Zielfunktion bei der bisher gefundenen minimalen Auswahl als obere Schranke verwendet. Ist $Z(\boldsymbol{B}^{(r)}) \geqq Z^*$, so kann man die Suche beim Knoten (r) unterbrechen und $G^{(r)}$ und all seine Nachfolger überspringen. Denn keine Auswahl $\boldsymbol{B}_b$, die sämtliche Pfeile aus $\boldsymbol{B}^{(r)}$ enthält, kann einen besseren Wert als Z^* ergeben.

4 Diese Strategie nennt man „Branch from the Newest Active Node"; vgl. darüber Lawler, E. L. and Wood, D. E.: S. 712 f und Agin, N.: S. 183.

Bei der Verzweigung eines Knoten kann man höchstens zwei neue Knoten erreichen. Der eine ergibt sich durch Hinzufügen des Pfeils (i, j), und der andere durch Hinzufügen des entgegengesetzten Pfeils (j, i).

Es sei nun $G^{(r)} = [I; \boldsymbol{A}, \boldsymbol{B}^{(r)}]$ das laufende Ablaufplan-Netzwerk. Mit $G^{(r)}$ in Zusammenhang steht das folgende Teilproblem:

$$\min Z\,(t_1, \ldots, t_{m_N}; \boldsymbol{B}^{(r)}) \text{ unter den Restriktionen}$$

$$t_j - t_i \geqq a_i, \; (i, j) \in \boldsymbol{A} \cup \boldsymbol{B}^{(r)}.$$

Angenommen, nach der Lösung dieses Teilproblems erfüllen die gewonnenen t_i und t_j für die zwei Operationen i und j aus I^m keine der beiden disjunktiven Restriktionen $t_j - t_i \geqq a_i$ oder $t_i - t_j \geqq a_j$. Dann kann man dem Graphen $G^{(r)}$ entweder den Pfeil (i, j) oder den Pfeil (j, i) hinzufügen, ohne daß dadurch ein Kreis im Graphen $G^{(r+1)}$ auftritt, d. h., das dem Knoten $(r+1)$ entsprechende Teilproblem:

$$\min Z\,(t_1, \ldots, t_{m_N}; \boldsymbol{B}^{(r+1)}),$$

$$t_j - t_i \geqq a_i, \; (i, j) \in \boldsymbol{A} \cup \boldsymbol{B}^{(r+1)}$$

ist zulässig. Dabei sind

$$\boldsymbol{B}^{(r+1)} = \boldsymbol{B}^{(r)} \cup \{(i, j)\}$$

$$\text{bzw. } \boldsymbol{B}^{(r+1)} = \boldsymbol{B}^{(r)} \cup \{(j, i)\}.$$

Dies läßt sich folgendermaßen begründen:

Angenommen, $t_i - t_j < a_j$. Wenn sich durch Hinzufügen des Pfeils (i, j) ein Kreis ergeben würde, dann müßte in $G^{(r)}$ ein von j nach i führender Pfad, wie Abb. 5.11.2 zeigt, existieren, so daß $t_i - t_j \geqq a_j$ sein würde[5], was aber der Annahme widerspricht.

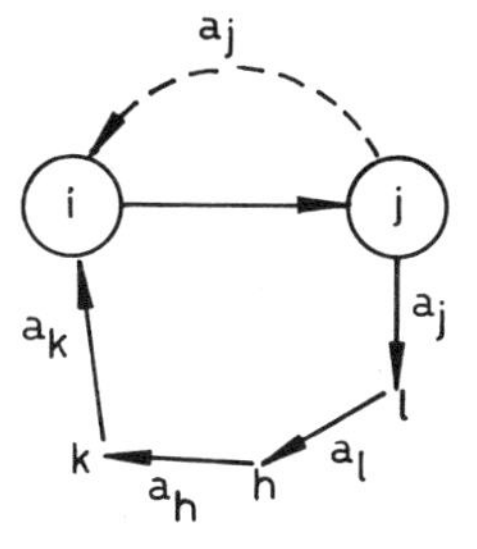

Abb. 5.11.2

[5] Es gilt offenbar $a_j \leqq a_j + a_l + a_h + a_k$ bzw. $a_i \leqq a_i + a_l + a_h + a_k$.

Angenommen, $t_j - t_i < a_i$. Durch Hinzufügen des Pfeils (j, i) kann kein Kreis entstehen, denn sonst müßte ein von i nach j führender Pfad in $G^{(r)}$, wie Abb. 5.11.3 zeigt, existieren, so daß $t_j - t_i \geqq a_i$ sein würde[5a], was aber wiederum der Annahme widerspricht.

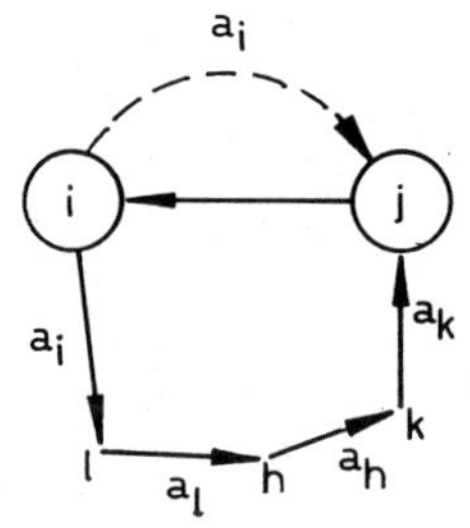

Abb. 5.11.3

Hieraus folgt also folgende einfache Verzweigungsregel: Füge dem Graphen $G^{(r)}$ beim ersten Übergang des Knoten (r) den Pfeil $(i, j) \in W^+$ $(y_{ji} = 0)$ und beim zweiten Übergang desselben Knotens den Pfeil $(j, i) \in W^-$ $(y_{ji} = 1)$ hinzu.

Der „Branch-and-Bound"-Algorithmus 1

Anfangsdaten: $G_0 = [l; \boldsymbol{A}, \boldsymbol{B}_0]$, wobei

$$G^{(1)} := G_0 \text{ und } \boldsymbol{B}^{(1)} := \boldsymbol{B}_0 \text{ sind;}$$

$$Z = \infty$$

Schritt 1. Ist $Z(\boldsymbol{B}^{(r)}) \geqq Z^*$, so gehe zu 6. Andernfalls gehe zu 2.

Schritt 2. Wähle ein Paar $(i, j) \in l^m \times l^m$, $m = 1, \ldots, M$ so, daß $t_j - t_i < a_i$ und $t_i - t_j < a_j$ sind. Füge dem Graphen $G^{(r)}$ den Pfeil (i, j) hinzu. Setze $r := r + 1$. Gehe zu 3.

Schritt 3. Löse das dem Knoten (r) entsprechende Teilproblem. Gehe zu 4.

Schritt 4. Sind sämtliche disjunktiven Restriktionen erfüllt, so gehe zu 5. Andernfalls gehe zu 1.

Schritt 5. Eine zulässige Auswahl $\boldsymbol{B}^{(r)}$ $(\boldsymbol{B}^{(r)} = \boldsymbol{B}_h)$ ist erreicht. Ist $Z(\boldsymbol{B}_h) < Z^*$, so setze $Z^* := Z(\boldsymbol{B}_h)$. Gehe zu 6. Andernfalls gehe zu 6.

Schritt 6. Verfolge den Baumgraphen bis zum ersten Knoten $(r - k)$ zurück, für den nicht beide Teilprobleme gelöst sind. Im Falle, daß das Suchverfahren zum Ursprungsknoten (1) zurückgekehrt ist, und beide Teilprobleme gelöst sind, terminiert der Algorithmus. Die Auswahl, die der laufenden oberen Schranke Z^* entspricht, ist eine optimale Auswahl. Andernfalls gehe zu 7.

[5a] Es gilt offenbar $a_i \leqq a_j + a_l + a_h + a_k$ bzw. $a_i \leqq a_i + a_l + a_h + a_k$.

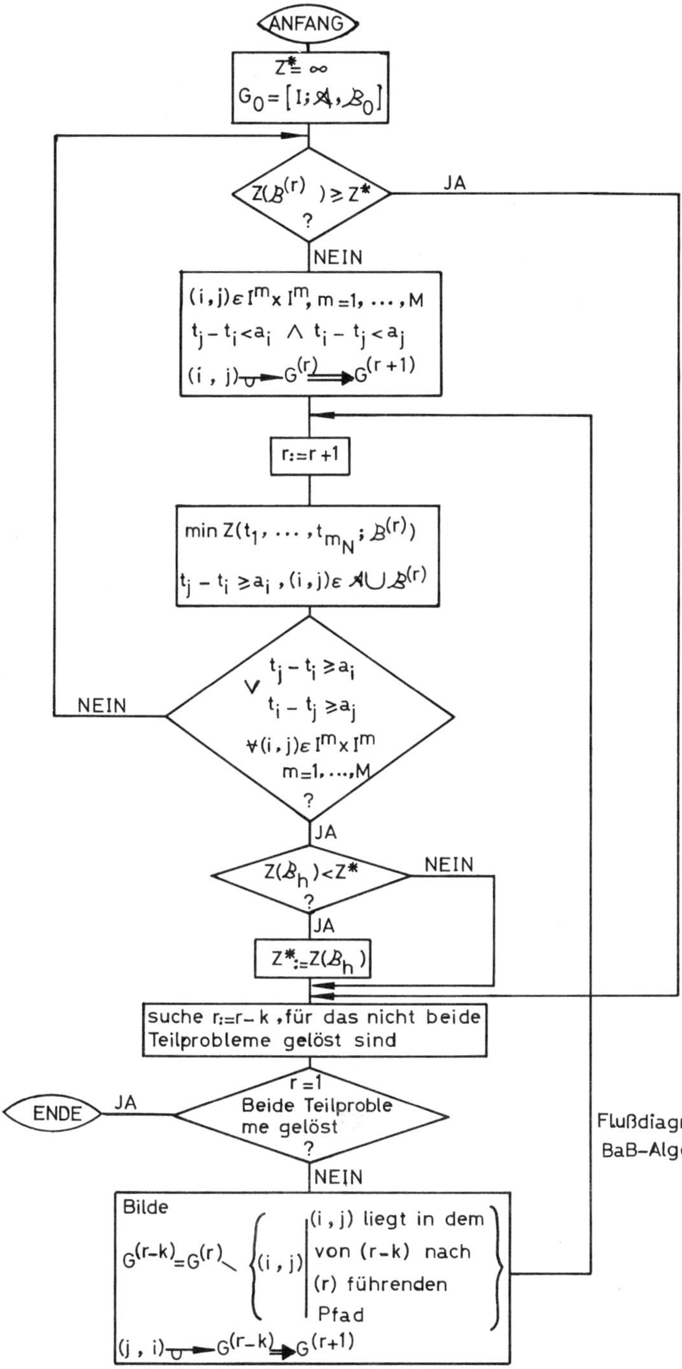

Flußdiagramm 5.11.1
BaB-Algorithmus 1

Schritt 7. Entferne von der Auswahl $\boldsymbol{B}_h$ die disjunktiven Pfeile, die schon bei den in den von *(r – k)* nach *(r)* führenden Pfad liegenden Zwischenknoten in $G^{(r)}$ $(G^{(r)} = G_h)$ eingeführt worden sind, und füge dem Graphen $G^{(r-k)}$ den entgegengesetzten Pfeil *(j, i)*, wie Abb. 5.11.4 zeigt, hinzu. Setze $r := r + 1$. Gehe zu 3.

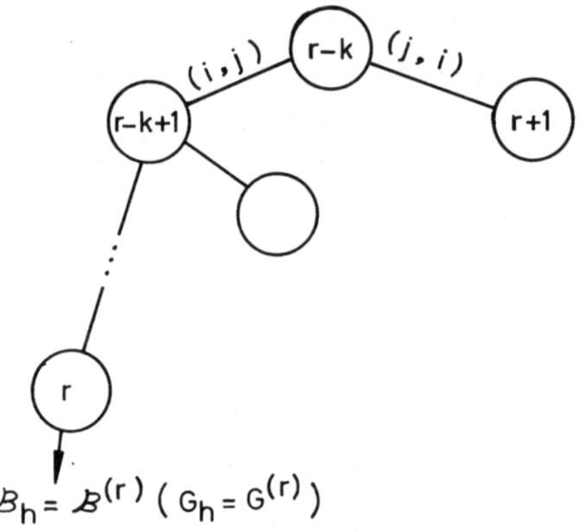

Abb. 5.11.4 Teilgraph des Baumgraphen

Der „Branch-and-Bound"-Algorithmus 1 liefert eine optimale Auswahl nach endlich vielen Schritten, weil die Menge $\boldsymbol{B}'$ der zulässigen Auswahlen endlich ist[6].

Es sei noch bemerkt, daß es beim Schritt 3 nicht nötig ist, jedesmal ein neues Critical Path-Problem zu lösen, sondern man braucht nur die t_j für jene Operationen *j* zu bestimmen, die vom Endpunkt des im Schritt 2 und 7 eingeführten Pfeils (einschließlich des Endpunktes selbst) durch einen Pfad erreicht werden können.

Der „Branch-and-Bound"-Algorithmus 1 repräsentiert einen allgemeinen, einheitlichen Zugang zum klassischen Ablaufplanungsmodell, während andere bisher entwickelte „Branch-and-Bound"-Algorithmen nur für Sonderfälle des klassischen Ablaufplanungsmodells geeignet sind. Von *Lomnicki*[7], *Brown* and *Lomnicki*[8], *Ignall* and *Schrage*[9], *McMahon* and *Burton*[10], *Nabeshima*[11] und *Gupta*[12] sind „Branch-and-Bound"-Algorithmen vorgeschlagen, die nur für den Fall geeignet sind, wo die Auf-

6 Vgl. Mitten, L. G.: S. 28, R4.

7 Lomnicki, Z. A.: Dabei umfaßt die Maschinenfolge nur 3 Maschinen.

8 Brown, A. P. G. and Lomnicki, Z. A.: Sie setzen auch gleiche Auftragsfolge voraus.

9 Ignall, E. and Schrage, L.: Es wird gleiche Auftragsfolge vorausgesetzt.

10 McMahon, G. B. and Burton, P. G.: Es wird gleiche Auftragsfolge vorausgesetzt.

11 Nabeshima, I.: On the Bound of the Makespans and Its Application in *M* Machine Scheduling Problems, in: Journal of the Operations Research Society of Japan, vol. 9, 1967, S. 98–136.

12 Gupta, J. N. D.: *M*-Stage Flowshop Scheduling by Branch and Bound, in: Journal of the Operations Research Society of India, 1970, S. 37–43.

träge dieselbe Maschinenfolge besitzen, und Z_5 zu minimieren ist. *Balas*[13], *Greenberg*[14], *Yamamoto*[15] und *Charlton* and *Death*[16] haben „Branch-and-Bound"-Algorithmen zwar für beliebige Maschinenfolgen entwickelt, aber dabei geht es wiederum um die Minimierung von Z_5. Rechnerisch muß der „Branch-and-Bound"-Algorithmus 1 effektiver sein als die anderen Algorithmen.

5.12 „Branch-and-Bound"-Algorithmus 2

Im Abschnitt 1.32 (Teil III) wurde ein Algorithmus dargelegt, der ermöglicht, sämtliche Auswahlen aus ***B'*** zu konstruieren. Nun soll versucht werden, aus diesem Algorithmus einen „Branch-and-Bound"-Algorithmus zur Lösung des disjunktiven Netzwerkmodells zu entwickeln.

Zunächst muß eine Regel gefunden werden, anhand derer die erzeugende Menge V_m von der Schnittmenge abgeleitet werden kann. Es sei j eine Operation, für die $t_j + a_j = \min_{i \in V} (t_i + a_i)$ gilt. Dann lautet die Auswahlregel: Wähle die Maschine F_m, auf der Operation j ausgeführt wird. Setze danach $V_m = V \cap I^m$[17].

Der Enumerationsalgorithmus konstruiert, durch die Auswahlregel verstärkt, nur eine Teilmenge zulässiger Auswahlen, die aber bezüglich der Zielfunktion Z besser sind als die nicht konstruierten Auswahlen. Dies läßt sich wie folgt zeigen[18]. Angenommen, man wähle eine Operation $k \in V$ $(k \notin V_m)$, die auf der Maschine $F_{m'}$ $(m' \neq m)$ durchgeführt wird. Es sei h eine Operation, die auf Grund der Maschinenfolgematrix auf k unmittelbar folgt; es sei $V^{+1} = (V - \{k\}) \cup \{h\}$. Ferner sei angenommen, daß die Operation h auf der Maschine F_m ausgeführt wird. Stellt man nun die Operation h sämtlichen Operationen aus V_m voran, dann kann der früheste Anfangstermin der Operation h nicht weniger als $t_j + a_j$ sein, weil definitionsgemäß $t_k + a_k \geqq t_j + a_j$ ist, und $h \gg k$ gilt. Daher läuft die Maschine F_m für eine Zeitdauer von mindestens a_j Zeiteinheiten leer. Man kann die Operation j durch „left shift"[19] vor der Operation h auf der Maschine F_m planen und auf diesem Weg die Lücke zum Teil decken. Dadurch werden die frühesten Anfangstermine der Operationen nicht verlängert, so daß der Wert von Z sich nicht vergrößert. Folglich gibt es für jede Auswahl, die nicht nach der Auswahlregel konstruiert ist, eine andere hinsichtlich der Zielfunktion Z bessere Auswahl, die man aber erreichen kann, wenn man bei der Durchführung des Enumerationsalgorithmus die Auswahlregel verwendet.

---

[13] Balas, E.: Machine Sequencing via . . ., S. 947–949; dabei besteht jedes Teilproblem aus einer vollständigen Auswahl; daher ist eine große Rechenzeit erforderlich, um ein Teilproblem zu lösen.

[14] Greenberg, H. H.: Hier beruht die Branch-Strategie auf der Auswahlregel: „Branch from the lawer bound"; für jedes Teilproblem wird ein L. Programm gelöst.

[15] Yamamoto, M.: Jedesmal muß man die Existenz von Kreisen prüfen.

[16] Charlton, J. M. and Death, C. C.: A Generalized Machine-Scheduling Algorithm, in: Operational Research Quarterly, vol. 21, 1970, S. 127–134.

[17] Die gleiche Regel findet man bei Giffler, B. and Thompson, G. L.: S. 496 und Brooks, G. H. and White, C. R.: S. 35 sowie bei Florian, M. et. al.: S. 785.

[18] Vgl. auch Giffler, B. and Thompson, G. L.: S. 493, Theorem 1 und Florian, M. et. al.: S. 786, Theorem 1; sie beschränken sich bei der Beweisführung auf Z_5.

[19] Darüber vgl. Giffler, B. and Thompson, G. L.: S. 492.

Das läßt sich auch an einem Beispiel zeigen:

$$R = \begin{matrix} A_1\colon & F_2 & F_1 \\ A_2\colon & F_2 & F_1 \\ A_3\colon & F_1 & F_2 \end{matrix}\;; \quad B = \begin{matrix} A_1\colon & 2 & 2 \\ A_2\colon & 2 & 1 \\ A_3\colon & 1 & 2 \end{matrix}\;; \quad d = (d_1 = \infty, d_2 = 8, d_3 = 9).$$

Operationen	$(A_1\ F_2)$	$(A_1\ F_1)$	$(A_2\ F_2)$	$(A_2\ F_1)$	$(A_3\ F_1)$	$(A_3\ F_2)$
Auftrag	A_1	A_1	A_2	A_2	A_3	A_3
Maschine	F_2	F_1	F_2	F_1	F_1	F_2
Nummer	1	2	3	4	5	6

Abb. 5.12.1 zeigt eine Auswahl $\boldsymbol{B}_h$, die durch den Enumerationsalgorithmus ohne Beachtung der Auswahlregel konstruiert ist. Abb. 5.12.2 gibt die frühesten Anfangstermine für die Auswahl $\boldsymbol{B}_h$ an.

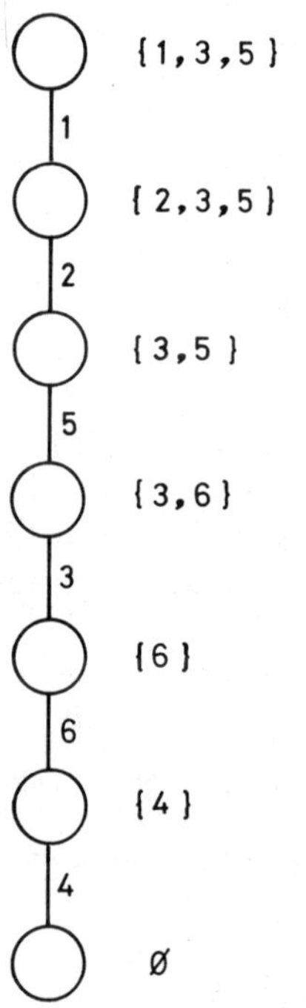

Abb. 5.12.1 Lösungsgraph

$$\mathcal{B}_h = \left\{ \begin{matrix} 2 \ll 5 \ll 4 \\ 1 \ll 3 \ll 6 \end{matrix} \right\}$$

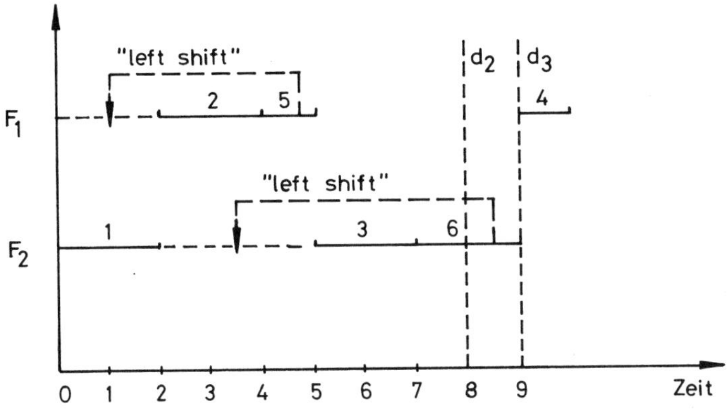

Abb. 5.12.2

Abb. 5.12.3 zeigt die Auswahl $B_{h'}$, die durch den Enumerationsalgorithmus unter Beachtung der Auswahlregel konstruiert ist. Abb. 5.12.4 enthält die frühesten Anfangstermine für die Auswahl $B_{h'}$.

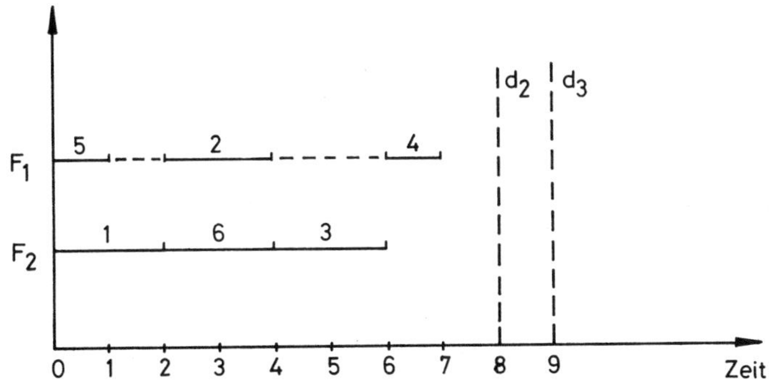

Abb. 5.12.4

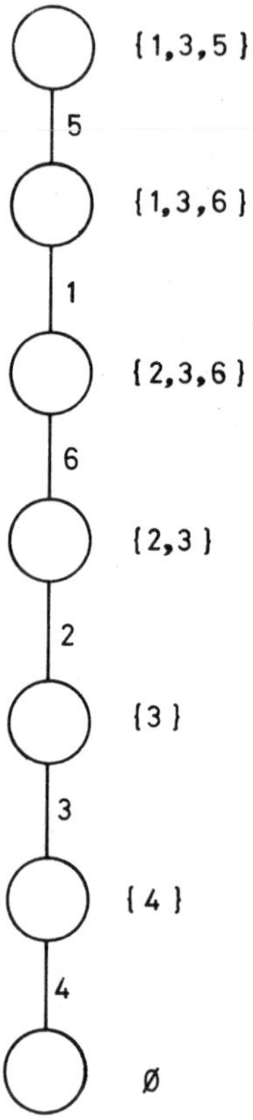

Abb. 5.12.3 Lösungsgraph

$$B'_h = \left\{ \begin{matrix} 5 \ll 2 \ll 4 \\ 1 \ll 6 \ll 3 \end{matrix} \right\}$$

Man erkennt leicht, daß der Wert von Z sicherlich kleiner bei $\boldsymbol{B}_{h'}$ ist als bei $\boldsymbol{B}_h$.

Die Durchführung des Algorithmus führt auf einen Lösungsgraphen, dessen Knotenpunkte den verschiedenen Schnittmengen entsprechen. Ein Paar (V, V^{+1}) stellt eine Kante vom Lösungsgraphen dar, so daß V^{+1} aus V entsteht; V^{+1} heißt Nachfolger von V; es gilt $V^{+1} = (V \setminus \{i\}) \cup \{k\}, k \gg i, i \in V_m$. Daher kann man $|V_m|$ Nachfolger (Abb. 5.12.5) direkt von V ableiten. Ein Paar (V^{-1}, V) stellt eine Kante vom Lösungsgraphen dar, so daß V sich aus V^{-1} ergibt; V^{-1} heißt Vorgänger von V; es gibt nur einen Vorgänger (Abb. 5.12.5).

Zur Verzweigung des Lösungsgraphen muß man einen der $|V_m|$ Knoten herausgreifen. Dazu berechnet man zuerst die unteren Schranken $Z(i)$ für jedes $i \in V_m$ und verzweigt dann den Lösungsgraphen von dem Knoten mit der kleinsten unteren Schranke. Um die $Z(i)$ zu bestimmen, muß man ein Critical-Path-Problem lösen,

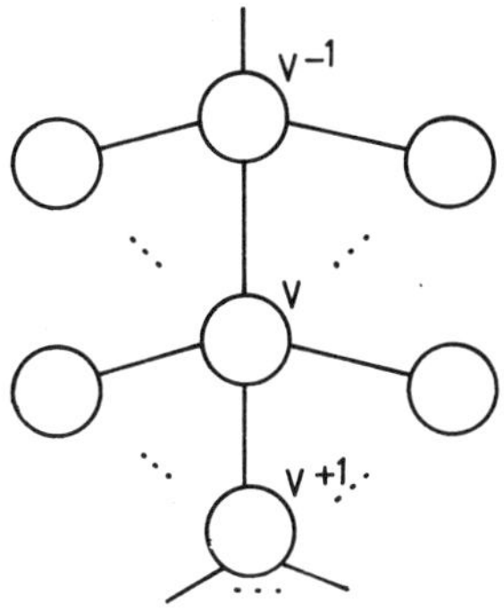

Abb. 5.12.5 Teilgraph des Lösungsgraphen

indem man alle disjunktiven Pfeile ignoriert, über die noch nicht entschieden ist; dabei wird $i \in V_m$ als vorübergehend geplant betrachtet. Dann bestimmt man den Wert von Z und setzt schließlich $Z(i)$ gleich diesem Wert.

Der „Branch-and-Bound"-Algorithmus 2

Anfangsdaten: $V := V^{(0)}$ (Ausgangsschnittmenge); $Z^* = \infty$

Schritt 1. Löse das Critical Path-Problem, d. h., berechne die frühesten Anfangstermine. Gehe zu 2.

Schritt 2. Bilde die erzeugende Menge V_m. Ist $|V_m| = 0$, gehe zu 7. Ist $|V_m| = 1$, gehe zu 4. Andernfalls gehe zu 3.

Schritt 3. Bestimme die unteren Schranken $Z(i)\ \forall i \in V_m$. Gehe zu 4.

Schritt 4. Wähle die Operation j, für die $Z(j) = \min_{i \in V_m} Z(i)$ gilt. Ist $Z(j) \geqq Z^*$, so gehe zu 6. Andernfalls gehe zu 5.

Schritt 5. Bilde den Nachfolger $V^{+1} = (V \setminus \{j\}) \cup \{k\}$, $k \gg j$. Setze $V := V^{+1}$. Gehe zu 1.

Schritt 6. Gehe zum Vorgänger V^{-1} zurück. Setze $V := V^{-1}$. Gehe zu 4. Gibt es keinen Vorgänger, gehe zu 8.

Schritt 7. Eine zulässige Auswahl $\boldsymbol{B}_b$ ist erreicht. Ist $Z(t_1, \ldots, t_{m_N}; \boldsymbol{B}_b) \geqq Z^*$, so setze $Z^* = Z(t_1, \ldots, t_{m_N}; \boldsymbol{B}_b)$. Gehe zu 6. Andernfalls gehe zu 6.

Schritt 8. Terminiere. Die bisher konstruierte beste Auswahl ist die optimale Auswahl des Modells.

Die Endlichkeit des Algorithmus folgt unmittelbar aus der Endlichkeit der Anzahl der zulässigen Lösungen.

Auch „Branch-and-Bound"-Algorithmus 2 stellt einen allgemeinen, einheitlichen Zugang zum klassischen Ablaufplanungsmodell dar, während die Algorith-

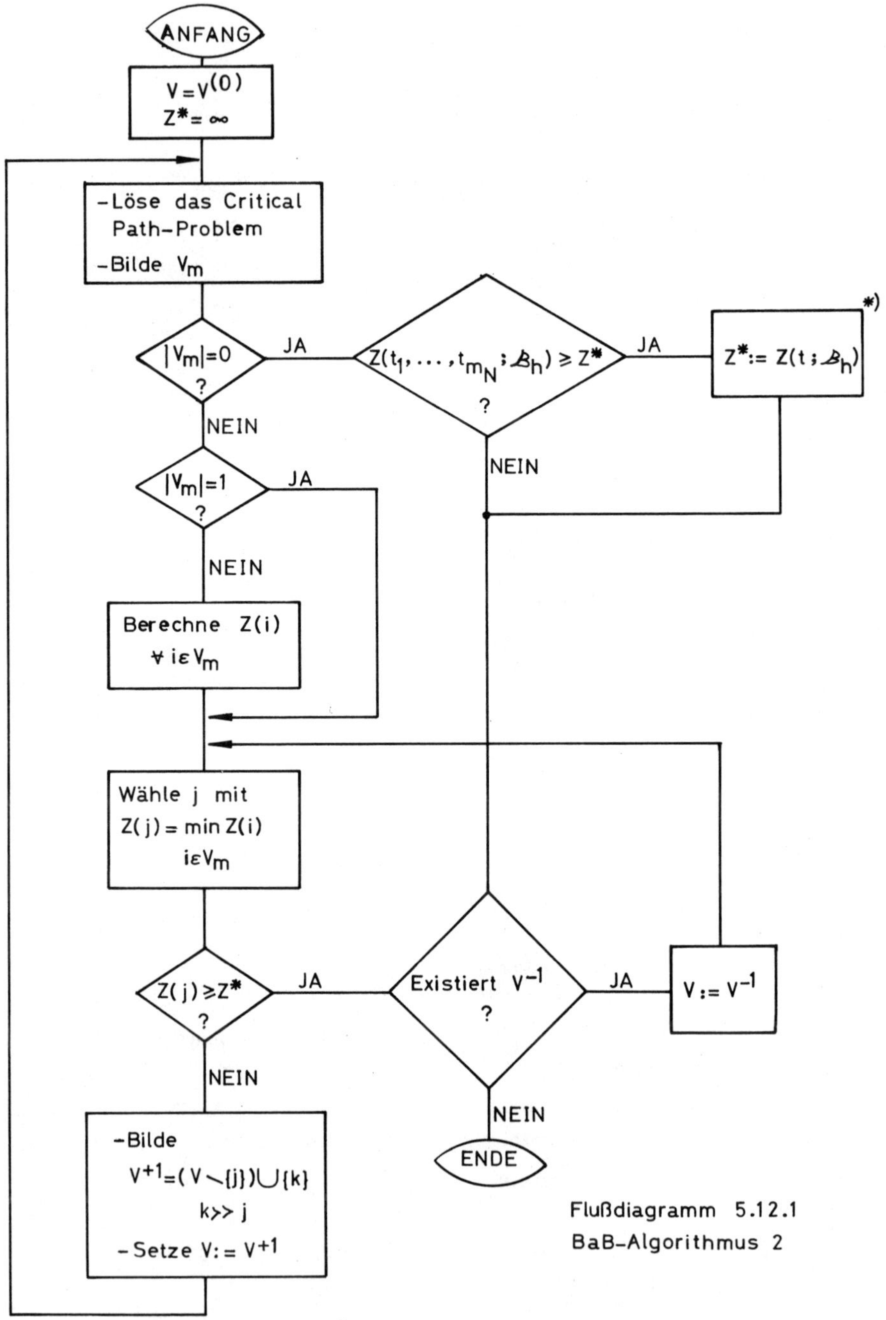

Flußdiagramm 5.12.1
BaB-Algorithmus 2

*) $t = (t_1, \ldots, t_{m_N})$

men von *Brooks* and *White*[20], *Florian et al.*[21], *Ashour* and *Parker*[22] und *Ashour* and *Hiremath*[23] nur für den Spezialfall entwickelt sind, wo Z_5 zu minimieren ist.

5.13 Andere vorhandene Lösungsalgorithmen für das klassische Modell

Für gleiche Maschinenfolge gibt es eine große Anzahl kombinatorischer Algorithmen. Diese Entwicklung ist vor allem *Dudek* and *Teuton*[24] und *Smith* and *Dudek*[25] zu verdanken. Der *Smith-Dudek*-Algorithmus wurde ferner von *McMahon*[26], *Gupta*[27] und *Bagga* and *Chakravarti*[28] wesentlich verbessert. In allen diesen Kombinatorischen Algorithmen tritt min Z_5 als Zielfunktion auf. Diese Algorithmen sind für die Werkstattfertigung nicht von großer Bedeutung, denn für sie ist die beliebige Maschinenfolge repräsentativ. Es gibt noch einige Algorithmen, die aber in der Werkstattfertigung kaum anwendbar sind, weil sie keine Wartezeiten erlauben[29].

Balas[30] hat zwei Algorithmen für beliebige Maschinenfolge entwickelt, die auf dem *Benders's* Partition-Algorithmus[31] für gemischt ganzzahlige Programmierungsprobleme beruhen. Die *Balas*schen Algorithmen sind für die Lösung des gemischt ganzzahligen Programmierungsmodells (2.22.9) geeignet. In den Algorithmen von *Balas* besteht jedes Critical Path-Problem aus einer vollständigen Auswahl; daher wird die Lösung des Critical Path-Problems rechnerisch schwieriger. In jeder Stufe

---

20 S. 38; sie haben ihren Algorithmus direkt aus dem Algorithmus von *Giffler* and *Thompson* entwickelt.

21 S. 788–790; sie haben den Algorithmus von *Brooks* and *White* auf dem disjunktiven Ablaufplan-Netzwerk übertragen.

22 Ashour, S. and Parker, P. G.: A Precedence Graph Algorithm for the Shop Scheduling Problem, in: Operational Research Quarterly, vol. 22, 1971, S. 165–176.

23 Ashour, S. and Hiremath, S. R.: A Branch-and-Bound Approach to the Job-Shop Scheduling Problem, in: International Journal of the Production Research, vol. 11, N.1, 1973, S. 47–58.

24 Dudek, R. A. and Teuton, O. F..

25 Smith, R. D. and Dudek, R. A.; ders.: „Errata", Operations Research, vol. 17, 1969, S. 759.

26 McMahon, G. B.: Optimal Production Schedules for Flow Shop, in: Journal of the Canadian Operations Research Society, vol. 7, N. 2, 1969, S. 141–151.

27 Gupta, J. N. D.: An Improved Combinatorial Algorithm for the Flow Shop-Scheduling Problem, in: Operations Research, vol. 19, N. 7, 1971, S. 1753–1758.

28 Bagga, P. C. and Chakravarti, N. K.: Optimal *m*-Stage Production Schedule, in: Journal of the Canadian Operations Research Society, vol. 6, No. 2, 1968, S. 71–78.

29 Piehler, J.; Seiffart, E.: Eine Verbesserung des Lösungsweges eines Reihenfolgeproblems, Wissenschaftliche Z. Technische Hochschule Magdeburg, 1961, S. 457; Muscati, M.: Die zeitliche Optimierung von Objektfolgen bei kontinuierlichen mehrstufigen Prozessen, Z. betriebswirt. Forschung (ZfbF), 19, 1967, S. 297; Wismer, D. A.: Solution of the Flow-Shop-Scheduling Problem with no Intermediate queues. Operations Research, vol. 20, 1972, S. 689.

30 Balas, E.: Discrete Programming . . ., S. 949–953; ders.: Machine Sequencing: Disjunktive Graphs . . ., S. 5 f.

31 Benders, J. F.: Partitioning Procedures for Solving Mixed-Variables Programming Problems, Numerische Mathematik, vol. 4, 1962, S. 238–252; vgl. auch Balinski, M. L.: Integer Programming: Methods, Uses, Computations, Management Science, vol. 12, No. 3, 1965, S. 271 ff, und Burkard, R. E.: S. 225 ff.

muß man ein rein ganzzahliges Programmierungsproblem lösen, um die disjunktiven Pfeile zu ermitteln, die umzukehren sind. Allein aus diesen Gründen können die Algorithmen von *Balas* rechnerisch nicht effektiver sein als der „Branch-and-Bound"-Algorithmus 1.

5.2 Algorithmen zur Lösung des erweiterten Modells

5.21 Modifizierter „Branch-and-Bound"-Algorithmus 1

Der im vorigen Abschnitt dargelegte Algorithmus 1 ließe sich auch zur Lösung des erweiterten Ablaufplanungsmodells gebrauchen, wenn die Bearbeitungszeiten konstant wären, und kein Auftrag mehr als einmal auf derselben Maschine vorgenommen würde. Das trifft aber nicht zu. Deshalb muß der „Branch-and-Bound"-Algorithmus 1 geeignet modifiziert werden.

Man betrachte den Teilgraphen in der Abb. 5.21.1. Die Operationen i und j gehören demselben Auftrag an und werden auf derselben Maschine durchgeführt. Da die Bearbeitungszeiten nicht konstant sind, kann nach der Lösung eines Critical Path-Problems $t_i - t_j < a_{j,\,i}$ auftreten. In diesem Fall ergibt sich durch Hinzufügen des Pfeils (i, j) ein Kreis $[(j, k), (k, h), (h, i), (i, j)]$. Um dies zu vermeiden, muß man den Pfeil (j, i) einfügen. Im vorliegenden Fall gelten $t_j - t_i < 0$ und $t_i - t_j > 0$. Daher muß man im allgemeinen immer den Pfeil (i, j) einführen, für den $t_j - t_i > 0$ ist. Gilt aber $t_j - t_i = 0$, dann muß man beide disjunktiven Pfeile probieren, um entscheiden zu können, welchen von den beiden Pfeilen man dem Graphen hinzufügen muß, um das Auftreten von Kreisen zu vermeiden. Das Problem besitzt offensichtlich keine zulässige Lösung, wenn beide Pfeile unzulässig sind. Zur Prüfung der Zulässigkeit kann man den Algorithmus 1 vom Abschnitt 1.22 (Teil III) oder den in der Arbeit von *Suchowizki/Radtschik*[32] angegebenen Kennzeichnungsalgorithmus benutzen.

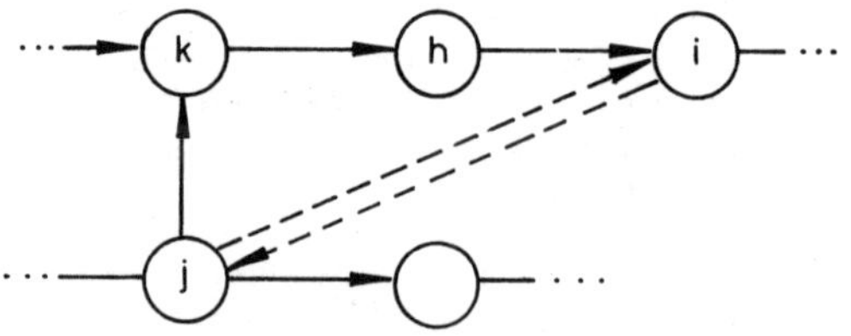

Abb. 5.21.1 Teilgraph des disjunktiven Ablaufplan-Netzwerkes

32 S. 59 ff.

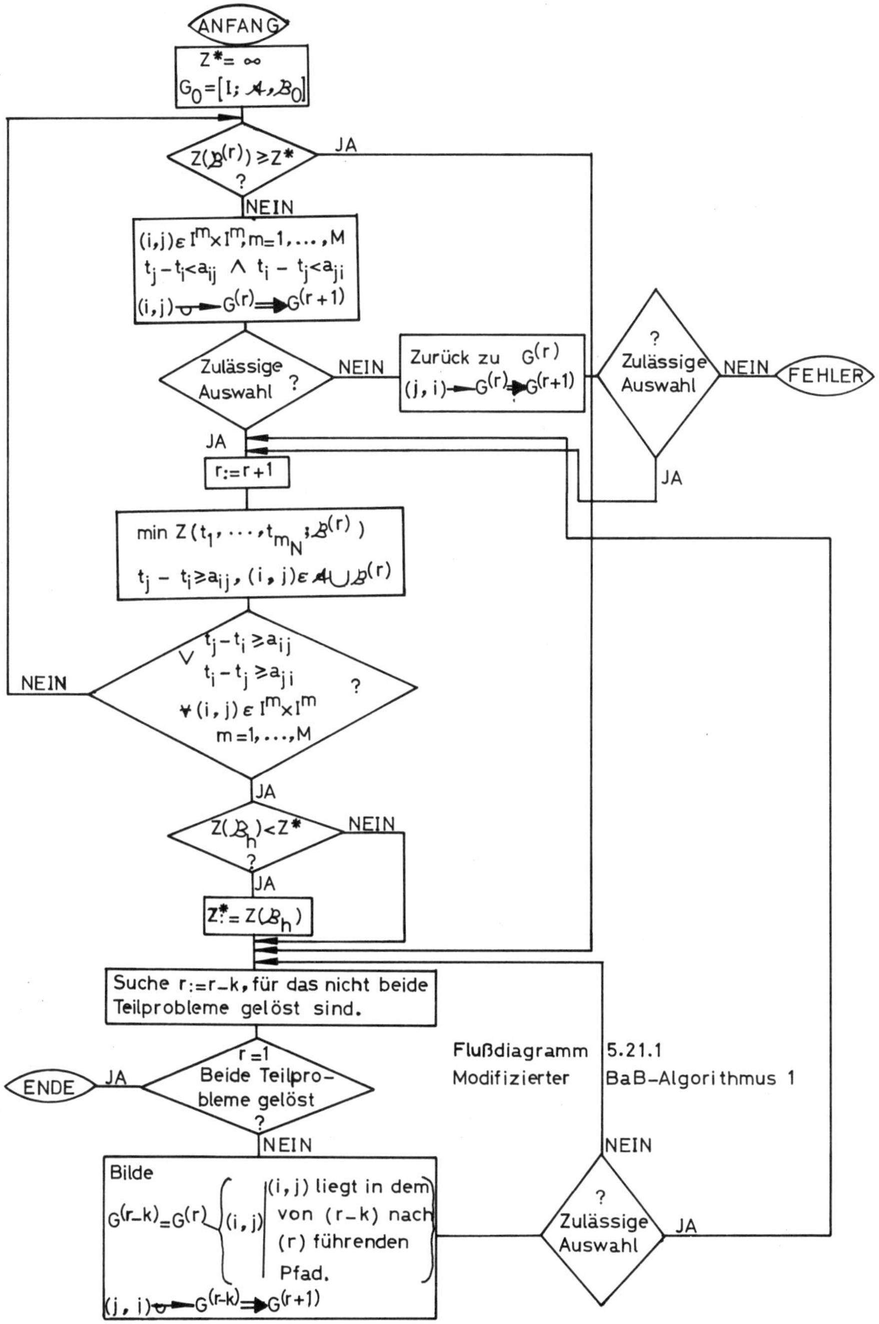

Flußdiagramm 5.21.1
Modifizierter BaB-Algorithmus 1

Der modifizierte „Branch-and-Bound“-Algorithmus 1

Schritte 1, 3, 4, 5 und 6 bleiben unverändert. Schritte 2 und 7 müssen aber wie folgt modifiziert werden:

Schritt 2. Wähle ein Paar $(i, j) \in I^m \times I^m$, $m = 1, \ldots, M$ so, daß $t_j - t_i < a_{i,j}$ und $t_i - t_j < a_{j,i}$ sind. Füge dem Graphen $G^{(r)}$ den Pfeil (i, j) hinzu, für den kein Kreis auftritt. Setze $r: = r + 1$. Gehe zu 3.

Schritt 7. Entferne von der Auswahl $\boldsymbol{B}_h$ alle disjunktiven Pfeile, die schon bei den in dem von $(r - k)$ nach (r) führenden Pfad liegenden Zwischenknoten in $G^{(r)}$ $(G^{(r)} = G_h)$ eingeführt worden sind. Füge dem Graphen $G^{(r-k)}$ den Pfeil (j, i) hinzu. Wird aber dadurch ein Kreis erzeugt, so gehe zu 6. Andernfalls setze $r: = r + 1$. Gehe zu 3.

5.22 Modifizierter „Branch-and-Bound“-Algorithmus 2

Bei der Aufstellung des disjunktiven Ablaufplan-Netzwerkes für das erweiterte Ablaufplanungsmodell wurden sämtliche in i_m $(i_m \in I_0)$ einmündenden disjunktiven Pfeile entfernt. Deswegen müssen die Operationen aus I_0 schon bei Beginn des Algorithmus als geplant betrachtet werden.

Es sei nun mit i_n $(i_n \in I_n;\ n = 1, \ldots, N)$ die Operation (A_n, F_0) bezeichnet. Offensichtlich gilt $I^0 = \{ i_n | n = 1, \ldots, N\}$. Da aber für je zwei Operationen i, j aus I^0 nach Definition weder $i < j$ noch $j < i$ gilt, kann man jede Operation i_n aus I^0 durch die Operation k ersetzen, sofern $i_n, k \in I_n$ und $i_n \ll k$ gelten. Somit enthält die Anfangsschnittmenge $V^{(0)}$ die Operationen $k \in I_n$, $n = 1, \ldots, N$ mit der obigen Eigenschaft.

Der Branch-and-Bound-Algorithmus 2 läßt sich nun unter Berücksichtigung dieser Modifikationen ohne weiteres auch zur Lösung des erweiterten Ablaufplanungsmodells verwenden.

5.3 Algorithmen zur Lösung des verallgemeinerten Modells

Man kann den modifizierten „Branch-and-Bound“-Algorithmus 2 auch zur Lösung des verallgemeinerten disjunktiven Netzwerkmodells verwenden, aber zuvor muß man die unteren Schranken $Z(i)$, $i \in V_m$ revidieren.

Statt $Z(i)$ schreibt man nun $E(i)$, $i \in V_m$ für die untere Schranke. $E(i)$ ist dann folgendermaßen zu bestimmen: Zuerst löst man ein Critical Path-Problem, indem man alle disjunktiven Pfeile, über die noch nicht entschieden ist, vom disjunktiven Ablaufplan-Netzwerk entfernt, wobei $i \in V_m$ als vorübergehend geplant betrachtet wird, dann berechnet man die Rüstkosten $C_r(i)$, die Leerkosten $C_l(i)$, die Wartekosten $C_w(i)$ sowie die Terminüberschreitungskosten $C_u(i)$. Bei der Bestimmung von $C_l(i)$, $C_w(i)$, $C_r(i)$ werden nur die bisher geplanten Operationen zur Berechnung der Leer- und Wartezeiten in Betracht gezogen. Bei der Bestimmung von $C_u(i)$ werden die Bearbeitungszeiten sämtlicher Operationen aus I_n und die Wartezeiten nur derjenigen Operationen aus I_n, die bisher geplant sind, zur Berechnung der Terminüberschreitung U_n von Auftrag A_n $(n = 1, \ldots, N)$ berücksichtigt. Schließlich setzt man $E(i) = C_l(i) + C_w(i) + C_u(i) + C_r(i)$. Ferner muß man in dem Algorithmus $Z(t_1, \ldots, t_{m_N}; \boldsymbol{B}_h)$ bzw. Z^* durch $E(t_1, \ldots, t_{m_{N+1}}; \boldsymbol{B}_h)$ bzw. E^* ersetzen.

IV. Dynamisch-stochastische Ablaufplanungsmodelle

1. Warteschlangentheoretische Interpretation grundlegender Strukturelemente des Problems der dynamischen Fertigungsablaufplanung

1.1 Das Produktionssystem als M-stufiges Warteschlangensystem

Die Warteschlangensituation im Produktionssystem kann wie folgt beschrieben werden: In der Maschine F_m treffen Aufträge von außer- oder innerhalb der Werkstatt mit Ankunftsrate λ_m ein. Findet ein Auftrag bei seiner Ankunft die Maschine F_m besetzt, so muß er warten. Daher bildet sich eine Warteschlange von Aufträgen vor der Maschine F_m. Zu gewissen Zeitpunkten wird ein Auftrag aus der Warteschlange mittels einer Sequenzpolitik S ausgewählt und auf die Maschine F_m gelegt, die die Aufträge mit Abfertigungsrate μ_m zu bearbeiten vermag. Sobald der Auftrag abgefertigt ist, entfernt er sich von F_m und geht entweder außerhalb der Werkstatt mit Wahrscheinlichkeit $\pi_{m,\, M+1}$ oder zu einer anderen Maschine $F_{m'}$ in der Werkstatt mit Wahrscheinlichkeit $\pi_{m,\, m'}$.

Somit läßt sich folgern, daß das Produktionssystem durch ein M-stufiges Warteschlangensystem darstellbar ist. Dieses wird im folgenden mit $(M, \lambda_G, \mu, \Pi, S)$ bezeichnet; dabei ist $\mu = \{\mu_m \mid m \in [1, M]\}$.

1.11 Netzwerk von Warteschlangen

Wenn die im Produktionssystem eintreffenden Aufträge in einer beliebigen Maschinenfolge die Maschinen durchlaufen, dann wird das Produktionssystem durch eine *Markow*sche Übergangsmatrix $\bar{\Pi}$ gekennzeichnet, in der alle Elemente gleich sind. Das Warteschlangensystem $(M, \lambda_G, \mu, \bar{\Pi}, S)$ wird „Netzwerk von Warteschlangen" genannt[1].

Nach der Theorie der *Markow*schen Ketten ist die Wahrscheinlichkeit für das Auftreten einer Maschinenfolge $(F_{i_1}, F_{i_2}, \ldots, F_{i_m}, \ldots, F_{i_M})$ gleich

$$P\,(0, i_1, i_2, \ldots, i_m, \ldots, i_M, M+1) = \pi_{0,\, i_1}\, \pi_{i_1,\, i_2} \ldots \pi_{i_{M-1},\, i_M}\, \pi_{i_M,\, M+1}.$$

[1] Diese Bezeichnung geht auf *Jackson* zurück; vgl. Jackson, J. R.: Network of Waiting Lines,. . .

Man kann eine Maschinenfolge $(F_{i_1}, F_{i_2}, \ldots, F_{i_m}, \ldots, F_{i_M})$ folgendermaßen konstruieren: Zuerst legt man mittels der Wahrscheinlichkeitsverteilung $(\pi_{0,1}, \pi_{0,2}, \ldots, \pi_{0,M})$ die erste Maschine F_{i_1} in der Maschinenfolge fest, dann bestimmt mittels der Wahrscheinlichkeitsverteilung

$$(\pi_{i_1,1}, \pi_{i_1,2}, \ldots, \pi_{i_I,M}, \pi_{i_1,M+1})$$

die zweite Maschine F_{i_2} in der Maschinenfolge usw.. Dieses Verfahren setzt man solange fort, bis man zum ersten Mal das Element $M + 1$ erreicht. Danach bricht das Verfahren ab. Die festgelegten Maschinen bilden in der Reihenfolge ihrer Auswahl die gesuchte Maschinenfolge.

Tabelle 1.11.1 zeigt die Übergangsmatrix für ein 2-Stufen-Netzwerk von Warteschlangen.

m \ m'	Maschine 1	Maschine 2	Ausgang 3
Eingang 0	0.5	0.5	0
Maschine 1	0	0.5	0.5
Maschine 2	0.5	0	0.5

Tab. 1.11.1

Abb. 1.11.1 stellt das damit zusammenhängende Netzwerk von Warteschlangen dar.

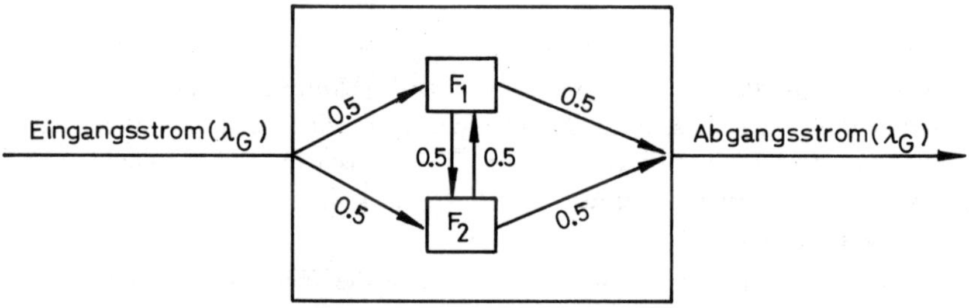

Abb. 1.11.1

1.12 Serie von Warteschlangen

Im Falle, daß die im Produktionssystem eintreffenden Aufträge in der gleichen Maschinenfolge die Maschinen durchlaufen, wird das Produktionssystem durch eine *Markow*sche Übergangsmatrix Π charakterisiert, die in jeder Zeile nur ein Element mit positiver Wahrscheinlichkeit (gleich 1) enthält. Das Warteschlangensystem $(M, \lambda_G, \mu, \hat{\Pi}, S)$ wird als „Serie von Warteschlangen" bezeichnet[2].

Es sei $(F_{i_1}, F_{i_2}, \ldots, F_{i_{m'}}, \ldots, F_{i_M})$ die Maschinenfolge; es gilt dann:

$$\pi_{0,\, i_1} = \pi_{i_1\, i_2} = \ldots = \pi_{i_M,\, M+1} \,.$$

Tab. 1.12.1 zeigt die Übergangsmatrix für eine 2-Stufen-Serie von Warteschlangen.

m \ m'	Maschine 1	Maschine 2	Ausgang 3
Eingang 0	1	0	0
Maschine 1	0	1	0
Maschine 2	0	0	1

Tab. 1.12.1

Abb. 1.12.1 stellt die damit zusammenhängende 2-Stufen-Serie von Warteschlangen dar.

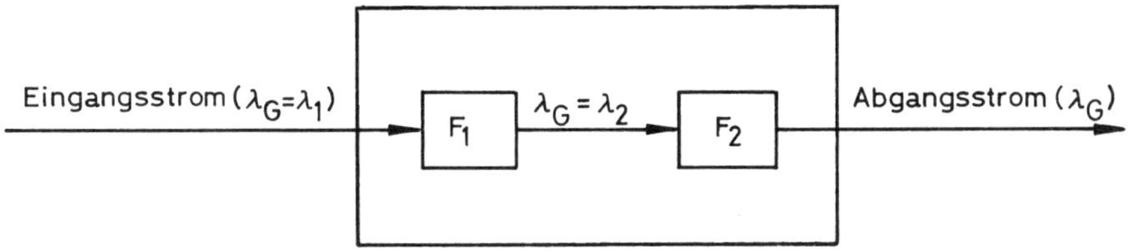

Abb. 1,12.1

1.2 Dekomposition des M-stufigen Warteschlangensystems

1.21 Qualitative Voraussetzungen

Um das M-stufige Warteschlangensystem zu zerlegen, müssen folgende Bedingungen erfüllt sein:

1. Es gibt nur eine Maschine in jeder Maschinengruppe Q_e, $e = 1, \ldots, \nu$, so daß die Werkstatt praktisch aus M elementaren Maschinengruppen $Q_1, \ldots, Q_M$ besteht.

2. Keine Operation wird mehr als einmal durch ein und dieselbe Maschine vorgenommen. Dies wird dadurch gesichert, daß $\pi_{m,\, m'} = 0$ für $m = m'$ gilt.

---

2 Vgl. Cox, D. R. and Smith, W. L.: S. 136.

3. Die Sequenzpolitik darf auf die Bearbeitungszeiten keinen Einfluß ausüben.

4. Keine Maschine darf gleichzeitig mehr als einen Auftrag ausführen.

5. Kein Auftrag darf gleichzeitig auf mehr als einer Maschine bearbeitet werden.

6. Die Auftragsbestände $N^{(m)}$, $m = 1, 2, \ldots, M$ müssen unbeschränkt sein, d. h., es gilt $N^{(m)} \leqslant \infty$.

7. Der Eingangsstrom $\{A(t), 0 \leqslant t \leqslant \infty\}$ der Aufträge muß ein stationärer Poisson-Prozeß sein, der nach dem Gesetz

$$a_k(t) \equiv Pr\{A(t) = k\} = \frac{(\lambda_G t)^k}{k!} e^{-\lambda_G t}$$

verteilt ist.

8. Es sei $\theta_j^{(m)}$ die Bearbeitungszeit des j-ten Auftrages auf der Maschine F_m.

Es wird vorausgesetzt, daß die $\theta_j^{(m)}$, $j = 1, 2, 3, \ldots$ unabhängige gleich verteilte Zufallsvariable mit derselben Exponentialverteilung

$$B^{(m)}(t) \equiv Pr\{\theta_j^{(m)} \leqslant t\} =$$

$$= 1 - e^{-\mu_m t}, \; m = 1, 2, \ldots, M$$

sind. Ferner wird angenommen, daß die Momente erster und zweiter Ordnung $b_m^{(1)}$ und $b_m^{(2)}$ existieren. Sie sind

$$b_m^{(1)} = b_m = 1/\mu_m; \; b_m^{(2)} = 2/\mu_m^2. \tag{1.21.1}$$

1.22 Das fundamentale Dekompositionsprinzip

Der folgende Hilfssatz ist für die Dekomposition des Systems $(M, \lambda_G, \mu, \Pi, S)$ von entscheidender Bedeutung:

Hilfssatz 1.22.1. Ein Warteschlangensystem möge *Poisson*schen Eingangsstrom mit Parameter λ_m und Exponentialverteilung für die Bearbeitungszeit mit Parameter μ_m haben, wobei $\lambda_m < \mu_m$ ist. Im Gleichgewicht gilt:

(a) Der Abgangsstrom der Aufträge ist ein Poisson-Prozeß mit Paramter λ_m.

(b) Der Auftragsbestand $N^{(m)}(t_m)$ ist vom Abgangsstrom der Aufträge unabhängig, die bis zum Zeitpunkt t_m abgegangen sind.

(c) Die Auftragsdurchlaufzeit $W^{(m)}(t_m)$ eines Auftrages ist vom Abgangsstrom der Aufträge unabhängig, die bis zum Zeitpunkt t_m abgegangen sind.

Beweis. Den ersten Teil vom Hilfssatz haben zuerst *Burke*[3] und dann *Reich*[4],

---

[3] Burke, P. J..

[4] Reich, E.: Waiting Times When Queues are in Tandem, in: Annals of Mathematical Statistics, vol. 28, 1957, S. 768–773, Theorem 4.

Finch[5], *Cox* and *Smith*[6] und *Disney et al.*[7] gezeigt. Den Beweis für den zweiten und dritten findet man bei *Burke*[8] und *Reich*[9].

Die Dekomposition des Systems $(M, \lambda_G, \mu, \hat{\Pi}, S)$ gründet sich auf den Satz 1.22.1 (Dekompositionsprinzip *I*). Es seien $(N^{(1)}, N^{(2)}, \ldots, N^{(M)})$ der Auftragsbestandsvektor und $(W^{(1)}, W^{(2)}, \ldots, W^{(M)})$ der Auftragsdurchlaufzeitvektor des Systems $(M, \lambda_G, \mu, \hat{\Pi}, S)$. Wenn die Bedingungen (1-8) und $\lambda_G < \min\, (\mu_1, \mu_2, \ldots, \mu_M)$ erfüllt sind, dann sind die Auftragsbestände $N^{(1)}, N^{(2)}, \ldots, N^{(M)}$ unabhängige Zufallsvariable, und ebenso die Auftragsdurchlaufzeiten $W^{(1)}, W^{(2)}, \ldots, W^{(M)}$.

Beweis. Zur Vereinfachung wird angenommen, daß die Teilsysteme F_m, $m = 1, 2, \ldots, M$ des Systems $(M, \lambda_G, \mu, \hat{\Pi}, S)$ in der Folge $1, 2, 3, \ldots, M$ angeordnet sind. Nach Hilfssatz 1.22.1a muß der Abgangsstrom aus dem System F_{m-1} bzw. der Eingangsstrom im System F_m, $m \geqslant 2$ ein Poisson-Prozeß mit Parameter λ_G sein. Es sei $t_{m,\,n}$ der Zeitpunkt, zu dem der n-te Auftrag das Teilsystem F_m, $m = 1, 2, \ldots, M$ verläßt; dann gilt

$$Pr\,(N^{(m)}(t_m)) = Pr\,(N^{(m)}(t_{m,\,n}))$$ [10]

$$(n = 1, 2, 3, \ldots).$$

Nach Hilfssatz 1.22.1b ist $N^{(1)}\,(t_{1,\,n})$ vom Abgangsprozeß

$$\{t_{1,\,n'},\ n' = 1, 2, 3, \ldots;\ n' \leqslant n\}$$

unabhängig. $N^{(2)}\,(t_{2,\,n'})$ wird aber allein durch den Abgangsprozeß

$$\{t_{1,\,n'},\ n' = 1, 2, 3, \ldots;\ n' \leqslant n\}$$

bestimmt. Deshalb ist $N^{(1)}(t_1)$ von $N^{(2)}(t_2)$ und im allgemeinen von $N^{(m)}(t_m)$, $m \geqslant 2$ unabhängig. Auf die gleiche Weise kann man auch zeigen, daß $N^{(2)}(t_2)$ von $N^{(m)}(t_m)$, $m \geqslant 3$ unabhängig ist, usw.. Folglich sind die Auftragsbestände $N^{(1)}, N^{(2)}, \ldots, N^{(M)}$ unabhängige Zufallsvariable. Es sei $W_n^{(m)}$ die Auftragsdurchlaufzeit des n-ten

[5] Finch, P. D.: The Output of the Queueing System M/G/1, in: Journal of the Royal Statistical Society, Series B, vol. 21, 1959, S. 375-380.

[6] Cox, D. R. and Smith, W. L.: S. 139.

[7] Disney, et al: A Characterisation of M/G/1 Queues with Renewal Departure Processes, in: Management Science, vol. 19, N. 11, 1973, S. 1222-1228 (Theorem 3.4 and Corollary 3.5).

[8] Burke, P. J.: The Output Process of a Stationary M/M/S Queueing System, in: Annals of Mathematical Statistics, vol. 39, N. 4, 1968, S. 1144-1152 (Theorem 2).

[9] Reich, E.: Note on Queues in Tandem, in: Annals of Mathematical Statistics, vol. 34, 1963, S. 338-341 (Theorem 1).

[10] Vgl. Takács, L.: A single-Server Queue with Poisson Input, in: Operations Research, vol. 10, 1962, S. 388-394 (Theorem 3) und Saaty, T. L.: Elements of Queueing ..., S. 186-188.

Auftrages im Teilsystem F_m; dann gilt

$$Pr\{W^{(m)}(t_m) \leqslant x\} = Pr\{W_n^{(m)} \leqslant x\}$$ [11].

Nach Hilfssatz 1.22.1c ist $W_n^{(1)}$ vom Abgangsprozeß

$$\{t_{1,n'}, n' = 1, 2, 3, \ldots; n' \leqslant n\}$$

unabhängig. Da $W_{n'}^{(2)}$ aber nur durch den Abgangsprozeß

$$\{t_{1,n'}, n' = 1, 2, 3, \ldots; n' \leqslant n\}$$

bestimmt wird, müssen $W_n^{(1)}$ und $W_{n'}^{(2)}$ unabhängig sein. Im allgemeinen ist $W_n^{(1)}$ unabhängig von $W_{n'}^{(m)}$, $m \geqslant 2$.

Analog kann man zeigen, daß $W_n^{(2)}$ von $W_{n'}^{(m)}$, $m \geqslant 3$ unabhängig ist, usw.. Folglich sind auch die Auftragsdurchlaufzeiten $W^{(1)}$, $W^{(2)}$, ..., $W^{(M)}$ unabhängige Zufallsvariable.

Es sei π_m ($\pi_m \geqslant 0$) die relative Häufigkeit für das Auftreten der Maschine F_m in einer Maschinenfolge. π_m, $m = 1, 2, \ldots, M$ genügt den Gleichungen

$$\pi_m = \pi_{0,m} + \sum_{k=1}^{M} \pi_k \cdot \pi_{k,m}$$ [12],

$$m = 1, 2, \ldots, M. \tag{1.22.1}$$

Die Parameter λ_m, $m = 1, 2, \ldots, M$ kann man durch

$$\lambda_m = \lambda_G \pi_m, \; m = 1, 2, \ldots, M \tag{1.22.2}$$

bestimmen. Aus (1.22.1) und (1.22.2) ergibt sich

$$\lambda_m = \lambda'_m + \sum_{k=1}^{M} \lambda_k \pi_{k,m},$$

$$m = 1, 2, \ldots, M; \tag{1.22.3}$$

dabei ist $\lambda'_m = \lambda_G \pi_{0,m}$.

Die Dekomposition des Systems $(M, \lambda_G, \mu, \Pi, S)$ stützt sich auf den Satz 1.22.2 (Dekompositionsprinzip II). Es seien $(N^{(1)}, N^{(2)}, \ldots, N^{(M)})$ der Auftragsbestandsvektor und $(W^{(1)}, W^{(2)}, \ldots, W^{(M)})$ der

[11] Vgl. Takács, L.: (Theorem 6).

[12] Jackson, J. R.: Jobshop-Like Queueing Systems, in: Management Science, vol. 10, N. 1, 1963, S. 131–142, hier S. 134.

Auftragsdurchlaufzeitvektor des Systems $(M, \lambda_G, \mu, \sqcap, S)$. Wenn die Bedingungen (1-8) und $\lambda_m \leq \mu_m$, $m = 1, 2, \ldots, M$, wobei λ_m durch Gl. (1.22.3) bestimmt wird, erfüllt sind, dann sind die Auftragsbestände $N^{(1)}, N^{(2)}, \ldots, N^{(M)}$ unabhängige Zufallsvariable und ebenso die Auftragsdurchlaufzeiten $W^{(1)}, W^{(2)}, \ldots, W^{(M)}$.

Beweis. Jedes Teilsystem F_m $(m = 1, 2, \ldots, M)$ des Systems $(M, \lambda_G, \mu, \sqcap, S)$ stellt ein einstufiges Warteschlangensystem mit *Poisson*schem Eingangsstrom und Exponentialverteilung für die Bearbeitungszeit dar. Der Abgangsstrom aus dem Teilsystem F_m ist daher nach Hilfssatz 1.22.1a ein Poisson-Prozeß mit Parameter λ_m. Nach Hilfssatz 1.22.1b und 1.22.1c muß $(N^{(m)}(t_{m,n}), W_n^{(m)})$ vom Abgangsprozeß $\{t_{m,n'}, n' = 1, 2, 3, \ldots; n' \leq n\}$ unabhängig sein. Man betrachte nun zwei beliebige Teilsysteme $F_m, F_{m'}$.

Da

$$(N^{(m)}(t_{m,n}), W_n^{(m)})$$

vom Abgangsprozeß

$$\{t_{m,n'}, n' = 1, 2,3, \ldots; n' \leq n\},$$

und $(N^{(m')}(t_{m',n}), W_n^{(m')})$ vom Abgangsprozeß

$$\{t_{m',n''}, n'' = 1, 2,3, \ldots; n'' \leq n\}$$

unabhängig ist, müssen auch $(N^{(m)}(t_{m,n}), W_n^{(m)})$ und $(N^{(m')}(t_{m',n}), W_n^{(m')})$ voneinander unabhängig sein. Folglich sind sowohl die Auftragsbestände $N^{(1)}, N^{(2)}, \ldots, N^{(M)}$ als auch die Auftragsdurchlaufzeiten $W^{(1)}, W^{(2)}, \ldots, W^{(M)}$ unabhängige Zufallsvariable.

Jackson[13] hat gezeigt, daß die Gleichgewichtsverteilung

$$Pr\,(N^{(1)} = n_1, N^{(2)} = n_2, \ldots, N^{(M)} = n_M) \text{ als}$$

$$Pr\,(N^{(1)} = n_1, N^{(2)} = n_2, \ldots, N^{(M)} = n_M) =$$

$$= P_1(N^{(1)} = n_1)\, P_2(N^{(2)} = n_2) \ldots P_M(N^{(M)} = n_M)$$

geschrieben werden kann, woraus dann die Unabhängigkeit der Zufallsvariablen $N^{(1)}, N^{(2)}, \ldots, N^{(M)}$ sofort folgt.

1.23 Kritische Erwägung des Dekompositionsprinzips (nach ökonomischen Gesichtspunkten)

Entsprechend dem Dekompositionsprinzip verhalten sich die Teilsysteme des Systems $(M, \lambda_G, \mu\ \sqcap, S)$ voneinander unabhängig bezüglich der Auftragsbestände und der Auftragsdurchlaufzeiten. Das heißt insbesondere, daß sich die Wahrscheinlichkeitsfunktionen

[13] Jackson, J. R.: Network of Waiting Lines ...; ders.: Jobshop-Like ..., (Theorem 6.3).

$$P_m\ (N^{(m)} = n_m),\ m = 1, 2, \ldots, M$$

wie die Verteilungsfunktionen

$$P_m\ (W^{(m)} \leqq t_m),\ m = 1, 2, \ldots, M$$

nicht gegenseitig beeinflussen. Jedes Teilsystem F_m ist folglich äquivalent zu einem ordinären Warteschlangensystem, das einen *Poisson*schen Eingangsstrom mit Parameter λ_m und eine Bearbeitungszeitverteilung besitzt, die gleich der Bearbeitungszeitverteilung des Teilsystems ist. Insofern kann man $\bar{N}^{(m)}$ und $\bar{W}^{(m)}$ genau so berechnen, wie bei einem ordinären Warteschlangensystem. Obwohl dies ein glänzendes Ergebnis ist, fragt es sich, ob es auch in der Betriebspraxis anwendbar ist. Die Anwendbarkeit hängt sicherlich davon ab, inwiefern die angegebenen Bedingungen in der Praxis möglich sind.

Bedingung 1 ist weitgehend vereinfachend, man kann sie jedoch erheblich abschwächen, indem man jede elementare Maschinengruppe Q_m, $m = 1, 2, \ldots, M$ $(Q_m \equiv F_m)$ durch eine Maschinengruppe Q_e, $e = 1, 2, \ldots, \nu$ ersetzt, die aus n_e identischen Maschinen besteht, ohne das Dekompositionsprinzip zu verletzen.

Bedingung 2, 4 und 5 sind zwar vereinfachend, aber nicht unrealistisch.

Von den Bedingungen 7 und 8 war schon an früherer Stelle die Rede. Der Poisson-Prozeß ist sehr gut für die Darstellung des Eingangsstroms geeignet, die Exponentialverteilung aber kann nur befriedigend die Bearbeitungszeitverteilung repräsentieren.

Bedingung 6 bedeutet, daß bei der Maschine F_m ein großer Lagerraum vorhanden sein muß, weil der Auftragsbestand $N^{(m)}$ unbeschränkt anwachsen darf.

Bedingung 3 wird auch durch Prioritätspolitiken erfüllt. Es muß hier besonders betont werden, daß die Sequenzpolitik, die für das System $(M, \lambda_G, \mu, \sqcap, S)$ optimal ist, auch für jedes Teilsystem optimal ist und umgekehrt.

1.3 Das einstufige Prioritätswarteschlangensystem

Man betrachte das System $(M, \lambda_G, \mu, \sqcap, S)$, in dem S eine Prioritätspolitik ist. Auf Grund des Dekompositionsprinzips ist es möglich, $\bar{W}^{(m)}$ und $\bar{N}^{(m)}$ genau so zu bestimmen wie bei einem einstufigen Prioritätswarteschlangensystem. Von nun an wird das einstufige Prioritätswarteschlangensystem F_m mit (λ_m, μ_m, S) bezeichnet.

Hier werden zwei Arten von Prioritätspolitik betrachtet:

a) Die „Head-of-the-Line"-Prioritätspolitik, und

b) die Preemptive Prioritätspolitik.

Bei der Anwendung der „Head-of-the-Line"-Prioritätspolitik unterbricht ein Auftrag höherer Priorität die schon begonnene Bearbeitung nicht, tritt aber vor alle Aufträge niedrigerer Priorität. Bei der Anwendung der Preemptive Prioritätspolitik unterbricht ein Auftrag höherer Priorität die schon begonnene Bearbeitung eines Auftrages niedrigerer Priorität.

Die Preemptive Prioritätspolitik teilt sich wiederum in zwei Kategorien:

(a) Bei der Wiederaufnahme der unterbrochenen Bearbeitung wird die Zeit berücksichtigt, die schon zur Bearbeitung des Auftrages verbracht wurde (Preemptive Resume Prioritätspolitik),

(b) diese Zeit geht verloren, und die Bearbeitung beginnt von neuem (Preemptive Repeat Prioritätspolitik). Preemptive Resume Prioritätspolitik und Preemptive Repeat Prioritätspolitik sind im Fall der Exponentialverteilung für die Bearbeitungszeit identisch[14]. Denn die Wahrscheinlichkeit für die Restbearbeitung eines Auftrages ist nach der Haupteigenschaft der Exponentialverteilung unabhängig davon, wie lange schon die Bearbeitung des fraglichen Auftrages vor der Unterbrechung dauerte[15].

Das System (λ_m, μ_m, S) wird Prioritätswarteschlangensystem mit diskreter Priorität oder Prioritätswarteschlangensystem mit stetiger Priorität genannt, je nachdem, ob die Prioritätszahl auf diskrete Werte beschränkt oder kontinuierlich zugelassen ist.

1.31 Das einstufige Prioritätswarteschlangensystem mit diskreter Priorität

Angenommen, jeder Auftrag gehöre zu einer Prioritätsklasse $1, \ldots k, \ldots, K$, wobei 1 die höchste und K die niedrigste Prioritätsklasse ist. Ein zur k-ten Prioritätsklasse gehöriger Auftrag, von nun an der Kürze halber k-Auftrag genannt, hat in bezug auf die Prioritätsklassen $k + 1, \ldots, K$ das Recht auf Priorität. Es wird angenommen, daß Aufträge verschiedener Priorität independent im Teilsystem (λ_m, μ_m, S) eintreffen. Es sei ω_k die Wahrscheinlichkeit dafür, daß ein im System (λ_m, μ_m, S) eintreffender Auftrag ein k-Auftrag ist; es gilt $\omega_k = \lambda_{m,k} / \lambda_m$.

Es sei $B_k^{(m)}(t)$ die Bearbeitungszeitverteilung für k-Aufträge. Für die Verteilung $B^{(m)}(t)$ kann man schreiben

$$B^{(m)}(t) = \sum_{k=1}^{k=K} \omega_k \, B_k^{(m)}(t). \tag{1.31.1}$$

Es seien $b_{m,k}^{(1)}$ und $b_{m,k}^{(2)}$ das erste und zweite Moment von $B_k^{(m)}(t)$; für $b_m^{(1)}$ und $b_m^{(2)}$ gilt

$$b_m^{(1)} = \sum_{k=1}^{k=K} \omega_k \, b_{m,k}^{(1)} \quad (b_{m,k}^{(1)} = b_{m,k}); \tag{1.31.2}$$

---

[14] Trotzdem wird die Preemptive Repeat Prioritätspolitik ausgeschlossen, weil sie die Bedingung 3) oben nicht erfüllt. In den weiteren Ausführungen wird unter Preemptive Prioritätspolitik immer die Preemptive Resume Prioritätspolitik verstanden.

[15] Vgl. hierzu etwa Feller, W.: An Introduction to Probability Theory and Its Applications. 1971, 2. Aufl., Bd. II, S. 8; Cooper, R. B.: Introduction to Queueing Theory. 1972, S. 38 f; Gnedenko, B. W. und Kowalenko, I. N.: Einführung in die Bedienungstheorie. 1971, S. 18 und Riordan, J.: Stochastic Service Systems. 1962, S. 19.

$$b_m^{(2)} = \sum_{k=1}^{k=K} \omega_k \, b_{m,k}^{(2)} . \tag{1.31.3}$$

Mit $\varphi_{m,k}$ bzw. σ_k sei der Kapazitätsnutzungsgrad für k-Aufträge bzw. für Aufträge mit Prioritätszahl $\leqslant k$ bezeichnet; es gilt:

$$\varphi_{m,k} = \lambda_{m,k} \, b_{m,k}^{(1)} ; \tag{1.31.4}$$

$$\sigma_k = \sum_{i=1}^{i=k} \lambda_{m,i} b_{m,i}^{(1)} = \lambda_m \sum_{i=1}^{i=k} \omega_i \, b_{m,i}^{(1)} \quad (\sigma_0 = 0); \tag{1.31.5}$$

$$\varphi_m = \sigma_K = \sum_{k=1}^{k=K} \varphi_{m,k}. \tag{1.31.6}$$

Unter der „Head-of-the-Line"-Prioritätspolitik erhält man für $\bar{W}_k^{(m)}$

$$\bar{W}_k^{(m)} = b_{m,k} + \frac{\sum_{i=1}^{i=K} \lambda_{m,i} \, b_{m,i}^{(2)}}{2\,(1 - \sigma_{k-1})\,(1 - \sigma_k)}$$

$$= b_{m,k} + \frac{\lambda_m \, b_m^{(2)}}{2\,(1 - \sigma_{k-1})\,(1 - \sigma_k)} \text{ [16]} \tag{1.31.7}$$

und für $\bar{W}^{(m)}$

$$\bar{W}^{(m)} = \sum_{k=1}^{k=K} \omega_k \, \bar{W}_k^{(m)}. \tag{1.31.8}$$

$\bar{N}_k^{(m)}$ und $\bar{N}^{(m)}$ werden durch

$$\bar{N}_k^{(m)} = \lambda_{m,k} \, \bar{W}_k^{(m)}, \tag{1.31.9}$$

$$\bar{N}^{(m)} = \sum_{k=1}^{k=K} \bar{N}_k^{(m)} = \lambda_m \, \bar{W}^{(m)} \tag{1.31.10}$$

gegeben.

Unter der Preemptive Prioritätspolitik hat man für $\bar{W}_k^{(m)}$

$$\bar{W}_k^{(m)} = \frac{b_{m,k}}{1 - \sigma_{k-1}} + \frac{\sum_{i=1}^{i=k} \lambda_{m,i} \, b_{m,i}^{(2)}}{2\,(1 - \sigma_{k-1})\,(1 - \sigma_k)} . \text{ [17]} \tag{1.31.11}$$

---

[16] Vgl. Saaty, T. L.: Elements of Queueing . . ., S. 235, Formel (11-19); Cox, D. R. and Smith, W. L.: S. 83, Formel 40; Jaiswal, N. K.: Priority Queues. 1968, S. 152, Formel (6.27) und Miller, R. G.: Priority Queues, in: Annals of Mathematical Statistics, vol. 31, 1960, S. 77-103, insbesondere Formel (3.19).

[17] Vgl. Jaiswal, N. K.: S. 118, Formel (7.51); Miller, R. G.

$\bar{W}^{(m)}$, $\bar{N}_k^{(m)}$ und $\bar{N}^{(m)}$ kann man ähnlich wie bei der „Head-of-the-Line"-Prioritätspolitik bestimmen.

1.32 Das einstufige Prioritätswarteschlangensystem mit stetiger Priorität

Es sei $P(k)$ die Wahrscheinlichkeit dafür[18], daß ein im System (λ_m, μ_m, S) eintreffender Auftrag Prioritätszahl $\leqslant k$ hat; $dP(k)$ ist dann die Wahrscheinlichkeit dafür, daß die Prioritätszahl eines eintreffenden Auftrages im Intervall $[k, k + dk)$ liegt; die Prioritätszahl k ist hier kontinuierlich zugelassen.

Es sei $B_k^{(m)}(t)$ die Bearbeitungszeitverteilung eines Auftrages mit Prioritätszahl im Intervall $[k, k + dk)$. Die Bearbeitungszeitverteilung eines Auftrages, unter der Bedingung, daß dieser Auftrag eine Prioritätszahl $\leqslant k$ hat, ist gleich

$$\bar{D}_k^{(m)}(t) = \frac{1}{P(k)} \int_0^k B_\xi^{(m)}(t)\, dP(\xi). \tag{1.32.1}$$

Es seien $b_{m,k}^{(1)}$ und $b_{m,k}^{(2)}$ das erste und zweite Moment von $B_k^{(m)}(t)$; es seien $d_{m,k}^{(1)}$ und $d_{m,k}^{(2)}$ das erste und zweite Moment von $\bar{D}_k^{(m)}(t)$; im besonderen sei

$$d_{m,k}^{(1)} = d_{m,k};\ d_{m,\infty}^{(1)} = d_m^{(1)} = d_m =$$

$$= b_m;\ d_{m,\infty}^{(2)} = d_m^{(2)} = b_m^{(2)}.$$

σ_k und σ_{k-1} werden durch

$$\sigma_k = \lambda_m \int_0^k b_{m,\xi}\; dP(\xi), \tag{1.32.2}$$

$$\sigma_{k-1} = \lambda_m \int_0^{k-0} b_{m,\xi}\; dP(\xi)$$

gegeben.

Unter der „Head-of-the-Line"-Prioritätspolitik hat man für $\bar{W}_k^{(m)}$

$$\bar{W}_k^{(m)} = b_{m,k} + \frac{\lambda_m\, b_m^{(2)}}{2\,(1 - \sigma_{k-1})\,(1 - \sigma_k)}, \tag{1.32.3}$$

und für $\bar{W}^{(m)}$

$$\bar{W}^{(m)} = \int_0^\infty \bar{W}_\xi^{(m)}\, dP(\xi). \tag{1.32.4}$$

$\bar{N}_k^{(m)}$ und $\bar{N}^{(m)}$ werden durch die nachstehenden Formeln bestimmt:

$$\bar{N}_k^{(m)} = \lambda_{m,k}\, \bar{W}_k^{(m)}, \tag{1.32.5}$$

---

18 Vgl. zum folgenden Takács, L.: Priority Queues, in: Operations Research, vol. 12, 1964, S. 63-74.

$$\bar{N}^{(m)} = \int_0^\infty \lambda_m \, \bar{W}_k^{(m)} \, dP(k) = \lambda_m \, \bar{W}^{(m)}; \qquad (1.32.6)$$

dabei ist $\lambda_{m,k} = \lambda_m \, dP(k)$.

Unter der Preemptive Prioritätspolitik wird $\bar{W}_k^{(m)}$ durch

$$\bar{W}_k^{(m)} = \frac{b_{m,k}}{1 - \sigma_{k-1}} + \frac{\bar{\lambda}_{m,k} \, d_{m,k}^{(2)}}{2\,(1 - \sigma_{k-1})\,(1 - \sigma_k)} \qquad (1.32.7)$$

bestimmt, wobei $\bar{\lambda}_{m,k} = \lambda_m \, P(k)$ ist. $\bar{W}^{(m)}$, $\bar{N}_k^{(m)}$ und $\bar{N}^{(m)}$ kann man berechnen wie bei der „Head-of-the-Line“-Prioritätspolitik.

2. Das klassische Modell der dynamischen Fertigungsablaufplanung

2.1 Prämisse des klassischen Modells

In der Definition des klassischen Problems der dynamischen Ablaufplanung sind folgende Annahmen enthalten:

1. Es gibt nur eine Maschine in jeder Maschinengruppe Q_e, $e = 1, 2, \ldots, \nu$.

2. Jede Operation wird nur einmal durch ein und dieselbe Maschine vorgenommen, jedoch nicht unbedingt ununterbrochen.

3. Kein Auftrag darf simultan durch zwei oder mehrere Maschinen bearbeitet werden.

4. Keine Maschine darf gleichzeitig zwei oder mehrere Aufträge bearbeiten.

5. Bei jeder Maschine ist ein großer Lagerraum vorhanden.

6. Es gibt keine Fertigstellungstermine.

7. Die Übergangsmatrix $\Pi = (\pi_{m,m'})$, $m = 0, 1, \ldots, M$; $m' = 1, 2, \ldots, M, M+1$, ist bekannt.

8. Die eintreffenden Aufträge gehorchen einem stationären Poisson-Prozeß; die Ankunftsraten λ_G und λ_m, $m = 1, 2, \ldots, M$ sind vorgegeben.

9. Die Bearbeitungszeiten sind exponentiell verteilt; die Abfertigungsraten μ_m, $m = 1, 2, \ldots, M$ sind vorgegeben.

10. Die Bearbeitungszeiten werden nicht durch die Sequenzpolitik S beeinflußt.

11. Die Operationszeiten müssen zumindest bei der Ankunft der Aufträge im System bekannt sein. Diese Annahme wird erst bei der Bildung des dynamischen Programmierungsmodells berücksichtigt.

12. Das Produktionssystem befindet sich im Gleichgewichtszustand. Die angegebenen Annahmen bilden die Voraussetzungen für die Aufstellung des klassischen Modells der dynamischen Ablaufplanung.

2.2 Aufstellung des klassischen Modells

2.21 Das kombinatorische Modell

Auf die Annahmen (1-12) gründet sich das System $(M, \lambda_G, \mu, \sqcap, S)$, dem die Ziele Z_8 und Z_9 entsprechen; Z_8 und Z_9 sind Funktionen von $S = (s_1, s_2, \ldots, s_K)$. Das System $(M, \lambda_G, \mu, \sqcap, S)$ zerfällt gemäß dem Dekompositionsprinzip in M unabhängige Teilsysteme (λ_m, μ_m, S), $m = 1, 2, \ldots, M$, wobei jedem Teilsystem (λ_m, μ_m, S) die Größen $\bar{W}^{(m)}$ *und* $\bar{N}^{(m)}$ entsprechen; auch $\bar{W}^{(m)}$ und $\bar{N}^{(m)}$ sind Funktionen von $S = (s_1, s_2, \ldots, s_K)$.

Nach Definition gelten die Beziehungen

$$Z_8\,(S) = \bar{W}^{(1)}\,(s_1, s_2, \ldots, s_K) + \ldots + \bar{W}^{(M)}\,(s_1, s_2, \ldots, s_K), \tag{2.21.1}$$

$$Z_9\,(S) = \bar{N}^{(1)}\,(s_1, s_2, \ldots, s_K) + \ldots + \bar{N}^{(M)}\,(s_1, s_2, \ldots, s_K). \tag{2.21.2}$$

Nimmt man das Minimum beider Seiten in (2.21.1) und (2.21.2), so erhält man

$$\min_S Z_8\,(S) = \min_S\,[\bar{W}^{(1)}\,(s_1, s_2, \ldots, s_K) + \ldots + \bar{W}^{(M)}\,(s_1, s_2, \ldots, s_K)], \tag{2.21.3}$$

$$\min_S Z_9\,(S) = \min_S\,[\bar{N}^{(1)}\,(s_1, s_2, \ldots, s_K) + \ldots + \bar{N}^{(M)}\,(s_1, s_2, \ldots, s_K)]. \tag{2.21.4}$$

Da die Teilsysteme (λ_m, μ_m, S), $m = 1, 2, \ldots, M$ unabhängig sind, sind die Gleichungen (2.21.3) und (2.21.4) äquivalent zu den Gleichungen

$$\min_S Z_8\,(S) = \min_S \bar{W}^{(1)}\,(s_1, s_2, \ldots, s_K) + \ldots + \min_S \bar{W}^{(M)}\,(s_1, s_2, \ldots, s_K), \tag{2.21.5}$$

$$\min_S Z_9\,(S) = \min_S \bar{N}^{(1)}\,(s_1, s_2, \ldots, s_K) + \ldots + \min_S \bar{N}^{(M)}\,(s_1, s_2, \ldots, s_K). \tag{2.21.6}$$

Daraus folgt, daß das M-stufige Minimierungsproblem M gleichen einstufigen Minimierungsproblemen äquivalent ist.

Nach den Formeln (1.31.8) und (1.31.10) können $\bar{W}^{(m)}\,(s_1, s_2, \ldots, s_K)$ und $\bar{N}^{(m)}\,(s_1, s_2, \ldots, s_K)$ als

$$\bar{W}^{(m)}(s_1, s_2, \ldots, s_K) = \sum_{k=1}^{k=K} \omega_{s_k} \bar{W}_{s_k}^{(m)}, \; m = 1, 2, \ldots, M,$$

$$\bar{N}^{(m)}(s_1, s_2, \ldots, s_K) = \sum_{k=1}^{k=K} \omega_{s_k} \bar{N}_{s_k}^{(m)}, \; m = 1, 2, \ldots, M$$

geschrieben werden.

Somit reduziert sich das zu lösende Problem auf das kombinatorische Modell

$$\min_S \{ \bar{W}^{(m)}(s_1, s_2, \ldots, s_K) = \sum_{k=1}^{k=K} \omega_{s_k} \bar{W}_{s_k}^{(m)} \mid S \in \mathbf{S}' \},$$

$$m = 1, 2, \ldots, M, \tag{2.21.7}$$

bzw.

$$\min_S \{ \bar{N}^{(m)}(s_1, s_2, \ldots, s_K) = \sum_{k=1}^{k=K} \omega_{s_k} \bar{N}_{s_k}^{(m)} \mid S \in \mathbf{S}' \},$$

$$m = 1, 2, \ldots, M; \tag{2.21.8}$$

S' ist die Menge der Sequenzpolitiken, die die Bedingung 3 oben erfüllen; $\mathbf{S}' \subset \mathbf{S}$, wobei **S** die Menge aller Sequenzpolitiken ist.

2.22 Das dynamische Programmierungsmodell

Man betrachte die Bearbeitungszeitlänge θ als Prioritätszahl; man teilt θ in $K + 1$ sich nicht überschneidende Intervalle $(\theta_{k-1}, \theta_k]$, $k = 0, 1, \ldots, K + 1$, wobei $\theta_0 = 0$, $\theta_{K+1} = \infty$ sind. Ein Auftrag mit Bearbeitungszeit im Intervall $(\theta_{k-1}, \theta_k]$ heißt dann k-Auftrag. Folglich gibt es $K + 1$ Prioritätsklassen. Offenbar haben die Aufträge mit Bearbeitungszeit im Intervall $(\theta_{i-1}, \theta_i]$ bezüglich der Aufträge mit Bearbeitungszeit im Intervall $(\theta_{j-1}, \theta_j]$ das Recht auf Priorität, wenn $i < j$ ist.

Es wird angenommen, daß die soeben konstruierte Politik die Form der „Head-of-the-Line“-Prioritätspolitik hat. ω_k, $B_k^{(m)}(t)$, φ_k und σ_k werden dann wie folgt definiert:

$$\omega_k = \omega(\theta_{k-1}, \theta_k) = B^{(m)}(\theta_k) - B^{(m)}(\theta_{k-1});$$

$$B_k^{(m)}(t) = \begin{cases} 0 & , \text{wenn } 0 \leq t \leq \theta_{k-1}, \\ \dfrac{B^{(m)}(t) - B^{(m)}(\theta_{k-1})}{B^{(m)}(\theta_k) - B^{(m)}(\theta_{k-1})} & , \text{wenn } \theta_{k-1} < t \leq \theta_k, \\ 1 & , \text{wenn } \theta_k < t \end{cases}$$

ist – $B_k^{(m)}(t)$ bezeichnet die bedingte Bearbeitungszeitverteilung, unter der Bedingung, daß der Auftrag eine Bearbeitungszeit im Intervall $(\theta_{k-1}, \theta_k]$ verlangt;

$$\varphi_k = \varphi(\theta_{k-1}, \theta_k) = \lambda_m \int_{\theta_{k-1}}^{\theta_k} t \, dB^{(m)}(t) < 1;$$

$$\sigma_k = \sigma(\theta_k) = \lambda_m \int_0^{\theta_k} t \, dB^{(m)}(t) < 1.$$

Für $\overline{W}_k^{(m)}$ und $\overline{W}^{(m)}$ kann man nach den Formeln (1.31.7) und (1.31.8) schreiben

$$\overline{W}_k^{(m)}(\theta_{k-1}, \theta_k) = \int_{\theta_{k-1}}^{\theta_k} t \, dB^{(m)}(t) + \frac{\lambda_m b_m^{(2)}}{2(1-\sigma(\theta_{k-1}))(1-\sigma(\theta_k))}, \tag{2.22.1}$$

$$\overline{W}^{(m)}(\theta_1, \theta_2, \ldots, \theta_K) = \int_0^{\infty} t \, dB^{(m)}(t) + \frac{\lambda_m b_m^{(2)}}{2} + \sum_{k=1}^{K+1} \frac{\omega(\theta_{k-1}, \theta_k)}{(1-\sigma(\theta_{k-1}))(1-\sigma(\theta_k))}. \tag{2.22.2}$$

Das System $(M, \lambda_G, \mu, \sqcap, S)$ zerfällt auch unter der angegebenen Politik in M unabhängige Teilsysteme (λ_m, μ_m, S), $m = 1, 2, \ldots, M$. Daher erhält man

$$\overline{W} = \overline{W}^{(1)}(\theta_1, \theta_2, \ldots, \theta_K) + \ldots + $$
$$+ \overline{W}^{(M)}(\theta_1, \theta_2, \ldots, \theta_K). \tag{2.22.3}$$

Bisher waren die Punkte $\theta_1, \theta_2, \ldots, \theta_K$ beliebig. Man kann sie jedoch bestimmen, um $\overline{W}$ zu minimieren. Nimmt man das Minimum beider Seiten in (2.22.3) und beachtet, daß die Teilsysteme unabhängig sind, so bekommt man

$$\min \overline{W} = \min_{0 \leq \theta_1 \leq \ldots \leq \theta_K \leq \theta_{K+1} = x} \overline{W}^{(1)}(\theta_1, \theta_2, \ldots, \theta_K) +$$
$$\ldots + \min_{0 \leq \theta_1 \leq \ldots \leq \theta_K \leq \theta_{K+1} = x} \overline{W}^{(M)}(\theta_1, \theta_2, \ldots, \theta_K). \tag{2.22.4}$$

Folglich reduziert sich das M-stufige Minimierungsproblem auf

$$\min_{0 \leq \theta_1 \leq \ldots \leq \theta_K \leq \theta_{K+1} = x} [\overline{W}^{(m)}(\theta_1, \theta_2, \ldots, \theta_K) =$$
$$= \overline{W}_{K+1}^{(m)}], \quad m = 1, 2, \ldots, M. \tag{2.22.5}$$

(2.22.5) ist im allgemeinen ein Problem der mathematischen Programmierung, kann aber wegen seiner Struktur auf ein dynamisches Programmierungsmodell zurückgeführt werden. Im Nachfolgenden wird angenommen, daß $B^{(m)}(t)$ eine absolut stetige Funktion ist. Daraus folgt, daß auch $\omega(\theta_{k-1}, \theta_k)$, $\varphi(\theta_{k-1}, \theta_k)$, $\sigma(\theta_k)$ und $\overline{W}^{(m)}(\theta_1, \theta_2, \ldots, \theta_K)$ stetige Funktionen sind. Außerdem besitzt $\overline{W}^{(m)}$ eine besondere Eigenschaft: Sei $\theta_{k+1} = x$. Angenommen, man hätte θ_k im y fixiert. Die mittlere

Wartezeit der Klasse $(y, x]$ ist unveränderbar, welche Werte man für die $\theta_1, \theta_2, \ldots, \theta_{k-1}$ auch wählen mag[1].

Das erste Glied im (2.22.2) und der Faktor

$$\frac{\lambda_m \, b_m^{(2)}}{2}$$

werden durch die Wahl von $\theta_1, \theta_2, \ldots, \theta_K$ nicht beeinflußt. Deshalb kann man sie bei dem nachstehend beschriebenen Verfahren außer Betracht lassen. Sei

$$z^* = \min z = f_{K+1}^{(m)}(x) =$$

$$= \underset{0 \leqslant \theta_1 \leqslant \theta_2 \leqslant \ldots \leqslant \theta_K \leqslant x}{\min} \left\{ \sum_{k=1}^{k=K+1} \frac{\omega(\theta_{k-1}, \theta_k)}{(1-\sigma(\theta_{k-1}))\,(1-\sigma(\theta_k))} \right\}$$

wobei $\theta_{K+1} = x$, $\sigma_0 = 0$ sind. Man wählt $\theta_K = y$ $(0 \leqslant y \leqslant x)$ und minimiert über die verbleibenden Variablen $\theta_1, \theta_2, \ldots, \theta_{K-1}$, indem man θ_K im $\theta_K = y$ festhält. Angenommen, man hätte das für jeden zulässigen Wert von θ_K durchgeführt. Dann ist $z^* = f_{K+1}^{(m)}(x)$ die größte aller erhaltenen z-Werte, und man findet eine Menge $\{\theta_k, k = 1, 2, \ldots, K\}$, welche z minimiert. Diesen Schritt kann man in Form einer Gleichung darstellen:

$$\underset{0 \leqslant \theta_1 \leqslant \ldots \leqslant \theta_{K-1} \leqslant \theta_K = y}{\min} \left\{ \sum_{k=1}^{k=K+1} \frac{\omega(\theta_{k-1}, \theta_k)}{(1-\sigma(\theta_{k-1}))\,(1-\sigma(\theta_k))} \right\} =$$

$$= \frac{\omega(y, x)}{(1-\sigma(y))\,(1-\sigma(x))} +$$

$$+ \underset{0 \leqslant \theta_1 \leqslant \ldots \leqslant \theta_{K-1} \leqslant y}{\min} \left\{ \sum_{k=1}^{k=K} \frac{\omega(\theta_{k-1}, \theta_k)}{(1-\sigma(\theta_{k-1}))\,(1-\sigma(\theta_k))} \right\};$$

der Ausdruck

$$\frac{\omega(y, x)}{(1-\sigma(y))\,(1-\sigma(x))}$$

kann wegen der vorhin genannten Eigenschaft von $\overline{W}^{(m)}$ ausgeklammert werden. Nun hängt

$$\underset{0 \leqslant \theta_1 \leqslant \ldots \leqslant \theta_{K-1} \leqslant \theta_K = y}{\min} \left\{ \sum_{k=1}^{k=K} \frac{\omega(\theta_{k-1}, \theta_k)}{(1-\sigma(\theta_{k-1}))\,(1-\sigma(\theta_k))} \right\}$$

von dem Wert $\theta_K = y$ ab. Man schreibt weiter

---

[1] Das ergibt sich dadurch, daß die Laplace-Transformation für die Wartezeit der k-ten Prioritätsklasse ohne Bezugnahme auf die Prioritätsklassen $1, 2, 3, \ldots, k$-1 abgeleitet wird; vgl. hierzu Takács, L.: Priority Queues, ..., insbesondere S. 65-66.

$$f_K^{(m)}(y) = \min_{0 \leq \theta_1 \leq \ldots \leq \theta_{K-1} \leq y} \left\{ \sum_{k=1}^{k=K} \frac{\omega(\theta_{k-1}, \theta_k)}{(1 - \sigma(\theta_{k-1}))(1 - \sigma(\theta_k))} \right\}.$$

Berechnet man $f_K^{(m)}(y)$ für jeden Wert von $\theta_K = y$ $(0 \leq y \leq x)$, dann ist es klar, daß

$$f_{K+1}^{(m)}(x) = \min_{0 \leq y \leq x} \left\{ \frac{\omega(y, x)}{(1 - \sigma(y))(1 - \sigma(x))} + f_K^{(m)}(y) \right\}$$

ist. Den Wert von $f_K^{(m)}(x)$ erhält man analog:

$$f_K^{(m)}(x) = \min_{0 \leq y \leq x} \left\{ \frac{\omega(y, x)}{(1 - \sigma(y))(1 - \sigma(x))} + f_{K-1}^{(m)}(y) \right\}.$$

Das angeführte Verfahren kann zu einer Methode für die Berechnung von $f_{K-1}^{(m)}(x)$ erweitert werden. Das gleiche Verfahren wird fortgesetzt, bis man schließlich beim letzten Schritt nur noch

$$f_1^{(m)}(x) = \frac{\omega(0, x)}{1 - \sigma(x)}$$

zu berechnen hat. Im allgemeinen sehen die Funktionalgleichungen so aus[2, 3]:

$$\begin{aligned} f_{k+1}^{(m)}(x) &= \min_{0 \leq y \leq x} \left\{ \frac{\omega(y, x)}{(1 - \sigma(y))(1 - \sigma(x))} + \right. \\ &\qquad \left. + f_k^{(m)}(y) \right\}, \quad k = 1, 2, \ldots, K, \qquad (2.22.6) \\ f_1^{(m)}(x) &= \frac{\omega(0, x)}{1 - \sigma(x)}. \end{aligned}$$

Man hat also das dynamische Programmierungsmodell

$$\left.\begin{aligned} f_{k+1}^{(m)}(x) &= \min_{0 \leq y \leq x} \left\{ \frac{\omega(y, x)}{(1 - \sigma(y))(1 - \sigma(x))} + f_k^{(m)}(y) \right\}, \\ &\quad k = 1, \ldots, K, \\ f_1^{(m)}(x) &= \frac{\omega(0, x)}{1 - \sigma(x)} \end{aligned}\right\} m = 1, \ldots, M \qquad (2.22.7)$$

erhalten.

[2] Vgl. zum allgemeinen Charakter der Funktionalgleichungen u. a. besonders Bellman, R. E.: Dynamic Programming. 1959, 2. Aufl., Chapter I, S. 7–9 und Chapter III, insb. Aufgabe 73 auf S. 108; Bellman, R. E. and Dreyfus, S. E.: Applied Dynamic Programming. 1962, Chapter I, insb. S. 14–15 und Hadley, G.: Nichtlineare und dynamische Programmierung . . ., S. 424 ff.

[3] Vgl. auch Oliver, R. M. and Pestalozzi, G.: On a Problem of Optimum Priority Classification, in: Journal of Industrial and Applied Mathematics, vol. 13, N. 3, 1965, S. 890–899, hier S. 892–893. Sie befassen sich nur mit einem einstufigen Warteschlangensystem und außerdem haben sie die Funktionalgleichungen auf eine andere Weise aufgestellt. Gl. (2.22.6) wurden direkt aus der Definition der Zustandsfunktionen $f_k^{(m)}(x)$, $k = 1, 2, \ldots, K$ abgeleitet.

3. Das erweiterte Modell der dynamischen Fertigungsablaufplanung

3.1 Prämisse des erweiterten Modells

Mit Ausnahme der Annahme 11) gelten die übrigen Annahmen, die für das klassische Modell gemacht wurden, auch für das erweiterte Modell. Außerdem wird angenommen:

(a) der Beschädigungsstrom einer Maschine sei stationär Poisson-Prozeß mit Beschädigungsrate $\hat{\lambda}_m$, $m = 1, 2, \ldots, M$,

(b) die Reparaturzeit besitze eine Exponentialverteilung mit Parameter $\hat{\mu}_m$, $m = 1, 2, \ldots, M$,

(c) die Reparatur beginne sofort nach dem Ausfall der Maschine,

(d) Ausfälle treten nur während der Betriebszeit der Maschine ein.

Es werden zwei Arten von Wartekosten betrachtet:

(a) Lineare Wartekosten. Die Grenzwartekosten *(GWK)* $c_k^{(m)}$ verlaufen, wie Abb. 3.1.1 zeigt.

(b) Nichtlineare Wartekosten. Es wird angenommen, daß die *GWK* im allgemeinen eine steigende Funktion der Wartezeit *(WZ)* sind, wie sie Abb. 3.1.2 angibt.

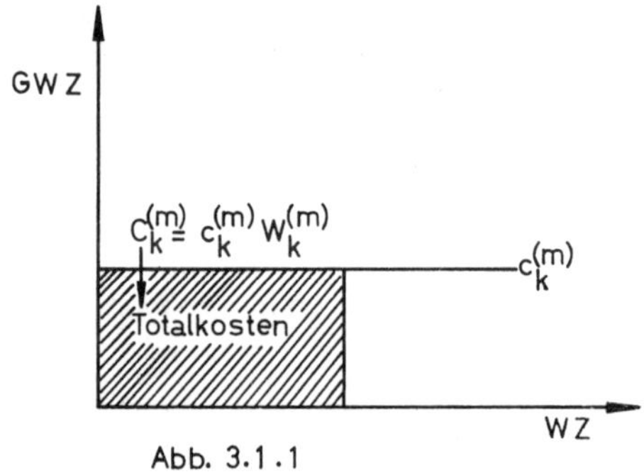

Abb. 3.1.1

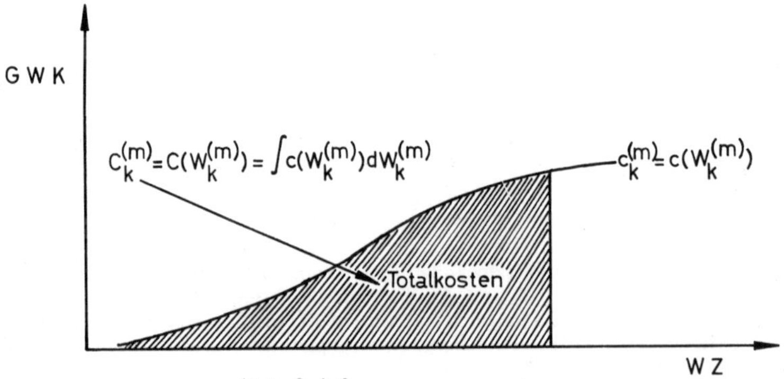

Abb. 3.1.2

3.2 Aufstellung des erweiterten Modells

Entsprechend der Art der Wartekosten werden zwei Modelle unterschieden: Das Modell mit linearen Wartekosten und das Modell mit nichtlinearen Wartekosten.

3.21 Das Modell mit linearen Wartekosten

Das Versagen einer Maschine kann man dadurch in Betracht ziehen, daß man den Beschädigungsstrom als Strom höchster Prioritätsklasse ansieht und die Preemtive Prioritätspolitik anwendet[1]. Denn wenn die Maschine ausfällt, müssen sämtliche in der Warteschlange stehenden Aufträge warten, bis die Maschine repariert ist.

Es wird jetzt eine künstliche Klasse 0 von Aufträgen, denen die Ausfälle der Maschine entsprechen, eingeführt. In bezug auf die Klassen 1, 2, . . ., K hat die Klasse 0 das Recht auf Priorität. Ein Unterschied ergibt sich jedoch dadurch, daß während der Reparaturzeit keine Ausfälle eintreten. Deshalb ist die Beschädigungsrate $\hat{\lambda}_m$ nur für die Betriebszeit der Maschine denkbar. Dies verursacht Schwierigkeiten für die Berechnung von $\overline{W}_k^{(m)}$. Diese Schwierigkeit kann man überwinden, indem man eine reduzierte Beschädigungsrate $\lambda_{m,0}$ definiert, die sowohl für die Betriebszeit als auch für die Stillstandzeit der Maschine denkbar ist, und sie dann als Ankunftsrate der künstlichen Klasse 0 interpretiert; $\lambda_{m,0}$ kann man durch folgenden Kunstgriff berechnen[2]: In einer Zeitperiode τ treffen $\lambda_{m,0}\,\tau$ 0-Aufträge im System (λ_m, μ_m, S) ein; $\tau \times r$ $(r = \lambda_{m,0}/\hat{\mu}_m)$ ist die Zeit, die für Reparatur verbraucht wird; $(\tau - \tau \times r)$ ist die Zeit, in der die Maschine in Betrieb ist. Da $\hat{\lambda}_m$ nur für die Zeit $(\tau - \tau \times r)$ anwendbar ist, muß

$$\lambda_{m,0}\,\tau = \hat{\lambda}_m\,(\tau - \tau \times r)$$

sein, woraus schließlich

$$\lambda_{m,0} = \hat{\lambda}_m\,(1 - \lambda_{m,0}/\hat{\mu}_m)$$

folgt. Die Parameter der Klasse 0 sind also $\lambda_{m,0}$, $\mu_{m,0}$, $(\mu_{m,0} = \hat{\mu}_m)$,$\varphi_{m,0}$ $(\varphi_{m,0} = r)$.

Es sei betont, daß durch den eingeführten Kunstgriff das Versagen einer Maschine nicht im vollen Umfang erfaßt ist, sondern nur angenähert.

Nach dem Dekompositionsprinzip sind die Zufallsvektoren $(W_1^{(m)}, W_2^{(m)}, \ldots, W_K^{(m)})$, $m = 1, 2, \ldots, M$ unabhängig. $C^{(m)}$ $(C^{(m)} = \omega_1\, c_1^{(m)} W_1^{(m)} + \ldots + \omega_K\, c_K^{(m)} W_K^{(m)})$ ist als Funktion vom Zufallsvektor $(W_1^{(m)}, W_2^{(m)}, \ldots, W_K^{(m)})$ eine Zufalls-

---

[1] Vgl. White, H. and Christie, L. S.: Queuing with Preemptive Priorities or with Breakdown, in: Operations Research, vol. 6, 1958, S. 79-95, hier insb. S. 89-91; Gaver, D. P.: A Waiting Line with Interrupted Service, including Priorities, in: Journal of the Royal Statistical Society, Series B, vol. 2, 1962, S. 73-90, hier S. 7 und Gnedenko, B. W. and Kowalenko, I. N.: S. 72-73.

[2] White, H. and Christie, L. S.: S. 91.

variable[3]. Die Zufallsvariablen $C^{(m)}$, $m = 1, 2, \ldots, M$ sind wegen der Unabhängigkeit der Zufallsvektoren $(W_1^{(m)}, W_2^{(m)}, \ldots, W_K^{(m)})$, $m = 1, 2, \ldots, M$ unabhängig[4]. Folglich zerfällt das System $(M, \lambda_G, \mu, \sqcap, S)$ auch in bezug auf die Zufallsvariablen $C^{(m)}$, $m = 1, 2, \ldots, M$ in M unabhängige Teilsysteme.

Betrachtet man nun die Wartekosten $C^{(m)}$, $m = 1, 2, \ldots, M$ als Funktionen von $S = (s_1, s_2, \ldots, s_K)$ und beachtet, daß die Teilsysteme unabhängig sind, dann bekommt man

$$\min_S Z_{10} = \min_S E[C^{(1)}(s_1, s_2, \ldots, s_K)] + \ldots + \min_S E[C^{(M)}(s_1, s_2, \ldots, s_K)].$$

Das M-stufige Minimierungsproblem reduziert sich also auf

$$\min_S \left\{ \bar{C}(s_1, s_2, \ldots, s_K) = \sum_{k=1}^{k=K} w_{s_k} c_{s_k}^{(m)} \bar{W}_{s_k}^{(m)} \mid S \epsilon S' \right\}, \quad m = 1, 2, \ldots, M, \tag{3.21.1}$$

wobei $\bar{C}^{(m)}(s_1, s_2, \ldots, s_K) = E[C^{(m)}(s_1, s_2, \ldots, s_K)]$ ist.

3.22 Das Modell mit nichtlinearen Wartekosten

Es sei $t_{j_k}^k$ bzw. $\tau_{j_k}^k$ $(j_k = 1, 2, 3 \ldots)$ der Ankunftszeitpunkt bzw. der Abgangszeitpunkt eines k-Auftrages. $A_k^{(m)}(t)$ bzw. $D_k^{(m)}(t)$ bezeichne die Anzahl der k-Aufträge, die im Zeitintervall $[0, t)$ im System (λ_m, μ_m, S) eintreffen, bzw. die Anzahl der k-Aufträge, die im Intervall $[0, t)$ das System (λ_m, μ_m, S) verlassen. Die Realisierung der stochastischen Prozesse $A_k^{(m)}(t)$ *und* $D_k^{(m)}(t)$ wird durch Treppenlinien (Abb. 3.22.1) dargestellt[5].

Der j_k-te eintreffende k-Auftrag wartet im System (λ_m, μ_m, S) eine Zeit

$$W_{k,j_k}^{(m)} = \tau_{j_k}^k - t_{j_k}^k;$$

$W_{k,j_k}^{(m)}$ $(j_k = 1, 2, 3, \ldots)$ sind unabhängige identisch verteilte Zufallsvariable. Die Wartekosten, die während der Wartezeit $W_{k,j_k}^{(m)}$ anfallen, betragen

$$C_{k,j_k}^{(m)} = C(W_{k,j_k}^{(m)}).$$

Nun wird die Operation des Systems (λ_m, μ_m, S) für eine Zeitperiode τ betrachtet. In dieser Zeitperiode werden n_k k-Aufträge im System eintreffen. Es wird angenommen, daß die Klassen $1, 2, \ldots, K$ unabhängig sind, und die Zahl n_k einem Poisson-

---

3 Vgl. Fisz, M.: Wahrscheinlichkeitsrechnung und Mathematische Statistik. 1971, S. 57.

4 Vgl. ders.: S. 76.

5 Vgl. zur anchaulichen Darstellung von $A_k^{(m)}(t)$ und $D_k^{(m)}(t)$ Newell, G. F.: S. 8.

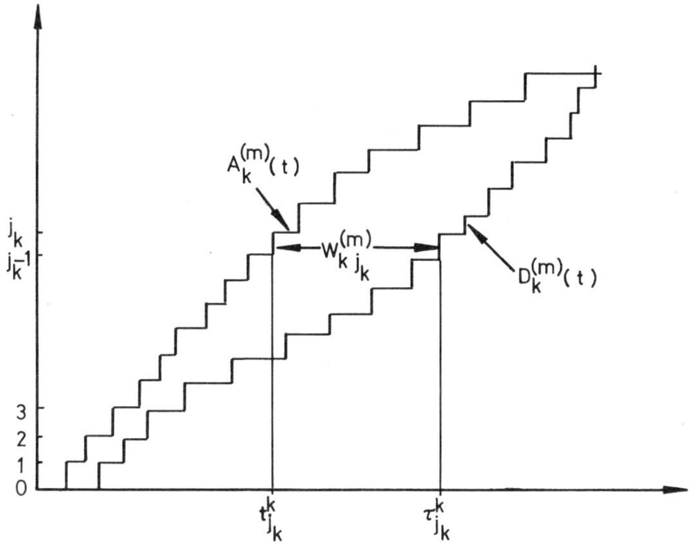

Abb. 3. 22.1

Prozeß mit Parameter $\lambda_{m,k}$ gehorcht. Die Totalkosten $K_g^{(m)}(\tau)$ über die Zeitperiode τ belaufen sich auf

$$K_g^{(m)}(\tau) = \sum_{k=1}^{K} \sum_{j_k=1}^{n_k} C_{k,j_k}^{(m)}; \qquad (3.22.1)$$

$K_g^{(m)}(\tau)$ ist eine Zufallsvariable. Es sei angenommen, es existiere ein bedingtes Wahrscheinlichkeitsmaß über die Werte der Menge $\{C_{k,j_k}^{(m)} \mid j_k = 1, 2, 3, \ldots, n_k\}$ für einen gegebenen Wert von n_k ($C_{k,j_k}^{(m)}$ ist nach Definition eine stetige Zufallsvariable). Dieses Wahrscheinlichkeitsmaß sei mit

$$F_{n_k}(x_1, x_2, \ldots, x_{n_k}) \equiv Pr\{C_{k,1}^{(m)} \leq x_1, \ldots, C_{k,n_k}^{(m)} \leq x_{n_k} | n_k\}$$

bezeichnet. Ferner sei P_{n_k} die Wahrscheinlichkeit für das Auftreten von n_k k-Aufträgen in der Zeitperiode τ. Dividiert man (3.22.1) durch τ und nimmt die mathematische Erwartung, bekommt man

$$E\left[\frac{K_g^{(m)}(\tau)}{\tau}\right] = \frac{1}{\tau} \sum_{n_k} \sum_{k=1}^{K} P_{n_k} \int_{x_1}\int_{x_2} \ldots \int_{x_{n_k}} \sum_{j_k=1}^{n_k} x_{j_k} dF_{n_k}(x_1, x_2, \ldots, x_{n_k}). \qquad (3.22.2)$$

Führt man weiter den bedingten Erwartungswert

$$E[C_{k,j_k}^{(m)} | n_k] = \int_{x_1}\int_{x_2} \ldots \int_{x_{n_k}} x_{j_k}\, dF_{n_k}(x_1, x_2, \ldots, x_{n_k})$$

ein, so kann man (3.22.2) in der Form

$$E\left[\frac{K_g^{(m)}(\tau)}{\tau}\right] = \frac{1}{\tau}\sum_{k=1}^{k=K}\sum_{n_k} P_{n_k}\sum_{j_k=1}^{j_k=n_k} E\left[C_{k,j_k}^{(m)} \mid n_k\right] \qquad (3.22.3)$$

schreiben. Wenn man den Grenzübergang für $\tau \to \infty$ und $n_k \to \infty$ vollzieht, erhält man

$$\bar{K}^{(m)} = \lim_{\substack{\tau\to\infty \\ n_k\to\infty}} E\left[\frac{K_g^{(m)}(\tau)}{\tau}\right] =$$

$$= \sum_{k=1}^{k=K}\left\{\sum_{n_k}\left[\lim_{\substack{\tau\to\infty \\ n_k\to\infty}} \frac{P_{n_k} n_k}{\tau}\right]\left[\lim_{\substack{\tau\to\infty \\ n_k\to\infty}} \frac{1}{n_k}\sum_{j_k=1}^{j_k=n_k} E\left[C_{k,j_k}^{(m)} \mid n_k\right]\right]\right\}$$

$$= \sum_{k=1}^{k=K} \lambda_{m,k} \lim_{n_k\to\infty} \lim_{\tau\to\infty} \left(\frac{1}{n_k}\sum_{j_k=1}^{j_k=n_k} E\left[C_{k,j_k}^{(m)} \mid n_k\right]\right), \qquad (3.22.4)$$

weil für $\tau \to \infty$ $\frac{n_k}{\tau} \to \lambda_{m,k}$ konvergiert. Beim Grenzübergang $\tau \to \infty$ konvergiert $E[C_{k,j_k}^{(m)} \mid n_k] \to E[C_{k,j_k}^{(m)}]$; daher erhält man aus (3.22.4, wenn man beachtet, daß $\lim_{j_k\to\infty} E[C_{k,j_k}^{(m)}] = E[C_k^{(m)}]$ ist,

$$\bar{K}^{(m)} = \sum_{k=1}^{K} \lambda_{m,k} \lim_{n_k\to\infty} \left(\frac{1}{n_k}\sum_{j_k=1}^{j_k=n_k} E\left[C_{k,j_k}^{(m)}\right]\right) =$$

$$= \sum_{k=1}^{k=K} \lambda_{m,k}\, E\left[C_k^{(m)}\right]. \qquad (3.22.5)$$

Durch Umformung von (3.22.5) folgt schließlich

$$\bar{K}^{(m)} = \lambda_m \sum_{k=1}^{k=K} \frac{\lambda_{m,k}}{\lambda_m} E\left[C_k^{(m)}\right] =$$

$$= \lambda_m \sum_{k=1}^{k=K} \omega_k \bar{C}_k^{(m)} = \lambda_m E\left[C^{(m)}\right] = \lambda_m \bar{C}^{(m)}; \qquad (3.22.6)$$

dabei sind nach Definition

$$\bar{C}_k^{(m)} = E\left[C_k^{(m)}\right],\ \bar{C}^{(m)} = \sum_{k=1}^{k=K} \omega_k \bar{C}_k^{(m)} = E\left[C^{(m)}\right].$$

$\bar{K}^{(m)}$ bedeutet die mittleren Wartekosten pro Zeiteinheit; $\bar{C}^{(m)}$ bedeutet die mittleren Wartekosten pro Auftrag. Die Formel

$$\bar{K}^{(m)} = \lambda_m \bar{C}^{(m)}$$

ist daher eine Verallgemeinerung der Formel

$$\bar{N}^{(m)} = \lambda_m \bar{W}^{(m)}$$[6].

(3.22.6) kann natürlich zu der Formel $\bar{K} = \lambda_G \bar{C}$ erweitert werden, wobei $\bar{K}$ ($\bar{K} = \bar{K}^{(1)} + \bar{K}^{(2)} + \ldots + \bar{K}^{(M)}$) und $\bar{C}$ ($\bar{C} = \bar{C}^{(1)} + \ldots + \bar{C}^{(M)}$) das System ($M$, λ_G, μ, Π, S) betreffen.

Das zu lösende Problem ergibt sich hier als

$$\min_{S} \left\{ E\left[C^{(m)}(s_1, s_2, \ldots, s_K)\right] = \sum_{k=1}^{K} \omega_{s_k} E\left[C^{(m)}_{s_k}\right] \,\middle|\, S \epsilon S' \right\}, \; m = 1, \ldots, M. \qquad (3.22.7)$$

Es ist nun *klar*, daß das Modell mit linearen Wartekosten ein Spezialfall vom Modell (3.22.7) ist. Sind die *GWK* konstant, dann reduziert sich das Modell (3.22.7) auf das Modell (3.21.1)

4. Das verallgemeinerte Modell der dynamischen Fertigungsablaufplanung

4.1 Prämisse des verallgemeinerten Modells

Aus der Definition des verallgemeinerten Problems der dynamischen Ablaufplanung ergibt sich, daß alle Annahmen, die für das erweiterte Modell gemacht wurden, auch für das verallgemeinerte Modell gelten. Die *GWK* der *k*-ten Klasse nehmen hier die Form einer Sprungfunktion an, die durch Treppenlinien, wie sie Abb. 4.1.1 angibt, dargestellt werden kann (Als *GWK* der *k*-ten Klasse wird natürlich hier die Verspätungswahrscheinlichkeit derselben betrachtet). Die Unstetigkeitsstellen entsprechen den verschiedenen Entscheidungszeitpunkten. Dem Auftreten eines Entscheidungspunkts entspricht

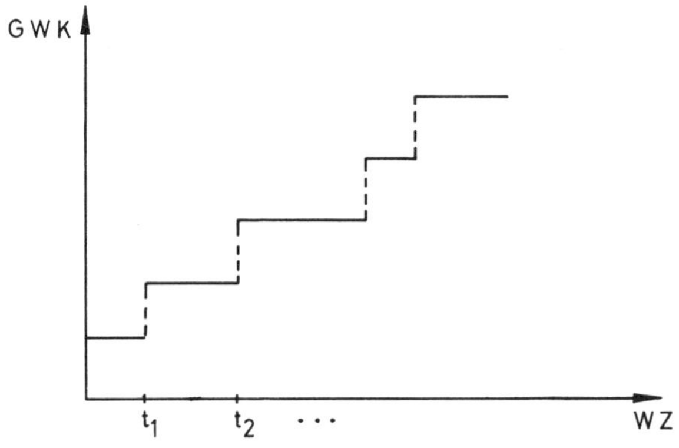

Abb. 4.1.1

[6] Vgl. auch Maxwell, W. L.: On the Generality of the Equation $L = \lambda W$, in: Operations Research, vol. 18, 1970, S. 172–173.

ein Sprung um die geschätzte Verspätungswahrscheinlichkeit $c_{k, m}$ der k-ten Klasse zu diesem Entscheidungszeitpunkt. Die Verspätungswahrscheinlichkeit zwischen zwei Entscheidungspunkten bleibt konstant.

4.2 Aufstellung des verallgemeinerten Modells

Das zu minimierende Ziel ist

$$Z_{14} = \sum_{k=1}^{K} \sum_{m=1}^{M} \omega_k c_{k, m} \overline{W}_k^{(m)}, \qquad (4.2.1)$$

wobei sich die GWK $c_{k, m}$ $(k = 1, 2, \ldots, K;\ m = 1, 2, \ldots, M)$ jeweils auf den Zeitpunkt beziehen, zu dem die Entscheidung getroffen wird. Nimmt man das Minimum beider Seiten von Gleichung (4.2.1) bezüglich S und beachtet, daß die Teilsysteme (λ_m, μ_m, S) $(m = 1, 2, \ldots, M)$ unabhängig sind, bekommt man

$$\min_S Z_{14}(S) = \min_S \bar{C}_1(S) + \min_S \bar{C}_2(S) + \ldots + \min_S \bar{C}_M(S); \qquad (4.2.2)$$

dabei ist

$$\bar{C}_m = \omega_1 c_{1, m} \overline{W}_1^{(m)} + \omega_2 c_{2, m} \overline{W}_2^{(m)} + \ldots + \omega_K c_{K, m} \overline{W}_K^{(m)}, \quad m = 1, \ldots, M.$$

Aus (4.2.1) folgt, daß das M-stufige Minimierungsproblem zu M einstufigen Minimierungsproblemen, die die gleiche Struktur haben, äquivalent ist.

Analog zu dem Modell (3.21.1) kann man das verallgemeinerte Modell als

$$\min_S \left\{ \bar{C}_m (s_1, s_2, \ldots, s_K) = \sum_{k=1}^{K} \omega_{s_k} c_{s_k, m} \overline{W}_{s_k}^{(m)} \,\middle|\, S \in \mathcal{S}' \right\}, \quad m = 1, 2, \ldots, M, \qquad (4.2.3)$$

schreiben.

5. Ableitung optimaler Sequenz(Prioritäts-)politiken

5.1 Methoden zur Lösung des klassischen Modells

5.11 Vergleich verschiedener Sequenzregeln

Es werden fünf Regeln verglichen. Diese sind:

1. „Längste Wartezeit"-Regel („LWZ"-Regel). Nach der „LWZ"-Regel wird der Auftrag mit der längsten Wartezeit zuerst bearbeitet. Da dieser Auftrag zuerst im System eingetroffen ist, wird die „LWZ"-Regel (im Englischen) auch „First Come First Served"-Regel („FCFS"-Regel) genannt.

2. „Kürzeste Wartezeit"-Regel („KWZ"-Regel). Im Gegensatz zur „LWZ"-Regel wird nach der „KWZ"-Regel der Auftrag mit der kürzesten Wartezeit zuerst abgefertigt. Da dieser Auftrag zuletzt im System eingetroffen ist, wird die „KWZ"-Regel auch „Last Come First Served"-Regel („LCFS"-Regel) genannt.

3. „Service In Random"-Regel („SIRO"-Regel). Nach der „SIRO"-Regel wird ein Auftrag für die Bearbeitung zufällig ausgewählt.

4. „Kürzeste Operationszeit"-Regel („KOZ"-Regel). Nach der „KOZ"-Regel wird die Bearbeitung des Auftrages mit der kürzesten Operationszeit vorgezogen.

5. „Längste Operationszeit"-Regel („LOZ"-Regel). Im Gegensatz zur „KOZ"-Regel wird nach der „LOZ"-Regel der Bearbeitung des Auftrages mit der längsten Operationszeit der Vorzug gegeben.

Während die Durchführung der letzten zwei Regeln ein Prioritätswarteschlangensystem mit unendlich vielen Prioritätsklassen $(K = \infty)$ impliziert, führt die Durchführung der ersten drei Regeln zu einem Prioritätswarteschlangensystem mit einer Prioritätsklasse $(K = 1)$.

Die nachstehend angegebenen Hilfssätze sind für den Vergleich der angeführten Regeln sehr wichtig.

Hilfssatz 5.11.1. Die „LWZ"-, „KWZ"- und „SIRO"-Regel sind bezüglich $\bar{W}$ und $\bar{N}$ zueinander äquivalent.

Beweis. Nach dem Dekompositionsprinzip zerfällt das System $(M, \lambda_G, \mu, \sqcap, S)$ in M unabhängige Teilsysteme (λ_m, μ_m, S), $m = 1, 2, \ldots, M$; deshalb genügt es zu zeigen, daß die Regeln bezüglich $\bar{W}^{(m)}$ und $\bar{N}^{(m)}$ äquivalent sind. Die erzeugende Funktion $P^{(m)}(z)$ der Wahrscheinlichkeiten P_m $(N^{(m)} = n_m)$ $(n_m = 1, 2, 3, \ldots)$ ist unabhängig davon, welche von den drei Regeln bei der Aufstellung der Differenzial-Differenz-Gleichungen des Systems (λ_m, μ_m, S) als Prioritätspolitik angewandt wird[1]. Folglich ist

$$\bar{N}^{(m)}_{LWZ} = \bar{N}^{(m)}_{KWZ} = \bar{N}^{(m)}_{SIRO} = \frac{dP^{(m)}(z)}{dz}\Big|_{z=1}{}^{2}.$$

Daraus und aus der Gleichung $\bar{N}^{(m)} = \lambda_m \bar{W}^{(m)}$ ergibt sich

$$\bar{W}^{(m)}_{LWZ} = \bar{W}^{(m)}_{KWZ} = \bar{W}^{(m)}_{SIRO}$$

[1] Vgl. Saaty, T. L.: Elements of Queueing ..., S. 88.

[2] $\bar{N}_{LWZ}^{(m)}$ = mittlerer Auftragsbestand $\bar{N}^{(m)}$ unter der „LWZ"-Regel; $\bar{W}_{LWZ}^{(m)}$ = mittlere Auftragsdurchlaufzeit unter der „LWZ"-Regel; analog kann man $\bar{N}_{KWZ}^{(m)}$, $\bar{N}_{SIRO}^{(m)}$, $\bar{W}_{KWZ}^{(m)}$ *und* $\bar{W}_{SIRO}^{(m)}$ erklären.

Dieses Ergebnis kann man auch aus der Arbeit von *Wishart*[3], *Kingman*[4] und *Keilson*[5] entnehmen.

Hilfssatz 5.11.2. Zwischen $W_{2,\,\mathrm{LWZ}}$, $W_{2,\,\mathrm{KWZ}}$, $W_{2,\,\mathrm{SIRO}}$ besteht die Beziehung

$$W_{2,\,\mathrm{LWZ}} \leqq W_{2,\,\mathrm{SIRO}} \leqq W_{2,\,\mathrm{KWZ}}{}^{6}.$$

Beweis. Aus dem selben Grund wie oben genügt es zu zeigen, daß die Beziehung

$W_{2,\,\mathrm{LWZ}}^{(m)} \leqq W_{2,\,\mathrm{SIRO}}^{(m)} \leqq W_{2,\,\mathrm{KWZ}}^{(m)}$ gilt. $W_{2,\,\mathrm{LWZ}}^{(m)}$, $W_{2,\,\mathrm{KWZ}}^{(m)}$ und $W_{2,\,\mathrm{SIRO}}^{(m)}$

kann man durch die folgenden Formeln berechnen[7]:

$$W_{2,\,\mathrm{LWZ}}^{(m)} = b_m^{(2)} + \frac{\lambda_m b_m^{(3)}}{3\,(1-\varphi_m)} + \frac{\lambda_m^2 (b_m^{(2)})^2}{2\,(1-\varphi_m)^2}, \tag{5.11.1}$$

$$W_{2,\,\mathrm{KWZ}}^{(m)} = b_m^{(2)} + \frac{\lambda_m b_m^{(3)}}{3\,(1-\varphi_m)^2} + \frac{\lambda_m^2 (b_m^{(2)})^2}{2\,(1-\varphi_m)^3}, \tag{5.11.2}$$

$$W_{2,\,\mathrm{SIRO}}^{(m)} = b_m^{(2)} + \frac{2\,\lambda_m b_m^{(3)}}{3\,(1-\varphi_m)\,(2-\varphi_m)} + \frac{\lambda_m^2 (b_m^{(2)})^2}{(1-\varphi_m)^2\,(2-\varphi_m)}. \tag{5.11.3}$$

(5.11.1) und (5.11.3) kann man in der Form

$$W_{2,\,\mathrm{LWZ}}^{(m)} = b_m^{(2)} + (1-\varphi_m)\left[\frac{\lambda_m b_m^{(3)}}{3\,(1-\varphi_m)^2} + \frac{\lambda_m^2 (b_m^{(2)})^2}{2\,(1-\varphi_m)^3}\right], \tag{5.11.4}$$

$$W_{2,\,\mathrm{SIRO}}^{(m)} = b_m^{(2)} + \frac{2\,(1-\varphi_m)}{2-\varphi_m}\left[\frac{\lambda_m b_m^{(3)}}{3\,(1-\varphi_m)^2} + \frac{\lambda_m^2 (b_m^{(2)})^2}{2\,(1-\varphi_m)^3}\right] \tag{5.11.5}$$

$$= b_m^{(2)} + \frac{2}{2-\varphi_m}\left[\frac{\lambda_m b_m^{(3)}}{3\,(1-\varphi_m)} + \frac{\lambda_m^2 (b_m^{(2)})^2}{2\,(1-\varphi_m)^2}\right] \tag{5.21.6}$$

schreiben. Aus (5.11.1), (5.11.2) und (5.11.4) – (5.11.6) erhält man für $\varphi_m < 1$

$$W_{2,\,\mathrm{LWZ}}^{(m)} \leqq W_{2,\,\mathrm{SIRO}}^{(m)} \leqq W_{2,\,\mathrm{KWZ}}^{(m)}.$$

---

[3] Wishart, D. M. G.: Queuing Systems in Which the Discipline is „Last-Come, First-Served", in: Operations Research, vol. 8, N. 5, 1960, S. 591–599, hier S. 596.

[4] Kingman, J. F. C.: On Queues in Which Customers Are Served in Random Order, in: Proc. Camb. Phil. Soc., vol. 58, 1962, S. 79–90, hier S. 88.

[5] Keilson, J.: A Note on the Waiting-Time Distribution for the M/G/1 Queue with Last-Come-First-Served Discipline, in: Operations Research, vol. 16, 1968, S. 1230–1232.

[6] $W_{2,\,LWZ}$ = zweites Moment von W unter der „*LWZ*"-Regel; analog kann man $W_{2,\,KWZ}$, $W_{2,\,SIRO}$, $W_{2,\,LWZ}^{(m)}$, $W_{2,\,KWZ}^{(m)}$ und $W_{2,\,SIRO}^{(m)}$ erklären.

[7] Vgl. Cooper, R. B.: S. 235 (Formel 5.24), S. 236 (Formel 5.25), S. 241 (Formel 5.45).

Hilfssatz 5.11.3.a) Zwischen $\bar{W}_{KOZ}$, $\bar{W}_{LOZ}$ und $\bar{W}_{LWZ}$ gilt die Beziehung

$$\bar{W}_{KOZ} \leqq \bar{W}_{LWZ} \leqq \bar{W}_{LOZ}.$$

b) Zwischen $\bar{N}_{KOZ}$, $\bar{N}_{LOZ}$ und $\bar{N}_{LWZ}$ gilt die Beziehung

$$\bar{N}_{KOZ} \leqq \bar{N}_{LWZ} \leqq \bar{N}_{LOZ}.$$

Beweis. *Nair* and *Neuts*[8] haben Formeln für die mittlere Wartezeit eines Auftrages im System (λ_m, μ, S) sowohl unter „KOZ"-Regel als auch unter „LOZ"-Regel hergeleitet. Mit Hilfe dieser Formeln kann man $\bar{W}^{(m)}_{KOZ}$ und $\bar{W}^{(m)}_{LOZ}$ berechnen. Man erhält

$$\bar{W}^{(m)}_{KOZ} = \frac{1}{\mu_m} + \frac{\varphi_m (2 + \varphi_m)}{2 \mu_m (1 - \varphi_m^2)}, \tag{5.11.7}$$

$$\bar{W}^{(m)}_{LOZ} = \frac{1}{\mu_m} + \frac{\varphi_m (2 + 3\varphi_m)}{2 \mu_m (1 - \varphi_m^2)} \tag{5.11.8}$$

Beachtet man, daß

$$\bar{W}^{(m)}_{LWZ} = \frac{1}{\mu_m (1 - \varphi_m)}$$

ist, dann kann man (5.11.7) und (5.11.8) in der Gestalt

$$\bar{W}^{(m)}_{KOZ} = \frac{2 (1 + \varphi_m) - \varphi_m^2}{2 (1 + \varphi_m)} \frac{1}{\mu_m (1 - \varphi_m)}$$

$$= \frac{2 (1 + \varphi_m) - \varphi_m^2}{2 (1 + \varphi_m)} \bar{W}^{(m)}_{LWZ}, \tag{5.11.9}$$

$$\bar{W}^{(m)}_{LOZ} = \frac{2 (1 + \varphi_m) + \varphi_m^2}{2 (1 + \varphi_m)} \frac{1}{\mu_m (1 - \varphi_m)}$$

$$= \frac{2 (1 + \varphi_m) + \varphi_m^2}{2 (1 + \varphi_m)} \bar{W}^{(m)}_{LWZ} \tag{5.11.10}$$

schreiben. Daraus folgt für $\varphi_m \leqq 1$

$$\bar{W}^{(m)}_{KOZ} \leqq \bar{W}^{(m)}_{LWZ} \leqq \bar{W}^{(m)}_{LOZ} \tag{5.11.11}$$

[8] Nair, S. S. and Neuts, M. F.: A Priority Rule Based on the Ranking of the Service Times for the M/G/1 Queue, in: Operations Research, vol. 17, 1969, S. 467–477, hier S. 473.

Da aber die Teilsysteme (λ_m, μ_m, S), $m = 1, 2, \ldots, M$ unabhängig sind, kann man aus (5.11.11) und $\bar{W} = \sum_{m=1}^{M} \bar{W}^{(m)}$ schließen, daß

$$\bar{W}_{\text{KOZ}} \leqslant \bar{W}_{\text{LWZ}} \leqslant \bar{W}_{\text{LOZ}} \tag{5.11.12}$$

ist. Multipliziert man (5.11.12) mit λ_G und berücksichtigt, daß im allgemeinen $\bar{N} = \lambda_G \bar{W}$ ist, so erhält man

$$\bar{N}_{\text{KOZ}} \leqslant \bar{N}_{\text{LWZ}} \leqslant \bar{N}_{\text{LOZ}}\,.$$

Zusammenfassend läßt sich feststellen: a) die „LWZ"-Regel ist auf Grund des Hilfssatzes 5.11.2 die beste Politik innerhalb der Prioritätsklassen[9]. b) Die „KOZ"-Regel ist besser als die anderen Regeln; ob sie auch die beste ist, wird sich erst nach der Lösung des dynamischen Programmierungsmodells herausstellen. c) Die Wirkung der „KOZ"-Regel ist um so größer, je höher der Kapazitätsnutzungsgrad liegt. Dies folgt aus (5.11.9).

5.12 Ein kombinatorisches Lösungsverfahren

Hier werden einige kombinatorische Hilfssätze angegeben, auf Grund deren dann die optimale Sequenzpolitik für das kombinatorische Modell konstruiert wird.

Hilfssatz 5.12.1. $\bar{N}^{(m)}(s) - \bar{N}^{(m)}_{\text{LWZ}}$ wird durch

$$\bar{N}^{(m)}(s) - \bar{N}^{(m)}_{\text{LWZ}} = \frac{\lambda_m}{\mu_m^2} \sum_{k=2}^{K} (\lambda_{m,k}/(1-\sigma_{k-1})(1-\sigma_K)) \sum_{j=1}^{k-1} \lambda_{m,j}\,(b_{m,j} - b_{m,k}), \tag{5.12.1}$$

und $\bar{W}^{(m)}(s) - \bar{W}^{(m)}_{\text{LWZ}}$ durch

$$\bar{W}^{(m)}(s) - \bar{W}^{(m)}_{\text{LWZ}} = \frac{1}{\mu_m^2} \sum_{k=2}^{K} (\lambda_{m,k}/(1-\sigma_{k-1})(1-\sigma_k) \sum_{j=1}^{k-1} \lambda_{m,j}\,(b_{m,j} - b_{m,k}) \tag{5.12.2}$$

gegeben.

Beweis. Aus (1.21.1), (1.31.7), (1.31.9) und (1.31.10) bekommt man

$$\bar{N}^{(m)}(s) = \varphi_m + \frac{\varphi_m}{\mu_m} \sum_{k=1}^{K} \frac{\lambda_{m,k}}{(1-\sigma_{k-1})(1-\sigma_k)}\,.$$

---

9 Vgl. auch Durr, L.: A single-Server Priority Queuing System with General Holding Times, Poisson Input, and Reverse-Order-of-Arrival Queueing Discipline, in: Operations Research, vol. 17, 1969, S. 351-358.

Berücksichtigt man, daß

$$\bar{N}_{LWZ}^{(m)} = \varphi_m + \frac{\varphi_m^2}{1 - \varphi_m}$$

ist, dann hat man

$$\bar{N}^{(m)}(s) - \bar{N}_{LWZ}^{(m)} = \frac{\varphi_m}{\mu_m} \sum_{k=1}^{K} \frac{\lambda_{m,k}}{(1 - \sigma_{k-1})(1 - \sigma_k)} - \frac{\varphi_m^2}{1 - \varphi_m}.$$

Nach einem Lemma von *Aczel*[10] gilt aber

$$\frac{\varphi_m}{\mu_m} \sum_{k=1}^{k=K} \frac{\lambda_{m,k}}{(1 - \sigma_{k-1})(1 - \sigma_k)} - \frac{\varphi_m^2}{1 - \varphi_m} =$$

$$= \frac{\lambda_m}{\mu_m^2} \sum_{k=2}^{K} (\lambda_{m,k}/(1 - \sigma_{k-1})(1 - \sigma_k)) \sum_{j=1}^{k-1} \lambda_{m,j} (b_{m,j} - b_{m,k}).$$

Da $\bar{W}^{(m)}(s) = \frac{\bar{N}^{(m)}(s)}{\lambda_m}$, $\bar{W}_{LWZ}^{(m)} = \frac{\bar{N}_{LWZ}^{(m)}}{\lambda_m}$ sind, ist

$$\bar{W}^{(m)}(s) - \bar{W}_{LWZ}^{(m)} = \frac{1}{\lambda_m} ((\bar{N}^{(m)}(s) - \bar{N}_{LWZ}^{(m)})).$$

Ersetzt man $(\bar{N}^{(m)}(s) - \bar{N}_{LWZ}^{(m)})$ durch (5.12.1), erhält man (5.12.2).

Aus dem Hilfssatz 5.12.1 erhält man die Folgerung: Man kann $\bar{W}^{(m)}$ bzw. $\bar{N}^{(m)}$ dadurch reduzieren, daß man statt der „LWZ"-Regel eine Prioritätspolitik anwendet, bei der für $j < k$ $b_{m,j} \leqslant b_{m,k}$ ist, wobei j, k zwei Prioritätszahlen sind.

Es sei $S = (1, 2, \ldots, i, j, \ldots, K)$ eine Sequenzpolitik, bei der die Prioritätsklassen mit den Produktklassen übereinstimmen. Die folgenden Hilfssätze geben die Bedingung für das Austauschen zweier benachbarter Klassen i und j:

Hilfssatz 5.12.2. Unter der „Head-of-the-Line"-Prioritätspolitik wird der Klasse j eine höhere Priorität gegeben, nur wenn $b_{m,i}$ und $b_{m,j}$ die Bedingung

$$b_{m,j} \leqslant b_{m,i}$$

erfüllen.

Beweis[11]. Es sei $\bar{W}^{(m)}(i, j) = \omega_i \bar{W}_i^{(m)} + \omega_j \bar{W}_j^{(m)}$ unter der Sequenzpolitik S. Es sei $\bar{W}^{(m)}(j, i) = \omega_j \bar{W}_j^{(m)} + \omega_i \bar{W}_i^{(m)}$ unter S', wobei $S' = (1, 2, \ldots, j, i, \ldots, K)$ ist. Der

---

[10] Aczel, M. A..

[11] Zum Beweis wird eine kombinatorische Methode angewendet, die von *Brosh* and *Naor* vorgeschlagen worden ist; hierzu Brosh, I. and Naor, P.: On Optimal Disciplines in Priority Queueing, in: Bull. Inst. Inter. Statistics, vol. 40, 1963, S. 593-609; vgl. auch Jaiswal, N. K.: S. 153-154. Für eine andere Methode vgl. Cox, D. R. and Smith, W. L.: S. 84 f.

Austausch zweier benachbarten Klassen i und j hat wegen der Haupteigenschaft von $\overline{W}^{(m)}$ keinen Einfluß auf die Auftragsdurchlaufzeiten anderer Klassen als i und j; deshalb ist $\overline{W}^{(m)}(S) - \overline{W}^{(m)}(S') = \overline{W}^{(m)}(i, j) - \overline{W}^{(m)}(j, i)$. Unter Berücksichtigung der Formel (1.31.7) kann man $\overline{W}^{(m)}(i, j)$ und $\overline{W}^{(m)}(j, i)$ in der Form

$$\overline{W}^{(m)}(i, j) = \frac{\lambda_{m, i}}{\lambda_m}\left[b_{m, i} + \frac{\lambda_m b_m^{(2)}}{2(1 - \sigma_{i-1})(1 - \sigma_i)}\right] +$$

$$+ \frac{\lambda_{m, j}}{\lambda_m}\left[b_{m, j} + \frac{\lambda_m b_m^{(2)}}{2(1 - \sigma_i)(1 - \sigma_j}\right], \tag{5.12.3}$$

$$\overline{W}^{(m)}{}_{(j, i)} = \frac{\lambda_{m, j}}{\lambda_m}\left[b_{m, j} + \frac{\lambda_m b_m^{(2)}}{2(1 - \sigma_{i-1})(1 - \sigma_{i-1} - \varphi_{m, j})}\right] +$$

$$+ \frac{\lambda_{m, i}}{\lambda_m}\left[b_{m, i} + \frac{\lambda_m b_m^{(2)}}{2(1 - \sigma_{i-1} - \varphi_{m, j})(1 - \sigma_j)}\right] \tag{5.12.4}$$

schreiben. Substrahiert man die Summe der letzten Glieder von (5.12.3) und (5.12.4) von beiden $\overline{W}^{(m)}(i, j)$ und $\overline{W}^{(m)}(j, i)$ und dividiert dann durch $b_m^{(2)}$, erhält man

$$\overline{W}_1^{(m)}(i, j) = \lambda_{m, i}\left[\frac{1}{2(1 - \sigma_{i-1})(1 - \sigma_i)} - \frac{1}{2(1 - \sigma_{i-1} - \varphi_{m, j})(1 - \sigma_j)}\right], \tag{5.12.5}$$

$$\overline{W}_1^{(m)}(j, i) = \lambda_{m, j}\left[\frac{1}{2(1 - \sigma_{i-1})(1 - \sigma_{i-1} - \varphi_{m, j})} - \frac{1}{2(1 - \sigma_i)(1 - \sigma_j)}\right]. \tag{5.12.6}$$

Multipliziert man (5.12.5) und (5.12.6) mit dem gemeinsamen Nenner

$$2(1 - \sigma_{i-1}(1 - \sigma_i)\ (1 - \sigma_{i-1} - \varphi_{m, j})(1 - \sigma_j),$$

erhält man nach einigen Vereinfachungen

$$\overline{W}_2^{(m)}(i, j) = -\lambda_{m, i}\varphi_{m, j}(1 - \sigma_j)(1 - \sigma_{i-1}), \tag{5.12.7}$$

$$\overline{W}_2^{(m)}(j, i) = -\lambda_{m, j}\varphi_{m, i}(1 - \sigma_j)(1 - \sigma_{i-1}). \tag{5.12.8}$$

Dividiert man nun (5.12.7) und (5.12.8) durch den Faktor

$$\varphi_{m, i}\,\varphi_{m, j}\,(1 - \sigma_{i-1})(1 - \sigma_j),$$

erhält man schließlich

$$\overline{W}_3^{(m)}(i, j) = -\frac{1}{b_{m,i}},$$

$$\overline{W}_3^{(m)}(j, i) = -\frac{1}{b_{m,j}}.$$

Unter den vorgenommenen algebraischen Operationen ist $\overline{W}^{(m)}(i, j) - \overline{W}^{(m)}(j, i)$ zu $\overline{W}_3^{(m)}(i, j) - \overline{W}_3^{(m)}(j, i)$ äquivalent; daher gibt man der Klasse j eine höhere Priorität, nur wenn

$$\overline{W}_3^{(m)}(j, i) \leqslant \overline{W}_3^{(m)}(i, j)$$

oder

$$b_{m,j} \leqslant b_{m,i}$$

ist.

Hilfssatz 5.12.3. Unter der Preemptive Prioritätspolitik wird der Klasse j eine höhere Priorität gegeben, nur wenn $b_{m,i}$ und $b_{m,j}$ die Bedingung

$$b_{m,j} \leqslant b_{m,i}$$

erfüllen.

Beweis. Geht man ähnlich wie bei der „Head-of-the-Line"-Prioritätspolitik vor, erhält man unter Beachtung der Formeln (1.21.1), (1.31.4) und (1.31.11)

$$\overline{W}^{(m)}(i, j) = \frac{\lambda_{m,i}}{\lambda_m}\left[\frac{b_{m,i}}{1-\sigma_{i-1}} + \frac{\sum_{k=1}^{k=i-1}\varphi_{m,k}b_{m,k} + \varphi_{m,i}b_{m,i}}{(1-\sigma_{i-1})(1-\sigma_i)}\right] +$$

$$+\frac{\lambda_{m,j}}{\lambda_m}\left[\frac{b_{m,j}}{1-\sigma_j} + \frac{\sum_{k=1}^{k=i-1}\varphi_{m,k}b_{m,k} + \varphi_{m,i}b_{m,i} + \varphi_{m,j}b_{m,j}}{(1-\sigma_i)(1-\sigma_j)}\right], \tag{5.12.9}$$

$$\overline{W}^{(m)}(j, i) = \frac{\lambda_{m,j}}{\lambda_m}\left[\frac{b_{m,j}}{1-\sigma_{i-1}} + \frac{\sum_{k=1}^{k=i-1}\varphi_{m,k}b_{m,k} + \varphi_{m,j}b_{m,j}}{(1-\sigma_{i-1})(1-\sigma_{i-1}-\varphi_{m,j})}\right] +$$

$$+\frac{\lambda_{m,i}}{\lambda_m}\left[\frac{b_{m,i}}{1-\sigma_{i-1}-\varphi_{m,j}} + \frac{\sum_{k=1}^{k=i-1}\varphi_{m,k}b_{m,k} + \varphi_{m,i}b_{m,i} + \varphi_{m,j}b_{m,j}}{(1-\sigma_{i-1})(1-\sigma_{i-1}-\varphi_{m,j})}\right]. \tag{5.12.10}$$

Substrahiert man die Summe der letzten Glieder von (5.12.9) und (5.12.10) von beiden $\overline{W}^{(m)}(i, j)$ und $\overline{W}^{(m)}(j, i)$, bekommt man

$$\overline{W}_1^{(m)}(i, j) = \frac{\lambda_{m,i}}{\lambda_m}\left[\frac{b_{m,i}}{1-\sigma_{i-1}} + \frac{\sum_{k=1}^{k=i}\varphi_{m,k}\, b_{m,k}}{(1-\sigma_{i-1})(1-\sigma_i)} - \frac{b_{m,i}}{(1-\sigma_{i-1}-\varphi_{m,j})} - \frac{\sum_{k=1}^{k=j}\varphi_{m,k}\, b_{m,k}}{(1-\sigma_{i-1}-\varphi_{m,j})(1-\sigma_j)}\right],$$

(5.12.11)

$$\overline{W}_1^{(m)}(j, i) = \frac{\lambda_{m,j}}{\lambda_m}\left[\frac{b_{m,j}}{1-\sigma_{i-1}} + \frac{\sum_{k=1}^{k=i-1}\varphi_{m,k}\, b_{m,k}}{(1-\sigma_{i-1})(1-\sigma_i)} - \frac{b_{m,j}}{1-\sigma_i} - \frac{\sum_{k=1}^{k=j}\varphi_{m,k}\, b_{m,k}}{(1-\sigma_i)(1-\sigma_j)}\right].$$

Multipliziert man (5.12.11) und (5.12.12) mit dem gemeinsamen Nenner

$$(1-\sigma_{i-1})(1-\sigma_j)(1-\sigma_i)(1-\sigma_{i-1}-\varphi_{m,j}),$$

so bekommt man nach mehreren algebraischen Operationen

$$\overline{W}_2^{(m)}(i, j) = -\lambda_{m,i}\,\varphi_{m,j}\Big[\frac{1-\sigma_{i-1}}{\lambda_m}\big((1-\sigma_{i-1}-\varphi_{m,j})\, b_{m,i} + (1-\sigma_{i-1}-\varphi_{m,i})\, b_{m,j}\big) + \frac{\beta}{2}\big(2(1-\sigma_{i-1}) - \varphi_{m,i} - \varphi_{m,j}\big)\Big], \qquad (5.12.13)$$

$$\overline{W}_2^{(m)}(j, i) = -\lambda_{m,j}\,\varphi_{m,i}\Big[\frac{1-\sigma_{i-1}}{\lambda_m}\big((1-\sigma_{i-1}-\varphi_{m,i})\, b_{m,j} + (1-\sigma_{i-1}-\varphi_{m,j})\, b_{m,i}\big) + \frac{\beta}{2}\big(2(1-\sigma_{i-1}) - \varphi_{m,i} - \varphi_{m,j}\big)\Big]^{*}. \qquad (5.12.14)$$

Dividiert man (5.12.13) und (5.12.14) durch den in Klammer stehenden Ausdruck, so erhält man

$$\overline{W}_3^{(m)}(i, j) = -\lambda_{m,i}\varphi_{m,j}, \qquad (5.12.15)$$

$$\overline{W}_3^{(m)}(j, i) = -\lambda_{m,j}\,\varphi_{m,i}. \qquad (5.12.16)$$

---

* $\beta = \sum_{k=1}^{k=i-1} \varphi_{m,k} b_{m,k}$.

Dividiert man (5.12.15) und (5.12.16) durch $\varphi_{m,i}\,\varphi_{m,j}$, erhält man

$$\overline{W}_4^{(m)}(i, j) = -\frac{1}{b_{m,i}},$$

$$\overline{W}_4^{(m)}(j, i) = -\frac{1}{b_{m,j}}.$$

Man gibt der Klasse j eine höhere Priorität, nur wenn

$$\overline{W}_4^{(m)}(j, i) \leqslant \overline{W}_4^{(m)}(i, j)$$

oder

$$b_{m,j} \leqslant b_{m,i}$$

ist.

Mit Hilfe der abgeleiteten Bedingung für das Austauschen zweier benachbarter Klassen kann man die optimale Sequenzpolitik wie folgt formulieren: Die Sequenzpolitik $S^* = (S_1^*, S_2^*, \ldots, S_K^*)$ sei optimal, nur wenn

$$b_{m,s_1^*} \leqslant b_{m,s_2^*} \leqslant \cdots \leqslant b_{m,s_K^*}$$

gilt. Zur Begründung der Optimalität von S^* dient der Satz 5.12.1 [12]. Eine hinreichende Bedingung dafür, daß $\overline{W}^{(m)}(\overline{S}) \leqslant \overline{W}^{(m)}(S)$ für jedes S gilt, ist: a) Es existiere eine derartige Funktion g von geordneten Paaren von Klassen, daß $\overline{W}^{(m)}(S) \leqslant \overline{W}^{(m)}(S')$ ist, wenn $g(s_i, s_{i+1}) \leqslant g(s_{i+1}, s_i)$ ist, wobei S und S' zwei Sequenzen sind, die sich in dem i-ten und j-ten Element unterscheiden. b) $\overline{S}$ sei so konstruiert, daß die j-te Klasse der i-ten Klasse vorangeht, wenn $g(j, i) < g(i, j)$ gilt.

Die Funktion $\overline{W}^{(m)}(i, j)$ besitzt die Eigenschaft der Funktion $g(i, j)$, und die Sequenzpolitik S^* ist nach der Bedingung b) des Satzes konstruiert. Folglich ist S^* optimal. Diese Politik wird im weiteren als diskrete „KOZ"-Regel bezeichnet.

5.13 Ein Algorithmus zur Lösung des dynamischen Programmierungsmodells

Man betrachte die Funktionalgleichung

$$f_{k+1}^{(m)}(x) = \min_{0 \leqslant y \leqslant x} \left\{ f_k^{(m)}(y) + \frac{\omega(y, x)}{(1 - \sigma(y))(1 - \sigma(x))} \right\} = \min_{0 \leqslant y \leqslant x} \Omega_k^{(m)}(y, x). \qquad (5.13.1)$$

[12] Vgl. zum Beweis des Satzes Smith, W. E.: Various Optimizers for Single-Stage Production, in: Naval Research Logistics Quarterly, vol. 3, 1956, S. 59–74, hier S. 60; vgl. auch Elmaghraby, S. E..

Es sei $\hat{\theta}_k = \hat{\theta}_k(x)$ der Wert von y, der (5.13.1) erfüllt; dann muß $\hat{\theta}_k$ eine Lösung der Gleichung

$$\frac{\partial \Omega_k^{(m)}(y, x)}{\partial y} = \frac{df_k^{(m)}(y)}{dy} + \frac{\partial}{\partial y}\left\{\frac{\omega(y, x)}{(1-\sigma(y))(1-\sigma(x))}\right\}^{13} = 0 \qquad (5.13.2)$$

sein. Das zweite Glied in (5.13.2) kann wie folgt geschrieben werden:

$$\frac{\partial}{\partial y}\left\{\frac{\omega(y, x)}{(1-\sigma(y))(1-\sigma(x))}\right\} =$$

$$= \frac{-b^{(m)}(y)(1-\sigma(y))(1-\sigma(x))-(1-\sigma(x))[1-\lambda_m\int_0^y t\,dB^{(m)}(t)]'(B^{(m)}(x)-B^{(m)}(y))}{(1-\sigma(y))^2(1-\sigma(x))^2}$$

$$= \frac{-b^{(m)}(y)(1-\sigma(y))(1-\sigma(x))-(1-\sigma(x))[1-\lambda_m yB^{(m)}(y)+\lambda_m\int_0^y B^{(m)}(t)dt]'(B^{(m)}(x)-B^{(m)}(y))}{(1-\sigma(y))^2(1-\sigma(x))^2}$$

$$= \frac{-b^{(m)}(y)(1-\sigma(y))(1-\sigma(x))+(1-\sigma(x))\lambda_m y b^{(m)}(y)(B^{(m)}(x)-B^{(m)}(y))}{(1-\sigma(y))^2(1-\sigma(x))^2}$$

$$= \frac{-b^{(m)}(y)}{(1-\sigma(y))^2}\left[\frac{1-\sigma(y)+\lambda_m y(B^{(m)}(y)-B^{(m)}(x))}{1-\sigma(x)}\right]$$

$$= \frac{-b^{(m)}(y)}{(1-\sigma(y))^2}\, v(y, x); \qquad (5.13.3)$$

dabei sind

$$v(y, x) = \frac{1-\sigma(y)+\lambda_m y(B^{(m)}(y)-B^{(m)}(x))}{1-\sigma(x)} =$$

$$= u_{k+1}(y);\ b^{(m)}(y) = \frac{dB^{(m)}(y)}{dy}.$$

$\frac{df_k^{(m)}(y)}{dy}$ kann man von der Zustandsfunktion

$$f_k^{(m)}(x) = f_{k-1}^{(m)}(\hat{\theta}_{k-1}) + \frac{\omega(\hat{\theta}_{k-1}, x)}{(1-\sigma(\hat{\theta}_{k-1}))(1-\sigma(x))}$$

ableiten. Man erhält

$$\frac{df_k^{(m)}(x)}{dx} = \frac{d}{dx}\left\{\frac{\omega(\hat{\theta}_{k-1}, x)}{(1-\sigma(\hat{\theta}_{k-1}))(1-\sigma(x))}\right\}$$

13 $\hat{\theta}_k$ liegt im Intervall $[0, x]$; man hat also ein klassisches Optimierungsproblem zu lösen.

$$= \frac{b^{(m)}(x)(1-\sigma(\hat{\theta}_{k-1}))(1-\sigma(x))-(1-\sigma(\hat{\theta}_{k-1}))[1-\lambda_m \int_0^x t dB^{(m)}(t)]'(B^{(m)}(x)-B^{(m)}(\hat{\theta}_{k-1}))}{(1-\sigma(\hat{\theta}_{k-1}))^2(1-\sigma(x))^2}$$

$$= \frac{b^{(m)}(x)}{(1-\sigma(x))^2}\left[\frac{1-\sigma(x)+\lambda_m x(B^{(m)}(x)-B^{(m)}(\hat{\theta}_{k-1}))}{1-\sigma(\hat{\theta}_{k-1})}\right]$$

$$= \frac{B^{(m)}(x)}{(1-\sigma(x))^2}\, v(x, \hat{\theta}_{k-1}); \qquad (5.13.4)$$

dabei ist

$$v(x, \hat{\theta}_{k-1}) = \frac{1-\sigma(x)+\lambda_m x(B^{(m)}(x)-B^{(m)}(\hat{\theta}_{k-1}))}{1-\sigma(\hat{\theta}_{k-1})} = u_k(x).$$

Aus (5.13.2) - (5.13.4) folgt, daß $\hat{\theta}_{k-1}$ der Gleichung

$$u_k(x) - v(y, x) = 0, \; k = 2, 3, \ldots K, \qquad (5.13.5)$$

genügen muß. Man kann also $\hat{\theta}_k$ durch (5.13.5) bestimmen, unter der Bedingung, daß $\hat{\theta}_{k-1}$ bekannt ist, und im allgemeinen alle $\hat{\theta}_k$ $(k = 2, 3, \ldots, K)$, wenn $\hat{\theta}_1$ bekannt ist.

$\hat{\theta}_1$ ist der Wert von y, der die Funktionalgleichung

$$f_2^{(m)}(x) = \min_{0 \leq y \leq x} \left\{ f_1^{(m)}(y) + \frac{\omega(0, y)}{1-\sigma(y)} \right\} =$$

$$= \min_{0 \leq y \leq x} \Omega_1^{(m)}(y, x)$$

erfüllt. Folglich muß $\hat{\theta}_1$ eine Lösung von

$$\frac{\partial \Omega_1^{(m)}(y, x)}{\partial y} = \frac{d}{dy}\left\{\frac{B^{(m)}(y)}{1-\sigma(y)}\right\} +$$

$$+ \frac{\partial}{\partial y}\left\{\frac{\omega(y, x)}{(1-\sigma(y))(1-\sigma(x))}\right\}$$

$$= \frac{b^{(m)}(y)}{(1-\sigma(y))^2}(u_1(y) - u_2(y)) = 0 \qquad (5.13.6)$$

sein; hierbei ist

$$u_1(y) = 1 - \sigma(y) + \lambda_m y B^{(m)}(y); \; u_2(y) =$$

$$= v(y, x) = \frac{1-\sigma(y)+\lambda_m y(B^{(m)}(y)-B^{(m)}(x))}{1-\sigma(x)}$$

Aus (5.13.6) folgt

$$u_1 (y) = u_2 (y)$$

oder

$$1 - \sigma (y) + \lambda_m yB^{(m)} (y) = \frac{1 - \sigma (y) + \lambda_m y (B^{(m)} (y) - B^{(m)} (x))}{1 - \sigma (x)}$$

oder

$$- \sigma (x) (1 - \sigma (y) + \lambda_m yB^{(m)} (y)) = - \lambda_m yB^{(m)} (x)$$

oder

$$\frac{\sigma (x)}{\lambda_m B^{(m)} (x)} = \frac{y}{u_1 (y)}. \qquad (5.13.7)$$

Führt man den bedingten Erwartungswert

$$\nu (x) = \frac{\int_0^x tdB^{(m)} (t)}{\int_0^x dB^{(m)} (t)} = \frac{\lambda_m \int_0^x tdB^{(m)} (t)}{\lambda_m \int_0^x dB^{(m)} (t)} = \frac{\sigma (x)}{\lambda_m B^{(m)} (x)}$$

ein, dann kann man (5.13.7) in der Form

$$y = \nu (x) u_1 (y) \qquad (5.13.8)$$

schreiben. Es ist also klar, daß $\hat{\theta}_1$ die Gleichung (5.13.8) erfüllt.

Die Zustandsfunktionen $f_k^{(m)} (x)$ $(k = 2, 3, \ldots, K + 1)$ können rekursiv durch

$$f_k^{(m)} (x) = f_{k-1}^{(m)} (\hat{\theta}_{k-1}) + \frac{\omega (\hat{\theta}_{k-1}, x)}{(1 - \sigma (\hat{\theta}_{k-1})) (1 - \sigma (x))} \qquad (5.13.9)$$

berechnet werden; $f_1^{(m)} (x)$ wird einfach durch

$$f_1^{(m)} (x) = \frac{\omega (0, x)}{1 - \sigma (x)} \qquad (5.13.10)$$

bestimmt.

Algorithmus.

Der Algorithmus läßt sich nun folgendermaßen schematisieren[14]: Man bestimme zuerst $f_1^{(m)} (x)$ für jedes x durch (5.13.10). Die $f_1^{(m)}$-Werte tabelliert man in einer Tabelle wie (5.13.1). Durch (5.13.8) bestimme man $\hat{\theta}_1$ für jedes x, dann $f_2^{(m)} (x)$ durch (5.13.9). Man tabelliert die $f_2^{(m)}$-Werte und $\hat{\theta}_1$-Werte in einer Tabelle wie (5.13.1).

---

[14] Vgl. Hadley, G.: Nichtlineare und dynamische . . ., S. 427 ff.

Nun kann man $\hat{\theta}_2$ durch (5.13.5) für jedes x berechnen. Dies gestattet es, $f_3^{(m)}(x)$ für jedes x durch (5.13.9) zu bestimmen. Die $f_3^{(m)}$-Werte und $\hat{\theta}_2$-Werte tabelliert man wiederum in einer Tabelle wie (5.13.1), usw.. Angenommen, man berechne $f_K^{(m)}(x)$ und $\hat{\theta}_{K-1}$ für jedes x

x	$f_k^{(m)}(x)$	$\hat{\theta}_{k-1}(x)$
x_1	$f_k^{(m)}(x_1)$	$\hat{\theta}_{k-1}(x_1)$
x_2	$f_k^{(m)}(x_2)$	$\hat{\theta}_{k-1}(x_2)$
.	.	.
.	.	.
.	.	.

Tabelle 5.13.1

$(k = 1, 2, \ldots, K;\ \theta_0(x) = x)$

und tabelliere die $f_K^{(m)}$-Werte und $\hat{\theta}_{K-1}$-Werte in einer Tabelle wie 5.13.1. Dann braucht man für $f_{K+1}^{(m)}(x)$ und $\hat{\theta}_K$ keine Tabelle mehr. Man bestimmt $\hat{\theta}_K$ durch (5.13.5) und $z^* = f_{K+1}^{(m)}(x)$ durch (5.13.9) für $x = \theta_{K+1}$. $\theta_K^* = \hat{\theta}_K$ ist die optimale Politik für die Klasse K. Die optimale Politik für die Klasse $K - 1$ ist $\theta_{K-1}^* = \hat{\theta}_{K-1}(\theta_K^*)$. Hiernach findet man im allgemeinen

$$\theta_{K-i-1}^* = \hat{\theta}_{K-i-1}(\theta_{K-i}^*),\ i = 0, 1, 2, \ldots, K-2.$$

Der beschriebene Algorithmus fordert einen sehr großen Rechenaufwand, weil der Zustandsparameter x kontinuierlich zugelassen ist. Da aber die Funktionen $f_k^{(m)}(x)$ $(k = 1, 2, \ldots, K)$ stetig sind, kann man den Algorithmus beträchtlich vereinfachen, indem man $f_k^{(m)}(x)$ und $\hat{\theta}_k(x)$ für eine kleinere Anzahl von x-Werten tabelliert und dann für andere Argumente lineare Interpolation in den Tabellen verwendet[15].

Beim Grenzübergang $k \to \infty$ gelten die Beziehungen[16]

$$\lim_{k\to\infty} \hat{\theta}_k = \hat{\theta};\ \lim_{k\to\infty} f_k^{(m)}(x) =$$

$$= f^{(m)}(x);\ \lim_{k\to\infty} u_k(y) = u(y) = 1.$$

Daher erhält man aus (2.22.6), wenn man den Grenzübergang für $k \to \infty$ vollzieht, die Funktionalgleichung[17]

$$f^{(m)}(x) = \min_{0 \leq y \leq x} \left\{ f^{(m)}(y) + \frac{\omega(y, x)}{(1-\sigma(y))(1-\sigma(x))} \right\}. \qquad (5.13.11)$$

15 Vgl. Hadley, G.: Nichtlineare Programmierung und, . . ., S. 443 ff.

16 Vgl. hierzu Oliver, R. M. and Pestalozzi, G..

17 Vgl. Bellman, R.: S. 122; Nemhauser, G. L.: S. 210 f.

Die notwendige Bedingung für eine optimale Lösung $\hat{\theta}$ ist

$$\lim_{k\to\infty} \frac{\partial \Omega_k^{(m)}(y, x)}{\partial y} = \frac{\partial \Omega^{(m)}(y, x)}{\partial y} = 0. \qquad (5.13.12)$$

Daraus folgt, daß $\hat{\theta}$ der Gleichung

$$u(y) - v(y, x) = 0 \qquad (5.13.14)$$

genügen muß. (5.13.14) ergibt $\hat{\theta} = x$, weil $v(x, x) = 1$ ist. Dies besagt: Jedesmal muß man den Auftrag mit der kürzesten Operationszeit für die Bearbeitung wählen. Die Politik $\hat{\theta} = x$ gibt also die „KOZ"-Regel wieder.

Integriert man (5.13.4) und vollzieht den Grenzübergang für $k \to \infty$, erhält man

$$f^{(m)}(x) = \lim_{k\to\infty} \int_0^x \frac{df_k^{(m)}(t)}{dt}\, dt = \lim_{k\to\infty} \int_0^x \frac{b^{(m)}(t) u_k(t)}{(1-\sigma(t))^2}\, dt = \\ = \int_0^x \frac{b^{(m)}(t)}{(1-\sigma(t))^2}\, dt. \qquad (5.13.15)$$

Die optimale mittlere Auftragsdurchlaufzeit $\overline{W}_{opt}^{(m)}$ *ist*

$$\overline{W}_{opt}^{(m)} = \overline{W}_{KOZ}^{(m)} = \int_0^\infty t dB^{(m)}(t) + \frac{\lambda_m b_m^{(2)}}{2} \int_0^\infty \frac{b^{(m)}(t)}{(1-\sigma(t))^2}\, dt. \qquad (5.13.16)$$

Anmerkung 1. $\overline{W}_{opt}^{(m)}$ kann man auch durch die Formel (1.32.4) bestimmen. Betrachtet man die Operationszeitlänge als Prioritätszahl, so hat man folgende Beziehungen:

$$dP(k) = dB^{(m)}(t),$$

$$b_{m,k} = b_{m,t} = t,$$

$$\sigma_k = \sigma(t) = \lambda_m \int_0^t x dB^{(m)}(x),$$

$$\overline{W}_k^{(m)} = \overline{W}_t^{(m)} = t + \frac{\lambda_m b_m^{(2)}}{2} \frac{1}{(1-\sigma(t))^2}. \qquad (5.13.17)$$

Aus (1.32.4) erhält man bei Beachtung von (5.13.17) die Formel (5.13.16).

Anmerkung 2. Für k = 1 ist

$$\overline{W}^{(m)}(\theta_1) = \overline{W}_{LWZ}^{(m)} = \int_0^\infty t dB^{(m)}(t) + \frac{\lambda_m b_m^{(2)}}{2} f_1^{(m)}(x) =$$

$$= \int_0^\infty t dB^{(m)}(t) + \frac{\lambda_m b_m^{(2)}}{2} \frac{B^{(m)}(\infty)}{1-\sigma(\infty)}$$

$$= b_m + \frac{\lambda_m b_m^{(2)}}{1-\varphi_m}.$$

Im allgemeinen gilt

$$f_1^{(m)} \geq f_2^{(m)} \geq \cdots \geq f_{K+1}^{(m)} \rightarrow \geq f^{(m)}(x).$$

Daraus folgt

$$\bar{W}_{LWZ}^{(m)} \geq \bar{W}^{(m)}(\theta_1^*, \theta_2^*) \geq \bar{W}^{(m)}(\theta_1^*, \theta_2^*, \theta_3^*) \ldots \geq \bar{W}^{(m)}(\theta_1^*, \theta_2^*, \ldots, \theta_K^*) \geq \bar{W}_{KOZ}^{(m)}$$

(5.13.18)

Somit läßt sich folgendes feststellen: a) Die diskrete „KOZ"-Regel ist besser als die „LWZ"-Regel. b) Je mehr Zeitintervalle man in Betracht zieht, desto niedriger wird $\bar{W}^{(m)}$. c) Die „KOZ"-Regel ist die beste Prioritätspolitik für das klassische Modell der dynamischen Fertigungsablaufplanung.

Phipps[18] hat die „KOZ"-Regel zum ersten Male zur Lösung eines Instandhaltungsproblems verwendet. Später haben *Conway* and *Maxwell*[19] simultatorisch gezeigt, daß die „KOZ"-Regel auch in der Werkstattfertigung zu optimalen Ergebnissen führt. Demgegenüber ist die Optimalität dieser Regel hier analytisch begründet worden. Es ist noch zu bemerken, daß die diskrete „KOZ"-Regel auch zur Minimierung der Wartezeit in einem statischen einstufigen System angewandt werden kann[20].

5.2 Methoden zur Lösung des erweiterten Modells

5.21 Ein kombinatorisches Verfahren zur Lösung des Modells mit linearen Wartekosten

Zunächst werden die im Abschnitt 5.12 angegebenen kombinatorischen Hilfssätze verallgemeinert, dann wird auf Grund dieser verallgemeinerten Hilfssätze die optimale Sequenzpolitik konstruiert.

Es seien $\bar{K}^{(m)}(S)$ bzw. $\bar{K}_{LWZ}^{(m)}$ die mittleren Wartekosten des Systems (λ_m, μ_m, S) je Zeiteinheit unter der Sequenzpolitik S bzw. unter der „LWZ"-Regel. Die Differenz $\bar{K}^{(m)}(S) - \bar{K}_{LWZ}^{(m)}$ wird durch den Hilfssatz 5.21.1 gegeben.

Hilfssatz 5.21.1. Es gilt:

$$\bar{K}^{(m)}(S) - \bar{K}_{LWZ}^{(m)} =$$

$$= \frac{\varphi_m}{\mu_m} \sum_{k=2}^{k=K} (\lambda_{m,k}/(1-\sigma_{k-1})(1-\sigma_k)) \sum_{j=1}^{j=k-1} \lambda_{m,j} (b_{m,j} c_k^{(m)} - b_{m,k} c_j^{(m)}).$$

[18] Phipps, T. E.: Machine Repair as a Waiting-Line Problem, in: Operations Research, vol. 4, 1956, S. 76-86.

[19] Conway, R. W. and Maxwell, W. L.: Network Dispatching by The Shortest-Operation Discipline, in: Operations Research, vol. 10, 1962, S. 51-72.

[20] Smith, W. E.: Ins. S. 62.

Beweis. Für $\bar{K}^{(m)}(S)$ gilt

$$\bar{K}^{(m)}(S) = c_1^{(m)} N_1^{(m)} + c_2^{(m)} N_2^{(m)} + \ldots + c_K^{(m)} N_K^{(m)}.$$

Auf Grund der Formeln (1.31.7) und (1.31.9) kann man $\bar{K}^{(m)}(S)$ in der Form

$$\bar{K}^{(m)}(S) = \frac{\varphi_m}{\mu_m} \sum_{k=1}^{K} \frac{\lambda_{m,k}\, c_k^{(m)}}{(1-\sigma_{k-1})(1-\sigma_k)} + \sum_{k=1}^{k=K} b_{m,k}\, \lambda_{m,k}\, c_k^{(m)}$$

schreiben. $\bar{K}_{LWZ}^{(m)}$ wird durch

$$\bar{K}_{LWZ}^{(m)} = \frac{\varphi_m}{\mu_m} \sum_{k=1}^{K} \frac{\lambda_{m,k}\, c_k^{(m)}}{1-\sigma_K} + \sum_{k=1}^{k=K} b_{m,k}\, \lambda_{m,k}\, c_k^{(m)}$$

bestimmt. Folglich hat man

$$\bar{K}^{(m)}(S) - \bar{K}_{LWZ}^{(m)} = \frac{\varphi_m}{\mu_m} \sum_{k=1}^{K} \frac{\lambda_{m,k} c_k^{(m)}}{(1-\sigma_{k-1})(1-\sigma_k)} -$$

$$- \frac{\varphi_m}{\mu_m} \sum_{k=1}^{k=K} \frac{\lambda_{m,k}\, c_k^{(m)}}{1-\sigma_k}$$

$$= \frac{\varphi_m}{\mu_m} \sum_{k=2}^{k=K} \frac{\lambda_{m,k}\, c_k^{(m)}}{(1-\sigma_{k-1})(1-\sigma_k)} + \frac{\varphi_m}{\mu_m} \frac{\lambda_{m,1}\, c_1^{(m)}}{1-\sigma_1} -$$

$$- \frac{\varphi_m}{\mu_m} \sum_{k=1}^{k=K} \frac{\lambda_{m,k}\, c_k^{(m)}}{1-\sigma_K}$$

$$= \frac{\varphi_m}{\mu_m} \sum_{k=2}^{k=K} \Bigg[\frac{\lambda_{m,k}\, c_k^{(m)}}{(1-\sigma_{k-1})(1-\sigma_k)} +$$

$$+ \frac{\lambda_{m,1}\, c_1^{(m)} + \ldots + \lambda_{m,k-1}\, c_{k-1}^{(m)}}{1-\sigma_{k-1}} -$$

$$- \frac{\lambda_{m,1}\, c_1^{(m)} + \ldots + \lambda_{m,k}\, c_k^{(m)}}{1-\sigma_k} \Bigg]$$

$$= \frac{\varphi_m}{\mu_m} \sum_{k=2}^{k=K} \Bigg[\frac{\lambda_{m,k}\, c_k^{(m)}}{(1-\sigma_{k-1})(1-\sigma_k)} - \frac{\lambda_{m,k}\, c_k^{(m)}}{(1-\sigma_k)} +$$

$$+ \frac{\lambda_{m,1}\, c_1^{(m)} + \ldots + \lambda_{m,k-1}\, c_{k-1}^{(m)}}{1-\sigma_{k-1}} -$$

$$- \frac{\lambda_{m,1}\, c_1^{(m)} + \ldots + \lambda_{m,k-1}\, c_{k-1}^{(m)}}{1-\sigma_k} \Bigg]$$

$$= \frac{\varphi_m}{\mu_m} \sum_{k=2}^{k=K} \left[\frac{-\lambda_{m,k} c_k^{(m)} \sigma_{k-1} + (\sigma_{k-1} - \sigma_k)(\lambda_{m,1} c_1^{(m)} + \ldots + \lambda_{m,k-1} c_{k-1}^{(m)})}{(1 - \sigma_{k-1})(1 - \sigma_k)} \right]$$

$$= \frac{\varphi_m}{\mu_m} \sum_{k=2}^{k=K} \left[\frac{\lambda_{m,k} c_k^{(m)} (\lambda_{m,1} b_{m,1} + \ldots + \lambda_{m,k-1} b_{m,k-1}) - \lambda_{m,k} b_{m,k} (\lambda_{m,1} c_1^{(m)} + \ldots + \lambda_{m,k-1} c_{k-1}^{(m)})}{(1 - \sigma_{k-1})(1 - \sigma_k)} \right]$$

$$= \frac{\varphi_m}{\mu_m} \sum_{k=2}^{k=K} (\lambda_{m,k} / (1 - \sigma_{k-1})(1 - \sigma_k)) \sum_{j=1}^{j=k-1} \lambda_{m,j} (b_{m,j} c_k^{(m)} - b_{m,k} c_j^{(m)}).$$

Aus dem Hilfssatz 5.22.1 erhält man die Folgerung: Man kann die mittleren Wartekosten je Zeiteinheit dadurch reduzieren, indem man statt der „LWZ"-Regel eine Prioritätspolitik S anwendet, so daß für $j < k$

$$\frac{c_j^{(m)}}{b_{m,j}} \geqslant \frac{c_k^{(m)}}{b_{m,k}}$$

ist, wobei j und k zwei Prioritätszahlen sind. Dieselbe Bedingung gilt auch bezüglich der Reduzierung der mittleren Wartekosten $\bar{C}^{(m)}$ je Auftrag, weil $\bar{K}^{(m)} = \lambda_m \bar{C}^{(m)}$ ist.

Es sei $S = (1, 2, \ldots, i, j, \ldots, K)$ anfangs die Sequenzpolitik, wobei die Prioritätsklassen mit den Produktklassen übereinstimmen. Es sei $S' = (1, 2, \ldots, j, i, \ldots, K)$ eine Sequenzpolitik, die sich von S nur im i-ten und j-ten Element unterscheidet. Ferner seien

$$\bar{C}^{(m)}(i, j) = \omega_i c_i^{(m)} \bar{W}_i^{(m)} + \omega_j c_j^{(m)} \bar{W}_j^{(m)}$$

unter der Politik S und

$$\bar{C}^{(m)}(j, i) = \omega_j c_j^{(m)} \bar{W}_j^{(m)} + \omega_i c_i^{(m)} \bar{W}_i^{(m)}$$

unter der Politik S'. Der Austausch zweier benachbarter Klassen i und j hat wegen der Haupteigenschaft von $\bar{W}^{(m)}$ keinen Einfluß auf die mittleren Wartekosten anderer Klassen als i und j. Deshalb ist $\bar{C}^{(m)}(S) - \bar{C}^{(m)}(S') = \bar{C}^{(m)}(i, j) - \bar{C}^{(m)}(j, i)$. Es ist also klar, daß der Klasse j eine höhere Priorität erteilt wird, wenn $\bar{C}^{(m)}(j, i) \leqslant \bar{C}^{(m)}(i, j)$ ist. Diese Bedingung ist zu einer sehr einfachen Bedingung äquivalent, die durch die folgenden Hilfssätze gegeben wird:

Hilfssatz 5.21.2 Unter der „Head-of-the-Line"-Prioritätspolitik wird der Klasse j eine höhere Priorität gegeben, nur wenn die Bedingung

$$\frac{c_j^{(m)}}{b_{m,j}} \geqslant \frac{c_i^{(m)}}{b_{m,i}}$$

gilt.

Beweis. Den Hilfssatz 5.21.2 kann man leicht beweisen, wenn man genauso vorgeht wie bei Beweis des Hilfssatzes 5.12.2.

Hilfssatz 5.21.3. Unter der Preemptive Prioritätspolitik wird der Klasse j eine höhere Priorität gegeben, nur wenn die Bedingung

$$\frac{c_j^{(m)}}{b_{m,\,j}} \geqslant \frac{c_i^{(m)}}{b_{m,\,i}}$$

gilt.

Beweis. Der Beweis vom Hilfssatz 5.21.3 verläuft dem Beweis des Hilfssatzes 5.12.3 völlig analog.

Nun kann man mit Hilfe der abgeleiteten Bedingung die optimale Sequenzpolitik wie folgt formulieren: Die Sequenzpolitik $S^* = (s_1^*, s_2^*, \ldots, s_K^*)$ sei optimal, nur wenn

$$\frac{c_{s_1^*}^{(m)}}{b_{m,s_1^*}} \geqslant \frac{c_{s_2^*}^{(m)}}{b_{m,s_2^*}} \geqslant \cdots \geqslant \frac{c_{s_K^*}^{(m)}}{b_{m,s_K^*}}$$

ist. Diese Politik wird hier „$\frac{c}{b}$"-Regel genannt. Die Optimalität der „$\frac{c}{b}$"-Regel kann durch den Satz 5.12.1 begründet werden. Es sei bemerkt, daß die gleiche Regel auch zur Minimierung der Wartekosten in einem statischen einstufigen System angewandt werden kann[1].

5.22 *Ein Zugang zum Modell mit nichtlinearen Wartekosten*

Die bisher betrachteten Sequenzpolitiken sind vom Entscheidungszeitpunkt unabhängig. Solche Sequenzpolitiken werden hier statische Sequenzpolitiken genannt. Bei den statischen Sequenzpolitiken bleibt die Zuordnung der Prioritätszahlen unverändert, wenn sie einmal festgelegt ist. Im Gegensatz zu den statischen Sequenzpolitiken hängen die dynamischen Sequenzpolitiken vom Entscheidungszeitpunkt ab. Die Lösung des Modells mit nichtlinearen Wartekosten führt zu einer dynamischen Sequenzpolitik.

Zur Lösung des Modells mit nichtlinearen Wartekosten wird eine Approximationsmethode angewendet, die hier darin besteht, daß die allgemeine GWK-Kurve der Abb. 3.1.2 durch Treppenlinien, wie Abb. 5.22.1 zeigt, ersetzt wird. Die Unstetigkeitsstellen entsprechen den verschiedenen Entscheidungszeitpunkten[1]. Dem Auftreten eines Entscheidungszeitpunktes entspricht ein Sprung um die geschätzten GWK $\hat{c}_k^{(m)}$ der k-ten Klasse in diesem Zeitpunkt. Dadurch wird das Modell (3.22.7) auf eine Form zurückgeführt, die schon mit der Methode gelöst werden kann, die auch zur Lösung des Modells mit linearen Wartekosten angewendet wurde.

---

[1] Vgl. Smith, W. E.: S. 63 und McNaughton, R.: Scheduling with Deadlines and Loss Functions, in: Management Science, vol. 4, No. 1, 1959, S. 1–12, hier S. 4 f.

[1] Ein Entscheidungspunkt ist ein Zeitpunkt, zu dem ein Auftrag die Maschine F_m verläßt.

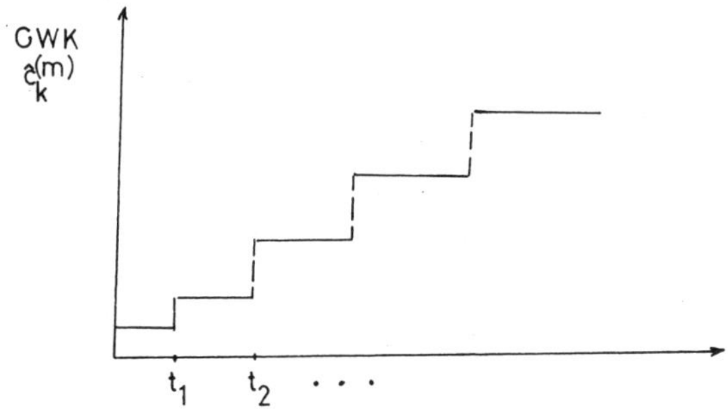

Abb. 5.22.1

Es sei nun mit S_t die Sequenzpolitik im Entscheidungszeitpunkt t bezeichnet, wobei t in der Menge I der Entscheidungszeitpunkte variiert. Die optimale Sequenzpolitik $S_t^* = (s_1^*, s_2^*, \ldots, s_K^*)$ muß dann die Bedingung

$$\frac{\hat{c}_{s_1^*}^{(m)}}{b_{m,s_1^*}} \geqslant \frac{\hat{c}_{s_2^*}^{(m)}}{b_{m,s_2^*}} \geqslant \cdots \geqslant \frac{\hat{c}_{s_K^*}^{(m)}}{b_{m,s_K^*}} \qquad (5.22.1)$$

erfüllen, wobei $\hat{c}_k^{(m)}$ $(k = 1, 2, \ldots, K)$ die geschätzten G. W. K. der k-ten Klasse im Zeitpunkt t bedeuten; S_t ist offensichtlich lokal optimal. Wenn alle Sequenzpolitiken S_p^* $t \in I$ im Sinne der Bedingung (5.22.1) konstruiert werden, dann ist die gesamte Sequenzpolitik, die aus den lokal optimalen Sequenzpolitiken S_p^* $t \in I$ besteht, global optimal. Diese Politik ist eine genäherte Lösung des Modells (3.22.7). S_p^* $t \in I$ stellt offenbar eine dynamische „$\frac{c}{b}$"-Regel dar.

Die Struktur von S_p^* $t \in I$ wird sich wohl von einem Entscheidungszeitpunkt zum anderen ändern, so daß Klassen, die jetzt eine niedrigere Priorität haben, wohl später eine höhere Priorität erhalten können und umgekehrt[2]. Dadurch wird aber verhindert, daß eine Klasse sehr lang warten muß. Eben dieser große Vorteil entgeht den statischen Sequenzpolitiken; denn bei diesen bleibt die Priorität einer Klasse, wie schon gesagt, immer dieselbe, weil die Kostenkoeffizienten konstant sind.

5.3 Methoden zur Lösung des verallgemeinerten Modells

Es ist naheliegend, daß das verallgemeinerte Modell in seiner Struktur dem genäherten Modell von dem Modell mit nichtlinearen Wartekosten gleicht. Deshalb führt auch die Lösung des verallgemeinerten Modells zu einer dynamischen „$\frac{c}{b}$"-Regel. Die Dynamik dieser Regel ist hier darin begründet, daß die Verspätungswahrscheinlichkeiten von einem Entscheidungszeitpunkt zum anderen variieren. Die Sequenzpolitik hier kann analog zu der in dem vorhergehenden Abschnitt dargelegten dynamischen Sequenzpolitik beschrieben werden.

---

2 Eine ähnliche Squenzpolitik findet man bei Haji, R. and Newell, G. F.: Optimal Strategies for Priority Queues with Nonlinear Costs of Delay, in: *SIAM*, J. App. Math., vol. 20, No. 2, 1971, S. 224–240; vgl. auch Newell, G. F.: S. 55; Sie beschränken sich nur auf zwei Klassen und betrachten ein deterministisches einstufiges Warteschlangensystem.

Die dynamische „$\frac{c}{b}$"-Regel hat gegenüber der „KOZ"-Regel (oder der sog. diskreten „KOZ"-Regel) zwei besondere Vorteile: a) Sie kann verhindern, daß eine Klasse zu lang warten muß, was aber der „KOZ"-Regel entgeht. Bei dieser müssen gerade die Klassen mit großer Bearbeitungszeit zu lang warten. b) Sie reduziert sicher die mittlere Terminüberschreitung, weil sie in vieler Hinsicht durch die Verspätungswahrscheinlichkeiten die Fertigstellungstermine in Betracht zieht. Das letzte aber tritt bei der „KOZ"-Regel überhaupt nicht in Erscheinung.

Nachstehendes ist noch zu beachten: Die dynamische „$\frac{c}{b}$"-Regel ist hier eine Kompromißlösung; denn durch sie wird ja der Konflikt beigelegt, der zwischen der mittleren Auftragsdurchlaufzeit und der mittleren Terminüberschreitung besteht.

V. Zusammenfassung

Die Untersuchung ist von der Tatsache ausgegangen, daß die Fertigungsablaufplanung ein spezifisches Teilsystem des Produktionsplanungssystems darstellt. Demgemäß ist im Teil II ein Produktionsplanungssystem entworfen worden, in dem die Fertigungsablaufplanung als Teilsystem so eingeordnet ist, daß sie ihren Beitrag zur Effektivität des Gesamtsystems leisten kann.

Bei der Analyse der Komponenten des Problems hat sich herausgestellt, daß die Entscheidungssituation in der Fertigungsablaufplanung durch Zielkonflikte gekennzeichnet ist. Dieser Tatbestand ist bei der Problemformulierung berücksichtigt worden, und nach einer Überprüfung und kritischen Erwägung des traditionellen Problems sind weitere praxisnahe Problemformulierungen sowohl in statischer Form als auch in dynamischer Form vorgeschlagen worden.

Auf Grund der Problemformulierung sind allgemeine statische und dynamische Entscheidungsmodelle konstruiert worden. Zur Lösung der statischen Entscheidungsmodelle sind geeignete einheitliche „Branch-and-Bound"-Algorithmen entwickelt worden, die besser als andere vorhandene Algorithmen sind. Tatsächlich erweist sich die „Branch-and-Bound"-Methode rechnerisch und qualitativ als die beste Lösungsmethode für das Problem der statischen Fertigungsablaufplanung, besonders in Verbindung mit dem disjunktiven Netzwerk[1].

Die dynamischen Entscheidungsmodelle beruhen auf der Dekomposition des Produktionssystems. Das Dekompositionsprinzip ist hier das wichtigste analytische Ergebnis. Ohne das wäre es kaum möglich, dynamische Entscheidungsmodelle analytisch zu konstruieren. Zur Lösung der dynamischen Entscheidungsmodelle sind am meisten kombinatorische Hilfssätze angewandt worden. Dabei haben sich Sequenzpolitiken ergeben, die besser als andere vorhandene statische Sequenzpolitiken sind.

Im allgemeinen sind die dynamischen Entscheidungsmodelle vorteilhafter, weil sie die Wirklichkeit besser darstellen können. Außerdem kann der ökonomische Inhalt leichter im dynamischen Entscheidungsmodell erfaßt werden als im statischen Entscheidungsmodell.

Die ökonomischen Aspekte des Fertigungsablaufplanungsproblems zeigen deutlich, daß dieses verallgemeinert werden soll. Es gibt kein Einzelziel, das als Zielfunktion dienen kann, um optimale Ergebnisse zu erreichen. Dazu sind nur Kompromißziele geeignet. Folglich muß man bei der Problemformulierung und

---

1 Vgl. Ashour: An Experimental Investigation and Comparative Evaluation of Flow-Shop Scheduling Techniques, Operations Research, vol. 18, 1970, S. 541–549, hier insb. S. 548.

Modellbildung im Interesse einer besseren Erklärung des Fertigungsablaufplanungsproblems Kompromißziele formulieren. Diese sind allerdings sehr schwierig zu quantifizieren. Das war eigentlich der Grund, weshalb man nicht versucht hat, Kompromißziele zu verwenden und dadurch die Zielfunktion zu verallgemeinern. Ohne Beachtung der Anforderungen des Planungs- und Produktionssystems darf man bei der Problemformulierung und Modellbildung keine Überlegungen anstellen, denn das führt wesentlich nur zur Vereinfachung des Fertigungsablaufplanungsproblems.

Die im Teil III und IV entwickelten verallgemeinerten Entscheidungsmodelle und Lösungen sind ein bedeutender Beitrag zur Verallgemeinerung des Fertigungsablaufplanungsproblems. Sie müßen jedoch noch mehr verallgemeinert werden. Zunächst ist jede Maschine durch eine Maschinengruppe zu ersetzen. Bisher wird die Fertigungskapazität kurzfristig als fix angenommen. Das trifft aber nicht zu. Deshalb sind auch kurzfristige Änderungen der Fertigungskapazität im Entscheidungsmodell zu erfassen.

Summary

This essay deals with the problem of optimal scheduling of job-shop orientated production processes, consisting in the planning of optimal processing order (sequence) of the production orders on the production facilities under multiple objectives and given technical-economic restrictions.

When this inquiry analyse this problem, it is consciously done in the conviction that the scheduling theory has hitherto suffered by the fact that the mathematical winding off had been prefered in comparison with the conceptual understanding of the problem which has resulted in an unpermitted modification of the problem, so that the economic problem - though progress has been made in the mathematical winding off - has remained still unsolved.

The exposition of this treatise in contrast to the hitherto research, is guided by critical-economic aspects with the following main aims:

a) to obtain the necessary perceptions about the economic aspects of the problem in order to investigate its formulation,

b) to develop further suitable decision models and solution algorithms, derived from the economic content of the problem.

Proceeding mainly from the fact that the production scheduling is a specific part system of the production planning system, a production planning system is designed, with the production scheduling arranged in such a way, as to be able to afford its contribution to the effectiveness of the whole system.

The economic aspects of the problem of the production scheduling shows clearly that must be generalized, because during the analysis of the structure elements of the problem it shows that the decision situation in the production scheduling is characterised by special objective conflicts. There is no single objective which can serve as an objective function, for the purpose of obtaining optimal results, just compromise objectives can do that. But these are by all means very difficult to be quantified. This was the real reason why one did not try to apply compromise objectives and thereby to generalize the objective function.

It is further proved that no reflections on the formulation of the problem should be made without taking in to account the claims of the planning and production system, because this would simplify the problem.

These perceptions have been considered in the formulation of the problem. After a critical appraisal of the traditional problem of the production scheduling, further practice relevant problem formulations, in static and dynamic form as well, are suggested, whereby compromise objectives are put in the foreground. While in the static case, orders are arranged simultaneously at the beginning of the fabrication, they are in the dynamic case continuously released during the fabrication.

On the basis of the formulation of the problem static and dynamic decision models are constructed. Unified disjunctiv network models and mixed integer programming models are built according to the formulation of the static problem. The setting up of the dynamic decision models is based on the decomposition of the production system.

For the purpose of solving static decision models, suitable unified „branch-and-bound“-algorithms are developed which can be more advantageous than other existing algorithms. In fact the „branch-and-bound“-method proves itself to be the best method for the solution of the problem of the static production scheduling, particularly in connection with the disjunctiv network.

For the solution of the dynamic decision models, special combinatoric lemmas are applied up to the dynamic programming model which is solved by an algorithm developed by means of the dynamic programming. Thereby dynamic sequencing policies are developed which are more suitable than other existing static sequencing policies.

This essay offers fruitful contributions to the development of the production scheduling problem. The decision models and solution algorithms developed in part III and IV are an important contribution to the generalization of the production scheduling problem.

Verzeichnis der verwendeten Symbole

$\boldsymbol{A}$ = Menge der konjunktiven Pfeile

A_n = Fertigungsauftrag mit laufender Nummer n

$A(t)$ = kumulative Anzahl der Aufträge, die im Zeitintervall $[0, t)$ in der Werkstatt eintreffen

$A_k^{(m)}(t)$ = kumulative Anzahl der k-Aufträge, die im Zeitintervall $[0, t)$ in der Maschine F_m eintreffen

a_j = Bearbeitungszeit plus Rüstzeit der Operation j

a_{ij} = Bearbeitungszeit der Operation i plus Rüstzeit der Operation j, die auf i unmittelbar folgt, sofern i und j durch dieselbe Maschine vorgenommen werden

$\boldsymbol{B}$ bzw. $\boldsymbol{B}'$ = Menge der Auswahlen bzw. Menge der zulässigen Auswahlen

$\boldsymbol{B}_h$ = Auswahl von disjunktiven Pfeilen; $\boldsymbol{B}_0 = 0$

$\boldsymbol{B}^{(r)}$ = partielle Auswahl von disjunktiven Pfeilen, die mit dem Knoten (r) des Lösungsgraphen zusammenhängt

B bzw. B' = Bearbeitungszeitenmatrix bzw. erweiterte Bearbeitungszeitenmatrix

$B^{(m)}(t)$ = Bearbeitungszeitverteilung eines Auftrages für die Maschine F_m

$B_k^{(m)}(t)$ = Bearbeitungszeitverteilung eines k-Auftrages für die Maschine F_m

$b^{(m)}(t)$ = Dichtefunktion für die Bearbeitungszeit eines Auftrages für die Maschine F_m

$b_m^{(i)}$ = Moment i-ter Ordnung von $B^{(m)}(t)$; $i = 1, 2, \ldots$

$b_{m,k}^{(i)}$ = Moment i-ter Ordnung von $B_k^{(m)}(t)$; $i = 1, 2, \ldots$

$b_{n,y}$ = Bearbeitungszeit des Auftrages A_n auf der Maschine $F_{r_{n,y}}$

b_j = Bearbeitungszeit der Operation j

C_g = Gesamtkosten, die durch das Produktionsplanungssystem verursacht werden

C_m = Kosten, die durch die Planungsbereiche, außer der Fertigungsablaufplanung, verursacht werden

C_l = Gesamtleerkosten

$c_{l,\,m}$ = Leerkosten pro Zeiteinheit für die Maschine F_m

C_w = Gesamtwartekosten

$c_{w,\,n,\,y}$ = Wartekosten pro Zeiteinheit für den Auftrag A_n

$c_{l,\,i}$ = Leerkosten pro Zeiteinheit für die Operation i

$c_{w,\,i}$ = Wartekosten pro Zeiteinheit für die Operation i

C_r = Gesamtrüstkosten

$c^{(m)}_{r,\,y',\,y''}$ = Rüstkosten für die Maschine F_m vor der Bearbeitung des Auftrages $A_{s_{m,\,y''}}$, der sich in der y''-ten Position der Auftragsfolge von Maschine F_m befindet, sofern zuvor auf der Maschine F_m der Auftrag $A_{s_{m,\,y'}}$ bearbeitet wurde

$c_{r,\,j,\,i}$ = Rüstkosten von der Operation j zur Operation i, sofern j und i durch dieselbe Maschine vorgenommen werden

C_u = Gesamtterminüberschreitungskosten

$c_{u,\,n}$ = Terminüberschreitungskosten pro Zeiteinheit für den Auftrag A_n

$c^{(m)}_{w,k}$ = Wartekosten pro Zeiteinheit für die Beschreibungsklasse k bei der Maschine F_m

$c_{k,\,m}$ = Wahrscheinlichkeit dafür, daß ein k-Auftrag, der sich z. Z bei der Maschine F_m befindet, verspätet fertiggestellt wird

$c^{(m)}_k$ = Grenzwartekosten für einen k-Auftrag bei der Maschine F_m; $c^{(m)}_k = c(W^{(m)}_k)$

$C^{(m)}_k$ = Wartekosten für einen k-Auftrag bei der Maschine F_m; $C^{(m)}_k = \int c(W^{(m)}_k)\,dW^{(m)}_k$

$C^{(m)}$ = Gesamtwartekosten bei der Maschine F_m

$\bar{C}^{(m)}_k$ = mittlere Wartekosten für einen k-Auftrag bei der Maschine F_m

$\bar{C}^{(m)}$ = mittlere Gesamtwartekosten bei der Maschine F_m

$C^{(m)}_{k,\,j_k}$ = Wartekosten des j-ten eingetroffenen k-Auftrages in der Maschine F_m

$\boldsymbol{D}$ = disjunktives Ablaufplan-Netzwerk; $\boldsymbol{D} = [I; \boldsymbol{A}, \boldsymbol{W}]$

$D^{(m)}_k(t)$ = kumulative Anzahl der Aufträge, die im Zeitintervall $[0, t)$ die Maschine F_m verlassen

$\bar{D}_k^{(m)}(t)$	= Wahrscheinlichkeitsverteilung für die Bearbeitungszeit eines Auftrages auf der Maschine F_m, unter der Bedingung, daß der Auftrag eine Priorität $\leqslant k$ hat
d_n	= Fertigstellungstermin für den Auftrag A_n
$E; E_s; E_d$	= Unwirksamkeit der Fertigungsablaufplanung; Unwirksamkeit der statischen Fertigungsablaufplanung; Unwirksamkeit der dynamischen Fertigungsablaufplanung
e	= Maschinengruppenindex; $e = 1, 2, \ldots, \nu$
F	= Transportzeitenmatrix
F_m	= Maschine mit laufender Nummer m
$f_{n,y}$	= Förderzeit des Auftrages A_n von der Maschine $F_{r_{n,y-1}}$ zur nächsten Maschine $F_{r_{n,y}}$
$F(t_1, t_2, \ldots, t_M)$	= gemeinsame Verteilungsfunktion der Zufallsvariablen $W^{(1)}, W^{(2)}, \ldots, W^{(M)}$; $F(t_1, t_2, \ldots, t_M) \equiv Pr(W^{(1)} \leqslant t_1, \ldots, W^{(M)} \leqslant t_M)$
$f_k^{(m)}(x)$	= Zustandsfunktion für die k-te Entscheidungsstufe
$F_{n_k}^{(m)}(x_1, \ldots, x_{n_k})$	= gemeinsame bedingte Verteilung der Zufallsvariablen $C_{k,1}^{(m)}, \ldots, C_{k,n_k}^{(m)}$, unter der Bedingung, daß im Zeitintervall $[0, \tau]$ n_k k-Aufträge in der Maschine F_m eintreffen; $F_{n_k}^{(m)}(x_1, \ldots, x_{n_k}) \equiv Pr(C_{k,1}^{(m)} \leqslant x_1, \ldots, C_{k,n_k}^{(m)} \leqslant x_{n_k} \mid n_k)$
G bzw. G'	= Menge der Ablaufplan-Netzwerke bzw. Menge der kreisfreien Ablaufplan-Netzwerke
G_h	= konjunktives Ablaufplan-Netzwerk; $G_h = [I; \boldsymbol{A}, \boldsymbol{B}_h]$; $G_0 = [I; \boldsymbol{A}]$
$G^{(r)}$	= partieller Ablaufplan-Netzwerk, das mit dem Knoten (r) des Lösungsgraphen zusammenhängt; $G^{(r)} = [I; \boldsymbol{A}, \boldsymbol{B}^{(r)}]$
h	= $1, 2, \ldots, \omega$
I^m	= Indexmenge der Operationen, die durch die Maschine F_m durchgeführt werden
I_n	= Indexmenge der Operationen des Auftrages A_n
I'	= Indexmenge der Operationen sämtlicher Aufträge
J_m	= Menge der zweielementigen Teilmengen aus I^m

k	= Beschreibungsklassenindex bzw. Prioritätsklassenindex; $k = 1, 2, \ldots, K$
$K_g^{(m)}(\tau)$	= Gesamtwartekosten, die durch die im Zeitintervall $0 \leq t \leq \tau$ in der Maschine F_m eingetroffenen Aufträge verursacht werden
$\bar{K}^{(m)}$	= mittlere Wartekosten pro Zeiteinheit bei der Maschine F_m; $\bar{K}^{(m)}$ wird Wartekostenrate für die Maschine F_m genannt
$\bar{K}$	= mittlere Gesamtwartekosten pro Zeiteinheit in der Werkstatt; $\bar{K}$ wird Wartekostenrate für die Werkstatt genannt
L	= Gesamtleerzeit
$l_{m,y'}$	= Maschinenleerzeit, während derer Maschine F_m auf Auftrag $A_{s_{m,y'}}$ wartet, der sich in der y'-ten Position der Auftragsfolge auf der Maschine F_m befindet
l_j	= Leerzeit einer Maschine, die auf die Operation j wartet
$\boldsymbol{M}$	= Prezedenzmatrix
m	= Maschinennummer; $m = 1,2, \ldots, M$
$N^{(m)}$	= Zahl der Aufträge, die zu einem beliebigen Zeitpunkt bei der Maschine F_m warten (in $N^{(m)}$ ist auch der in der Bearbeitung sich befindende Auftrag eingeschlossen); $N^{(m)}$ wird Auftragsbestand bei der Maschine F_m genannt
$\bar{N}^{(m)}$	= mittlerer Auftragsbestand bei der Maschine F_m
$\bar{N}_k^{(m)}$	= mittlerer Auftragsbestand für k-Aufträge bei der Maschine F_m
$\bar{N}$	= mittlerer Auftragsbestand in der Werkstatt
n	= Auftragsnummer; $n = 1, 2, \ldots, N$
n_e	= Zahl der Maschinen in der Maschinengruppe Q_e
P	= Rüstzeitenmatrix
$P^{(m)}$	= Rüstzeitenmatrix für die Maschine F_m
P'	= Gesamtrüstzeit
$p_{n,y}$	= Rüstzeit der Maschine $F_{r_{n,y}}$ vor Beginn der Bearbeitung des Auftrages A_n an der y-ten Position seiner Maschinenfolge

$p^{(m)}_{y',y''}$ = Rüstzeit der Maschine F_m vor Beginn der Bearbeitung des Auftrages $A_{s_{m,\,y''}}$, der sich in der y''-ten Position der Auftragsfolge von Maschine F_m befindet, sofern zuvor auf der Maschine F_m der Auftrag $A_{s_{m,\,y'}}$ bearbeitet wurde; $(y' \neq y'')$

p_j = Rüstzeit der Operation j

$P(k)$ = Wahrscheinlichkeit dafür, daß ein bei der Maschine F_m eingehender Auftrag eine Prioritätszahl $\leqq k$ hat

p_{ij} = Rüstzeit der Operation j, sofern die Operation j unmittelbar auf die Operation i folgt

$Pn_1 n_2 \ldots n_M$ = gemeinsame Wahrscheinlichkeitsfunktion der Zufallsvariablen $N^{(1)}, N^{(2)}, \ldots, N^{(M)}$; $P_{n_1 n_2 \ldots n_M} \equiv Pr\,(N^{(1)} = n_1, \ldots, N^{(M)} = n_M)$

$P_m(N^{(m)}=n_m)$ = Wahrscheinlichkeitsfunktion der Zufallsvariablen $N^{(m)}$

$P_m(W^{(m)}\leqq t_m)$ = Wahrscheinlichkeitsverteilung der Zufallsvariablen $W^{(m)}$

P_{n_k} = Wahrscheinlichkeit dafür, daß im Zeitintervall $[0,\ \tau)$ n_k k-Aufträge in der Maschine F_m eintreffen

Q = Menge der Maschinen in der Werkstatt

Q_e = Maschinengruppe mit laufender Nummer e

R bzw. R' = Maschinenfolgematrix bzw. erweiterte Maschinenfolgematrix

$r_{n,\,y}$ = Nummer der Maschine, auf der der Auftrag A_n an der y-ten Position seiner Maschinenfolge bearbeitet wird

$\boldsymbol{S}$ bzw. $\boldsymbol{S'}$ = Menge der Sequenzen (Sequenzpolitiken) bzw. Menge der zulässigen Sequenzen (Sequenzpolitiken)

S bzw. S' = Sequenzmatrix bzw. erweiterte Sequenzmatrix

$s_{m,\,y'}$ = Nummer des Auftrages, der sich auf der Maschine F_m an der y'-ten Position der Auftragsfolge von F_m befindet

S_t = Sequenzpolitik im Entscheidungszeitpunkt t

T = Durchlaufzeit des Fertigungsprozesses

T_n = Endzeitpunkt der in der Maschinenfolge vom Auftrag A_n stehenden letzten Maschine

T'_m = Endzeitpunkt des in der Auftragsfolge von Maschine F_m stehenden letzten Auftrages

$\bar{T}$ = durchschnittliche Auftragsdurchlaufzeit (im statischen Fall)

t'_{A_n} = Zeitpunkt, zu dem der Auftrag A_n für die Bearbeitung verfügbar ist.

t_{F_m} = Zeitpunkt, zu dem die Maschine F_m verfügbar ist

t_j = Anfangstermin der Operation j

$t^k_{j_k}$ = Ankunftszeitpunkt des j-ten k-Auftrages bei der Maschine F_m

U_n = Terminüberschreitung vom Auftrag A_n

U = Gesamtterminüberschreitung

$\bar{U}$ = mittlere Terminüberschreitung

$\bar{U}_k$ = mittlere Terminüberschreitung der k-ten Klasse

V_n = Verspätung vom Auftrag A_n

V = Gesamtverspätung

$\bar{V}$ = mittlere Auftragsverspätung

$\bar{V}_k$ = mittlere Auftragsverspätung der k-ten Klasse

$V^{(\lambda)}$ = Menge der im λ-ten Schritt zur Planung verfügbaren Operationen; $V^{(\lambda)}$ wird Schnitt genannt

$V^{(\lambda)}_m$ = Menge der im λ-ten Schritt zur Planung verfügbaren Operationen, die auf der Maschine F_m ausgeführt werden; $V^{(\lambda)}_m$ wird erzeugende Menge genannt

V^{+1} = Nachfolgeschnitt

V^{-1} = Vorgängerschnitt

$\boldsymbol{W}$ = Menge der disjunktiven Pfeile

W = Gesamtwartezeit

$W^{(m)}$ = Wartezeit eines Auftrages bei der Maschine F_m (in $W^{(m)}$ ist auch die Bearbeitungszeit eingeschlossen); $W^{(m)}$ wird Auftragsdurchlaufzeit bei der Maschine F_m genannt

$\bar{W}^{(m)}$ = mittlere Auftragsdurchlaufzeit bei der Maschine F_m

$\bar{W}$ = mittlere Auftragsdurchlaufzeit in der Werkstatt

$\bar{W}_k^{(m)}$ = mittlere Auftragsdurchlaufzeit eines k-Auftrages bei F_m

$W_{k,\ jk}^{(m)}$ = Wartezeit des j-ten eingetroffenen k-Auftrages bei der Maschine F_m

$W_{k,\ m}$ = Zeit, die ein k-Auftrag braucht, um die nachfolgenden Maschinen seiner Maschinenfolge zu durchlaufen, vorausgesetzt, daß sich der Auftrag auf der Maschine F_m befindet

W^+ = Menge der normalen disjunktiven Pfeile

W^- = Menge der entgegengesetzten disjunktiven Pfeile

$w_{n,\ y}$ = Auftragswartezeit, während derer der Auftrag A_n bei der Maschine $F_{r_{n,\ y}}$ wartet, die sich an der y-ten Position der Maschinenfolge von A_n befindet

w_j = Wartezeit der Operation j

$Y_{n,\ m}$ = Zahl, wie oft zur Bearbeitung vom Auftrag A_n die Maschine F_m benutzt wird

Y_n = $\sum_{m=1}^{m=M} Y_{n,\ m}$

Y = $\max\limits_n Y_n$

Y'_m = $\sum_{n=1}^{n=N} Y_{n,\ m}$

Y' = $\max\limits_m Y'_m$

$y;\ y'$ = Positionenindex; $y = 1, 2, \ldots, Y$; $y' = 1, 2, \ldots, Y'$

y_{ji} = $\begin{cases} 1, & \text{wenn } j < i \\ 0, & \text{andernfalls ist} \end{cases}$ bzw. $\begin{cases} 1, & \text{wenn } j << i \\ 0, & \text{andernfalls ist} \end{cases}$

Z_1 $\equiv L$

Z_2 $\equiv \varphi$

Z_3 $\equiv P'$

Z_4 $\equiv W$

Z_5 $\equiv T$

Z_6 $\equiv V$

Z_7 $\equiv U$

Z_8 $\equiv \bar{W}$

$Z_9 \equiv \bar{N}$

$Z_{10} \equiv \bar{C}$

$Z_{11} \equiv \bar{V}$

$Z_{12} \equiv \bar{U}$

$Z_{13} \equiv \bar{\varphi}$

$Z_{14} \equiv \bar{C}'$

$\delta_n \equiv \begin{cases} 1, \text{ wenn } t_{m_n} > d_n - a_{m_n} \\ 0, \text{ wenn } t_{m_n} \leqslant d_n - a_{m_n} \end{cases}$ ist

$\theta_j^{(m)}$ = Bearbeitungszeit für den j-ten eingehenden Auftrag bei der Maschine F_m

$\hat{\theta}_k$ = Politikfunktion

θ_k^* = optimale Politik

λ_m = Ankunftsrate für die Maschine F_m

λ_e = Ankunftsrate für die Maschinengruppe Q_e

$\lambda_{m,k}$ = Ankunftsrate der k-Aufträge für die Maschine F_m

$\hat{\lambda}_m$ = Beschädigungsrate der Maschine F_m

λ_G = Ankunftsrate für die Werkstatt

Λ = unbeschränkt große Zahl

μ_m = Bedienungsrate der Maschine F_m

μ_e = Bedienungsrate der Maschinengruppe Q_e

$\hat{\mu}_m$ = Parameter der Reparaturzeitverteilung für die Maschine F_m

Π = *Markow*sche Übergangsmatrix

$\pi_{m,m'}$ = Übergangswahrscheinlichkeit von der Maschine F_m zur Maschine $F_{m'}$ $(m, m' = 1, 2, \ldots, M;\ m \neq m')$

$\pi_{0,m'}$ = Wahrscheinlichkeit dafür, daß die Maschinenfolge eines Auftrages mit der Maschine $F_{m'}$ beginnt $(m' = 1, 2, \ldots, M)$

$\pi_{m,M+1}$ = Wahrscheinlichkeit dafür, daß ein Auftrag die Werkstatt nach der Maschine F_m verläßt $(m = 1, 2, \ldots, M)$

φ = Kapazitätsnutzungsgrad im Zeitintervall $[0, T]$

φ_m = Kapazitätsnutzungsgrad der Maschine F_m

$\bar{\varphi}$ = durchschnittliche Kapazitätsnutzungsgrad

$\varphi_{m,k}$ = Kapazitätsnutzungsgrad der Maschine F_m für k-Aufträge

σ_k = Kapazitätsnutzungsgrad der Maschine F_m für Aufträge mit Prioritätszahl $\leqslant k$

$\tau_{j_k}^k$ = Abgangszeitpunkt des j-ten in der Maschine F_m eingetroffenen Auftrages

τ = Zeitparameter

ψ_k = Wahrscheinlichkeit dafür, daß ein bei der Maschine F_m eingehender Auftrag ein k-Auftrag ist

$<$ = Vorgängerrelation

$\ll$ = unmittelbare Vorgängerrelation

$>$ = Nachfolgerelation

$\gg$ = unmittelbare Nachfolgerelation

Literaturverzeichnis

Ackoff, R. L.: A Concept of Corporate Planning, N. York 1970.

Ackoff, R. L., and *Sasieni,* M. M.: Fundamentals of Operations Research, N. York, London, Sydney 1968.

Ackoff, R. L., *Gupta,* S. K., and *Minas,* J. S.: Scientific Method - Optimizing Applied Research Decisions, N. York, London 1962.

Aczel, M. A.: The Effect of Introducing Priorities, in: Operations Research, Vol. 8, 1960, S. 730–733.

Adam, D.: Produktionsplanung bei Sortenfertigung, Wiesbaden 1969.

Agin, N.: Optimum Seeking with Branch-and-Bound, in: Management Science, Series B, Vol. 13, 1966, S. 176–185.

Akers, S. B., and *Friedman,* J.: A Non-Numerical Approach to Production Scheduling Problems, in: Operations Research, Vol. 3, 1955, S. 429–442.

Ashour, S.: An Experimental Investigation and Comparative Evaluation of Flow-Shop Scheduling Techniques, in: Operations Research, Vol. 18, 1970, S. 541–549.

Ashour, S., and *Hiremath,* S. R.: A Branch-and-Bound Approach to The Job-Shop Scheduling Problem, in: International Journal of Production Research, Vol. 11, 1973, S. 47–48.

Ashour, S., and *Parker,* P. G.: A Precedence Graph Algorithm for The Shop Scheduling Problem, in: Operational Research Quarterly, Vol. 22, 1971, S. 165–176.

Bagga, P. C., and *Chakravarti,* N. K.: Optimal *m*-Stage Production Schedule, in: Journal of The Canadian Operations Research Society, Vol. 6, 1968.

Baker, C. T., and *Dzielinski,* B. P.: Simulation of A Simplified Job Shop, in: Management Science, Vol. 6, 1960, S. 311–322.

Bakshi, M. S., and *Arora,* S. R.: The Sequence Problem, in: Management Science, Vol. 16, 1969, S. 247–263.

Balas, E.: Machine Sequencing via Disjunctive Graphs: An Implicit Enumeration Algorithm, in: Operations Research Vol. 17, 1969, S. 941–957.

— : Finding A Mimimaximal Path in A Disjunctive PERT Network, in: Théorie des Graphes, Journées Internationales d'Etude, Rome 1966, Dunod, Paris 1967, S. 21–30.

— : Discrete Programming by The Filter Method, in: Operations Research, Vol. 15, 1967, S. 915–967.

— : Machine Sequencing: Disjunctive Graphs and Degree-Constrained Subgraphs, in: Naval Research Logistics Quarterly, Vol. 17, 1970, S. 1–9.

— : A Note on The Branch-and-Bound Principle, in: Operations Research, Vol. 16, 1968, S. 442–445.

— : An Additive Algorithm for Solving Linear Problems with Zero-One Variables, in: Operations Research, Vol. 13, 1965, S. 517–545.

Balinski, M. L.: Integer Programming: Methods, Uses, Computations, in: Management Science, Vol. 12, 1965, S. 253–313.

Bellman, R. E.: Dynamic Programming, Second Printing, Princeton, N. Jersey, 1959.

Bellman, R. E., and *Dreyfus,* S. E.: Applied Dynamic Programming, Princeton, N. Jersey 1962.

Benders, J. F.: Partitioning Procedures for Solving Mixed-Variables Programming Problems, in: Numerische Mathematik, Vol. 4, 1962, S. 238–252.

Berge, C.: The Theory of Graphs and Its Applications, Third Edition, London, N. York 1966.

Bergner, R.: Anwendung mathematischer Methoden bei der Gruppenbearbeitung, in: Fertigungstechnik und Betrieb, 1964, S. 140–142.

Bidlingmaier, J.: Zielkonflikte und Zielkompromisse im unternehmerischen Entscheidungsprozeß, Wiesbaden 1968.

Biegel, John: Production Control - A Quantitative Approach, Second Edition, N.Jersey 1971.

Bowman, E. H.: The Schedule-Sequencing Problem, in: Operations Research, Vol. 7, 1959, S. 621–624.

Brabb, G.: Introduction to Quantitative Management, N.York 1968.

Brooks, G. H., *White*, C. R.: An Algorithm for Finding Optimal or Near Optimal Solutions to The Production Scheduling Problem, in: Journal of Industrial Engineering, Vol. 16, 1965, S. 34–40.

Brosh, I., *Naor*, P.: On Optimal Disciplines in Priority Queueing, in: Bull. Inst. Inter. Statistics, Vol. 40, 1963, S. 593–609.

Brown, A. P. G., and *Lomnicki*, Z. A.: Some Applications of The Branch-and-Bound Algorithm to The Machine Scheduling Problem, in: Operational Research Quarterly, Vol. 17, 1966, S. 173–185.

Buchman, U., und *Berthold*, E.: Zu Fragen der Anwendung mathematischer Methoden und der modernen Rechentechnik in der Ökonomie, in: Fertigungstechnik und Betrieb, Jr. 13, H. 10, 1963, S. 597–600.

Buffa, E. S.: Production-Inventory Systems: Planning and Control, Homewood, Illinois 1968.

— : Operations Management - Problems und Models, Second Edition, N.York, London, Sydney 1968.

Burbidge, J. L.: Production Planning, London 1971.

— : Principles of Production Control, London 1962.

Burkard, R. E.: Methoden der Ganzzahligen Optimierung, Wien, N.York 1972.

Burke, P. J.: The Output of A Queuing System, in: Operations Research, Vol. 4, 1956, S. 699–704.

— : The Output Process of A Stationary M/M/s Queuing System, in: Annals of Mathematical Statistics, Vol. 39, 1968, S. 1124–1152.

— : The Dependence of Sojourn Times in Tandem M/M/s Queues, in: Operations Research, Vol. 17, 1969, S. 754–755.

Charlton, J. M., and *Death*, C. C.: A Generalized Machine-Scheduling Algorithm, in: Operational Research Quarterly, Vol. 21, 1970, S. 127–134.

Charnes, A., and *Cooper*, W. W.: A Network Interpretation and A Subdual Algorithm for Critical Path Scheduling, in: The Journal of Industrial Engineering, Vol. 12, 1961/62, S. 213–218.

Churchman, C. W.: Einführung in die Systemanalyse, München 1970.

Churchman, C. W., *Ackoff*, R. L., *Arnoff*, E. L.: Operations Research. Eine Einführung in die Unternehmungsforschung, 5. Auflage, R. Oldenburg, Wien 1971.

Cobham, A.: Priority Assignment in Waiting Line Problems, in: Operations Research, Vol. 2, 1954, S. 70–76.

Conway, R. W.: Priority Dispatching and Job Lateness in A Job Shop, in: The Journal of Industrial Engineering, Vol. 16, 1965, S. 228–237.

Conway, R. W., and *Maxwell*, W. L.: Network Dispatching by The Shortest-Operation Discipline, in: Operations Research, Vol. 10, 1962, S. 51–72.

Cooper, R. B.: Introduction to Queueing Theory, N.York, London 1972.

Cox, D. R., and *Smith*, W. L.: Queues, London, N.York 1961.

Danner, D.: Die Ablaufplanung mehrstufiger diskontinuierlicher Prozesse, Unveröff. Diss., WH Mannheim 1963.

Dantzig, G. B.: Lineare Programmierung und Erweiterungen, Berlin, Heidelberg, N.York 1966.

– : A Machine-Job Scheduling Model, in: Management Science, Vol. 6, 1959, S. 191-196.

Dickhut, E. O.: Zur Problematik der Fertigungsablaufplanung in der Einzel- und Kleinserienfertigung, Unveröff. Diss., TH Aachen 1966.

Disney, R. L., *Farrell,* R. L., *De Morais,* P. R.: A Characterization of M/G/l Queues with Renewal Departure Processes, in: Management Science, Vol. 19, 1973.

Dudek, R. A., and *Ghare,* P. M.: Make-Span Sequencing on M-Machines, in: The Journal of Industrial Engineering, Vol. 18, 1967, S. 131-134.

Dudek, R. A., and *Teuton,* O. F.: Development of M-Stage Decision Rule for Scheduling *n* Jobs Through *M* Machines, in: Operations Research, Vol. 12, 1964, S. 471-497.

Durr, L.: A Single-Server Priority Queuing System with General Holding Times, Poisson Input, and Reverse-Order-of-Arrival Queuing Discipline, in: Operations Research, Vol. 17, 1969, S. 351-358.

Eilon, S.: Elements of Production Planning and Control, N. York 1962.

Elenz, H. und *Weber,* G.: Terminplanung und Fertigungssteuerung im Maschinenbau bei Einzel- und Kleinserienfertigung, in: Industrie Anzeiger, 1964, S. 827-832.

Ellinger, T.: Ablaufplanung, Stuttgart 1959.

Elmaghraby, S. E.: The Machine Sequencing Problem – Review and Extensions, in: Naval Research Logistics Quarterly, Vol. 15, 1968, S. 205-231.

Emmons, H.: One-Machine Sequencing to Minimize Certain Functions of Job Tardiness, in: Operations Research, Vol. 17, 1969, S. 701-715.

Eversheim, W.: Beitrag zur Fertigungsplanung und -steuerung in der Kleinserien- und Einzelfertigung unter besonderer Berücksichtigung der Teilefamilienfertigung, Unveröff. Diss., TU Aachen 1965.

Feller, W.: An Introduction to Probability Theory and It's Applications, Vol. II, Second Edition, N.York 1971.

– : An Introduction to Probability Theory and Its Applications, Vol. I, Third Edition, N.York 1968.

Finch, P. D.: The Output Process of The Queuing System M/G/l, in: Journal of The Royal Statistical Society, Series B, Vol. 21, 1959, S. 375-380.

Fisz, M.: Wahrscheinlichkeitsrechnung und Mathematische Statistik, Berlin 1971.

Florian, M., *Trepant,* P., and *McMahon,* G.: An Implicit Enumeration Algorithm for The Sequencing Problem, in: Management Science, Series B, Vol. 17, 1971, S. 782-792.

Ford, L. R., and *Fulkerson,* D. R.: Flows in Networks, Fifth Printing, Princeton, N.Jersey 1971.

Gampell, H. G., *Dudek,* R. A.: A Heuristic Algorithm for The *n* Job, *m* Machine Sequencing Problem, in: Management Science, Vol. 16, 1970, S. 630-637.

Gaver, D. P.: A Waiting Line with Interrupted Service, Including Priorities, in: Journal of The Royal Statistical Society, Series B, Vol. 2, 1962, S. 73-90.

Gavett, J. W.: Production and Operations Management, N.York, Chicago, San Francisco, Atlanta 1968.

Giffler, B., and *Thompson,* G. L.: Algorithms for Solving Production Scheduling Problems, in: Operations Research, Vol. 8, 1960, S. 487-503.

Gnedenko, B. W. und *Kowalenko,* I. N.: Einführung in die Bedienungstheorie, Berlin 1971.

Gorenstein, S.: An Algorithm for Project (Job) Sequencing with Resource Constraints, in: Operations Research, Vol. 20, 1972, S. 835-850.

Greenberg, H. H.: A Branch-Bound Solution to The General Scheduling Problem, in: Operations Research, Vol. 16, 1968, S. 353-361.

— : Integer Programming, N.York, London 1971.

Greenberger, M.: The Priority Problem and Computer Time Sharing, in: Management Science, Vol. 12, 1966, S. 888-906.

Greene, J. H.: Production Control-Systems and Decisions, Homewood, Illinois 1965.

— : Operations Planning and Control, Homewood, Illinois 1967.

Gupta, J. N. D.: *M*-Stage Scheduling Problem - A Critical Appraisal, in: International Journal of Production Research, Vol. 9, 1971, S. 267-281.

— : *M*-Stage Flowshop Scheduling by The Branch and Bound, in: Journal of the Operations Research Society of India, Vol. 7, 1970, S. 37-43.

— : An Improved Combinatorial Algorithm for The Flow Shop-Scheduling Problem, in: Operations Research, Vol. 19, 1971, S. 1753-1758.

— : Optimal Flowshop Scheduling with Due Dates and Penalty Costs, in: Journal of The Operations Research Society of Japan, Vol. 14, 1971, S. 35-46.

Gutenberg, E.: Grundlagen der Betriebswirtschaftslehre, 1. Band: Die Produktion, 16. Auflage, Berlin, Heidelberg, N.York 1969.

Hadley, G.: Nichtlineare und dynamische Programmierung, Würzburg, Wien 1969.

— : Linear Programming, Fourth Printing, Reading, Massachusetts, London, Sydney 1969.

Haji, R., and *Newell,* G. F.: Optimal Strategies for Priority Queues with Nonlinear Costs of Delay, SIAM, J. App. Math., Vol. 20, 1971, 224-240.

Halmos, P. R.: Naive Mengenlehre, 3. Auflage, Göttingen 1972.

Hanssmann, F.: Operations Research in Production and Inventory Control, N.York, London 1962.

Heinen, E.: Grundlagen betriebswirtschaftlicher Entscheidungen, Das Zielsystem der Unternehmung, 2. Auflage, Wiesbaden 1971.

Heller, J., and *Logemann,* G.: An Algorithm for The Construction and Evaluation of Feasible Schedules, in: Management Science, Vol. 8, 1962, S. 168-183.

Hillier, F. S.: Cost Models for The Application of Priority Line to The Industrial Problems, in: The Journal of Industrial Engineering, Vol. 16, 1965, S. 178 ff.

— : Economic Models for Industrial Waiting Line Problem, in: Management Science, Vol. 10, 1963, S. 119-130.

Hillier, F. S., and *Lieberman,* G. J.: Introduction to Operations Research, Ninth Printing, San Francisco, Cambridge, London, Amsterdam 1972.

Hoß, K.: Fertigungsablaufplanung mittels operationsanalytischer Methoden, Würzburg, Wien 1965.

Ignall, E., and *Schrage,* L.: Applications of The Branch and Bound Technique to Some Flow-Shop Scheduling Problems, in: Operations Research, Vol. 15, 1965, S. 400-412.

Jaeschke, G.: „Branching and Bounding", Eine allgemeine Methode zur Lösung kombinatorischer Probleme, in: Unternehmensforschung, Vol. 5, 1964, S. 133-155.

Jackson, J. R.: Jobshop-Like Queuing Systems, in: Management Science, Vol. 10, 1963, S. 131-142.

— : Networks of Waiting Lines, in: Operations Research, Vol. 5, 1957, S. 518-521.

— : Simulation Research on Job Shop Production, in: Naval Research Logistics Quarterly, Vol. 4, 1957, S. 287-295.

Jackson, R. R. P.: Queuing Systems with Phase Type Service, in: Operational Research Quarterly, Vol. 5, 1954, S. 109-120.

Jackson, R. R. P.: Random Queuing Processes with Phase-Type Service, Journal of The Royal Statistical Society, Series B, Vol. 18, 1956–1957, S. 129–132.

Jaiswal, N. K.: Priority Queues, N.York, London 1968.

Johnson, S. M.: Optimal Two-and-Three-Stage Production Schedules with Set-Up Times Included, in: Naval Research Logistics Quarterly, Vol. 1, 1954, S. 61–68.

– : Sequencing *n* Jobs on Two Machines with Arbitrary Time Lag, in: Management Science, Vol. 5, 1959, S. 299–303.

Kaufmann, A.: Entscheidungstechnik im Management – Modelle für menschliches Handeln, R. Oldenbourg, München, Wien 1968.

— : Graphs, Dynamic Programming, and Finite Games, N.York, London 1967.

— : Einführung in die Graphentheorie, R. Oldenbourg, München, Wien 1971.

Keilson, J.: A Note on The Waiting Time Distribution for The M/G/1 Queue with Last-Come-First-Served Discipline, in: Operations Research, Vol. 16, 1968, S. 1230–1232.

Kingman, J. F. C.: On Queues in Which Customers Are Served in Random Order, in: Proc. Camb. Phil. Soc., Vol. 58, 1962, S. 79–90.

Koontz, H., and *O'Donnell,* C.: Principles of Management, An Analysis of Managerial Functions, Fourth Printing, N.York, Toronto, San Francisco, London, Sydney 1968.

Korbut, A. A. und *Finkelstein,* J.: Diskrete Optimierung, Berlin, 1971.

Kosiol, E.: Planung als Lenkungsinstrument der Unternehmungsleitung, in: Schriftenreihe der Arbeitsgemeinschaft Planungsrechnung, e. V. Bd. 10, Wiesbaden 1965.

— : Modellanalyse als Grundlage unternehmerischer Entscheidungen, in: Zeitschrift für handelswissenschaftliche Forschung, N. T. 13, 1961, S. 318–334.

— : Betriebswirtschaftslehre und Unternehmungsforschung, in: Zeitschrift für Betriebswirtschaft, Jr. 34, Nr. 2, Nr. 2, 1964, S. 743–761.

— : Organisation der Unternehmung, Wiesbaden 1962.

— : Untersuchung zur Aufbauorganisation der Arbeitsvorbereitung, Berlin 1962.

— : Die Unternehmung als wirtschaftliches Aktionszentrum, Betriebswirtschaftslehre, 2. Auflage, Hamburg 1972.

Krelle, W.: Betriebliche Planung im Rahmen der Marktwirtschaft, in: Schriftenreihe der Arbeitsgemeinschaft Planungsrechnung, e. V. Bd. 10, Wiesbaden 1965.

Krüger, J.: Einfluß der Technologischen Planung auf die Durchlaufzeit und Maschinenauslastung bei Fließstraßen, in: Fertigungstechnik und Betrieb, Jr. 12, H. 11, 1962, S. 752–755.

Lancaster, K.: Mathematical Economics, Fourth Printing, London, Toronto, Ontario 1970.

Land, A. H., and *Doig,* A. G.: An Automatic Method of Solving Discrete Programming Problems, in: Econometrica, Vol. 28, 1960, S. 497ff.

Lawer, E. L., and *Wood,* D. E.: Branch-and-Bound Methods: Survey, in: Operations Research, Vol. 14, 1966, S. 699–719.

Lee, A. M.: Applied Queuing Theory, N.York, London 1966.

Levy, F. K., *Thompson,* G. L., and *Wiest,* J. D.: Mathematical Basis of The Critical-Path Method, in: Industrial Scheduling, Englewood Cliffs, N.Jersey 1963, S. 366–378, Edited by Muth, J. F., and Thompson, G. L..

Little, J. D. C.: A Proof for The Queuing Formula : $L = \lambda \cdot W$, in: Operations Research, Vol. 9, 1961, S. 383–387.

Little, J. D. C., *Murty,* K. G., *Sweeney,* D. W., and *Karel,* C.: An Algorithm for The Travelling Salesman Problem, in: Operations Research, Vol. 11, 1963, S. 972–988.

Lomnicki, Z. A.: A „Branch-and-Bound" Algorithm for The Exact Solution of The Three-Machine Scheduling Problem, in: Operations Research, Vol. 16, 1965, S. 89–100.

Magee, J. F., and *Boodman*, D. M.: Production Planning and Inventory Control, Second Printing, N.York, St. Louis, San Francisco, Toronto, London, Sydney 1967.

Manne, A. S.: One The Job-Shop Scheduling Problem, in: Operations Research, Vol. 8, 1960, S. 219–223.

Marimont, R. B.: A New Method of Checking The Consistency of Precedence Matrices, in: Journal of The Association for Computing Machinery, Vol. 6, 1959, S. 164–171.

Massie, J. L.: Essentials of Management, Englewood Cliffs, N.Jersey 1971.

Maxwell, W. L.: On The Generality of The Equation $L = \lambda \cdot W$, in: Operations Research, Vol. 18, 1970, S. 172–173.

McMahon, G. B.: Optimal Production Schedules for Flow Shop, in: Journal of The Canadian Operations Research Society, Vol. 7, 1969, S. 141–151.

McMahon, G. B., and *Burton*, P. G.: Flow-Shop Scheduling with The Branch-and-Bound Method, in: Operations Research, Vol. 15, 1965, S. 473–481.

McMillan, G.: Mathematical Programming: An Introduction to The Design and Applications of Optimal Decision Machines, N.York, London, Toronto 1970.

McNaughton, R.: Scheduling with Deadlines and Loss Functions, in: Management Science, Vol. 6, 1959, S. 1–12.

Mellerowicz, K.: Betriebswirtschaftslehre der Industrie, Bd. II, 6. neubearbeitete Auflage, Freiburg im Breisgau 1968.

Mensch, G.: Minimizing Change-Over Cost in The Machine Setup Problem, in: The Journal of The Canadian Operations Research Society, Vol. 7, 1969, S. 92–96.

Miller, R. G.: Priority Queues, in: Annals of Mathematical Statistics, Vol. 31, 1960, S. 77–103.

Miller, D. W., and *Starr*, M. K.: Executive Decisions and Operations Research, Second Printing, Englewood Cliffs, N.Jersey 1969.

Mitten, L. G.: Sequencing *n* Jobs on Two Machines with Arbitrary Time-Lags, in: Management Science, Vol. 5, 1969, S. 293–298.

— : Branch-and-Bound Methods: General Formulation and Properties, in: Operations Research, Vol. 18, 1970, S. 24–33.

Moore, F. G., and *Welti*, O.: Produktionssteuerung - Produktionskontrolle, München 1967.

Moore, F. G., and *Jablonski*, R.: Production Control, Third Edition, N.York, St. Louis, San Francisco, Toronto, London, Sydney 1969.

Morse, P. M.: Queues, Inventories, and Maintenance, The Analysis of Operational Systems with Variable Demand and Supply, N.York 1958.

Muscati, M.: Die zeitliche Optimierung von Objektfolgen bei kontinuierlichen mehrstufigen Prozessen, in: Zeitschrift für Betriebswirtschaftliche Forschung, Jr. 19, 1967, S. 297ff.

Muth, J. F., and *Thompson*, G. L.: Industrial Scheduling, Englewood Cliffs, N.Jersey 1963.

Nabeshima, I.: The Order of *n* Items Processed on *m* Machines, in: Journal of The Operations Research Society of Japan, Vol. 4, 1961, S. 1–8.

— : The Order of *n* Items Processed on *m* Machines, in: Journal of The Operations Research Society of Japan, Vol. 3, 1961, S. 170–175.

— : Computational Solution to The *m*-Machine Scheduling Problem, in: Journal of The Operations Research Society of Japan, Vol. 7, 1965, S. 93–102.

— : On The Bound of The Makespans and Its Applications in *M* Machine Scheduling Problem, in: Journal of The Operations Research Society of Japan, Vol. 9, 1967, S. 98–135.

Nair, S. S., and *Neuts*, M. F.: A Priority Rule Based on The Ranking of The Service Times for The M/G/1 Queue, in: Operations Research, Vol. 17, 1969, S. 467–477.

Nelson, R. T.: An Empirical Study of Arrival, Service Time and Waiting Time Distribution in A Job Shop Production Process, Research Report No. 60, Management Sciences Research

Project, 1959, UCLA, in: Operations Management, Problems and Models, Second Edition, Edited by Buffa, E. S., N.York, London, Sydney 1968.

Nemhauser, G. L.: Introduction to Dynamic Programming, First corrected Printing, N.York, London, Sydney 1967.

Newell, G. F.: Applications of Queuing Theory, London 1971.

Niland, P.: Production Planning and Inventory Control, London 1970.

O'Brien, J. J.: Scheduling Handbook, N.York, St. Louis, San Francisco, London, Sydney, Toronto 1969.

Oliver, R. M., and *Pestalozzi,* G.: On A Problem of Optimum Classification, in: Journal of Industrial and Applied Mathematics, Vol. 13, 1965, S. 890–899.

Ore, O.: Graphs and Their Uses, Sixth Printing, N.York, Toronto 1963.

Panico, J. A.: Queuing Theory: A Study of Waiting Lines for Business, Economics and Science, Englewood Cliffs, N.Jersey 1969.

Pfaffenberger, U.: Probleme der Produktionsplanung bei Mehrprodukten – Mehrstufigen Fertigung, Unveröff. Diss., Tübingen, Rechts- und Wirts. Fak. 1963.

Phipps, T. E.: Machine Repair As A Priority Waiting Line Problem, in: Operations Research, Vol. 4, 1956, S. 76–86.

Piehler, J.: Ein Beitrag zum Reihenfolgeproblem, in: Unternehmensforschung, Vol. 4, 1960, S. 138–142.

Pierce, J. F.: Application of Combinatorial Programming to A Class of All-Zero-One Integer Programming Problems, in: Management Science, Vol. 15, 1968, S. 191–209.

Pierce, J. F., and *Hatfield,* D. J.: Production Sequencing by Combinatorial Programming, in: Operations Research and The Design of Management Information Systems, Chapter 17, Edited by Pierce, J. F., 1967.

Plossl, G. W., and *Wight,* O. W.: Production and Inventory Control, Principles and Techniques, Englewood Cliffs, N.Jersey 1967.

Prabhau, N. U.: Queues and Inventories, A Study of Their Basic Stochastic Process, N.York, London, Sydney 1965.

Presby, J. T., and *Wolfson,* M. L.: An Algorithm for Solving Job Sequencing Problems, in: Management Science, Vol. 13, 1967, S. 454–464.

Raimond, J. F.: Minimaximal Paths in Disjunctive Graphs by Direct Search, IBM, Journal of Research and Development, Vol. 13, 1969, S. 391–399.

Reich, E. D.: Waiting Times When Queues Are in Tandem, in: Annals of Mathematical Statistics, Vol. 28, 1957, S. 768–773.

— : Note on Queues in Tandem, in: Annals of Mathematical Statistics, Vol. 34, 1963, S. 338–341.

Richmond, S.: Operations Research for Management Decisions, N.York 1968.

Riordan, J.: Stochastic Service Systems, N.York, London 1962.

Saaty, T. L.: Elements of Queueing Theory with Applications, N.York, Toronto, London 1961.

— : Mathematical Methods of Operations Research, N.York, St. Louis, San Francisco, London, Sydney, Toronto, Tokyo 1959.

Sacks, J.: Ergodocity of Queues in Series, in: Annals of Mathematical Statistics, Vol. 31, 1960, S. 579–588.

Salveson, M. E.: A Computational Technique for The Scheduling Problem, in: The Journal of Industrial Engineering, Vol. 13, 1962, S. 30–41

Schrage, L.: Solving Resource-Constrained Network Problems by Implicit Enumeration – Nonpreemptive Case, in: Operations Research, Vol. 18, 1970, S. 263–278.

Schrage, L.: A Proof of The Optimality of The Shortest Remaining Processing Time Discipline, in: Operations Research, Vol. 18, 1968, S. 687-691.

Schrage, L., and *Miller*, L. W.: The Queue M/G/l with The Shortest Remaining Processing Time Discipline, in: Operations Research, Vol. 14, 1966, S. 670-683.

Seiffart, E.: Eine Verbesserung des Lösungsweges eines Reihenfolgeproblems, in: Wissenschaftliche Z. Technische Hochschule Magdeburg, 5, 1961, S. 457.

Shanno, D. F.: The Simplex Method in Mixed Integer and Integer Programming - An Unified Computational View, in: Canadian Journal of Operations Research and Information Processing, Vol. 11, 1973, S. 150-162.

Sisson, R. L.: Methods of Sequencing in Job Shops - Review, in: Operations Research, Vol. 7, 1959, S. 10-29.

Smith, W. E.: Various Optimizers for Single-Stage Production, in: Naval Research Logistics Quarterly, Vol. 3, 1956, S. 59-70.

Smith, R. D., and *Dudek*, R. A.: A General Algorithm for Solving of The *n*-Job, *M*-Machine Sequencing Problem of The Flow Shop, in: Operations Research, Vol. 15, 1967, S. 71-81.

— : „Erata", in: Operations Research, Vol. 17, 1969, S. 759.

Stähley, P.: Kurzfristige Fabrikationsplanung, Würzburg-Wien 1964.

Suchowizki, S. I. und *Radtschik*, I. A.: Mathematische Methoden der Netzplantechnik, Leipzig 1969.

Szwarc, W.: On Some Sequenzing Problems, in: Naval Research Logistics Quarterly, Vol. 15, 1968 S. 127-155.

Takács, L.: Priority Queues, in: Operations Research, Vol. 12, 1964, S. 63-74.

— : A Single-Server Queue with Poisson Input, in: Operations Research, Vol. 10, 1962, S. 388-394.

Von Lanzenauer, and *Himes*, R. C.: A Linear Programming Solution to The General Sequencing Problem, in: Canadian Journal Of The Operations Research Society, Vol. 8, 1970, S. 129 ff.

Voris, W.: Production Control: Text and Cases, Third Edition, Homewood, Illinois 1966.

Wagner, H. M.: Principles of Operations Research with Applications to Managerial Decisions, Englewood Cliffs, N.Jersey 1969.

— : An Integer-Programming Model for Machine Scheduling, in: Naval Research Logistics Quarterly, Vol. 6, 1959, S. 131-139.

White, H., and *Christie*, L. S.: Queuing with Preemptive Priorities or with Breakdown, in: Operations Research, Vol. 6, 1968, S. 79-95.

Wishart, D. M. G.: Queuing Systems in Which The Discipline Is „Last-Come, First-Served", in: Operations Research, Vol. 8, 1960, S. 591-596.

Wismer, D. A.: Solution of The Flowshop-Scheduling Problem with No Intermediate Queues, in: Operations Research, Vol. 20, 1972, S. 689 ff.

Yamamoto, M.: An Algorithm for General Scheduling Problem, in: Journal of The Operations Research Society of Japan, Vol. 16, 1973, S. 65 ff.

Namenverzeichnis

Betriebswirtschaftliche Forschungsergebnisse

Herausgegeben von Erich Kosiol

1. **Plankostenrechnung als Instrument moderner Unternehmensführung.** Hrsg. von E. Kosiol. 3. Aufl. 353 S. 1975. Lw. DM 48,—

2. **Einkaufsplanung und Produktionsumfang.** Von E. Kosiol und Mitarbeitern. 2., durchgesehene Aufl. 132 S. mit zahlr. Tab. 1975. Lw. DM 36,—

3. **Grundlagen und Methoden der Organisationsforschung.** Von E. Kosiol. 2. überarbeitete und erweiterte Auflage. 153 S. 1968. Lw. DM 35,80

4. **Organisation des Entscheidungsprozesses.** Hrsg. von E. Kosiol. 2. Aufl. 221 S. mit 23 Abb. 1975. Lw. DM 44,—

5. **Organisation der innerbetrieblichen Materialbewegung.** Von D. Köhler. 142 S. mit 1 Ausschlagtafel. 1959. Lw. DM 28,60

6. **Grundlagen und Formen der Entlohnung.** Von H. Martens. 128 S. mit 20 Abb. 1958. Lw. DM 27,—

7. **Institut für Industrieforschung 1948 - 1958.** Von E. Kosiol. 141 S. mit 5 Kunstdrucktafeln und 1 Ausschlagtafel. 1959. Lw. DM 26,60

8. **Betriebsverband und Verbandbetrieb.** Von E. Grochla. 338 S. mit 10 Schaubildern. 1959. Lw. DM 44,—

9. **Aufbauorganisation der industriellen Lagerwirtschaft.** Von J. Göldner. 305 S. mit 50 Abb. 1960. Lw. DM 44,—

10. **Freiwillige soziale Leistungen der industriellen Unternehmung.** Von U. Pleiß. 248 S. 1960. Lw. DM 39,—

11. **Untersuchungen zur Aufbauorganisation der Arbeitsvorbereitung und des Einkaufs industrieller Unternehmungen.** Von E. Kosiol und Mitarbeitern. 170 S. mit zahlreichen Abb. 1960. Lw. DM 29,80

12. **Die Entwicklung der industriellen Kostenrechnung in Deutschland.** Von G. Dorn. 232 S. 1961. Lw. DM 39,—

13. **Bürowirtschaftliche Forschung.** Hrsg. von E. Kosiol. 291 S. mit 15 Tab. und 7 Abb. 1961. Lw. DM 47,60

14. **Bibliographie der Organisationsliteratur.** Hrsg. von E. Kosiol. 184 S. 1961. Lw. DM 53,60

15. **Kritische Analyse der ertragsgesetzlichen Kostenaussage.** Von G. Dlugos. 132 S. mit 16 Abb. 1961. Lw. DM 27,60

16. **Zur Problematik der quantitativen Terminologie in der Betriebswirtschaftslehre.** Von N. Szyperski. 169 S. 1962. Lw. DM 27,60

17. **Die Bewertung des Anlagevermögens in amerikanischen Bilanzen.** Von H.-J. Dux. 186 S. 1962. Lw. DM 35,60

18. **Aufbauorganisation der internen Revision in tiefgegliederten Unternehmungen und Konzernen.** Von A. Brimberg. 156 S. mit 48 Abb. 1962. Lw. DM 34,60

19. **Die Gewinnverwendung der Unternehmung.** Von R.-B. Schmidt. 242 S. 1963. Lw. DM 46,60

20. **Die Kapazitätsnutzung in der Industrieunternehmung.** Von P. Clar. 283 S. 1964. Lw. DM 47,80

21. **Ablauforganisation der industriellen Lagerwirtschaft.** Von J. Göldner. 348 S. 1964. Lw. DM 59,60

22. **Probleme der Ablauforganisation in Unternehmungen.** Von M. Schweitzer. 158 S. mit 25 Abb. 1964. Vergr.

23. **Information und Kommunikation.** Von R. Kramer. 194 S. mit 25 Abb. 1965. Vergr.

24. **Wesen und Formen des Verbundbetriebes.** Von H. Lehmann. 195 S. mit 4 Schaubildern. 1965. Lw. DM 44,60

25. **Zum Problem der Messung des wirtschaftlichen Handelns mit Hilfe der Bilanz.** Von H.-H. Schulze. 247 S. 1966. Lw. DM 45,60

26. **Zentralisation und Dezentralisation von Aufgaben in der Organisation der Unternehmungen.** Von K. Bleicher. 291 S. mit 34 Abb. 1966. Lw. DM 68,—

27. **Informale Erscheinungen in der Betriebsorganisation.** Von O. Grün. 131 S. 1966. Lw. DM 29,80

28. **Grundlagen und Probleme der betriebswirtschaftlichen Organisationslehre.** Von J. Wild. 227 S. 1966. Vergr.

29. **Die optimale Beschaffungsmenge.** Von E. Kottke. 148 S. mit 21 Abb. und 8 Tab. 1966. Lw. DM 52,80

30. **Informationen und Vorgänge ihrer Bearbeitung in der Unternehmung.** Von J. Berthel. 212 S. mit 3 Tab. und 2 Abb. 1967. Lw. DM 56,—

31. **Neuere Organisationsforschung in betriebswirtschaftler Sicht.** Von J. Wild. 270 S. 1967. Lw. DM 49,80

32. **Liquidität und Gewinn im industriellen Unternehmensprozeß.** Von H. Schweitzer. 166 S. 1967. Lw. DM 62,60

33. **Die Bedeutung interpersonaler Beziehungen für die Organisation der Unternehmung.** Von K. Sommer. 153 S. 1968. Lw. DM 42,80

34. **Die Umsatzeinnahmen als Gegenstand der unternehmerischen Liquiditätsplanung und Liquiditätspolitik.** Von H. Kossbiel. 295 S. 1968. Lw. DM 78,60

35. **Grundlagen der industriellen Produktgestaltung.** Von K. Chmielewicz. 257 S. 1968. Lw. DM 59,60

36. **Kritische Untersuchungen über den Geltungsbereich des Prinzips der Gewinnmaximierung.** Von F. X. Bea. 149 S. 1968. Lw. DM 38,60

37. **Der Prozeß der Unternehmensentscheidung bei unvollkommener Information.** Von H. Griem. 197 S. 1968. Lw. DM 39,80

38. **Das Leistungsziel als Verhaltensdeterminante von Bankunternehmungen der öffentlichen Hand.** Von R. Kroll. 187 S. 1968. Lw. DM 42,60

39 **Zur Aussagefähigkeit neuer Kostenrechnungsverfahren.** Von D. Moews. 216 S. 1969. Lw. DM 56,60

40. **Die Steuerung dezentraler Kostenentscheidungen im Herstellungsbereich industrieller Unternehmungen.** Von D. Hamann. 171 S. 1969. Lw. DM 38,60

41. **Kybernetische Ansätze zur Organisation des Führungsprozesses der Unternehmung.** Von H. Flik. 152 S. mit 18 Abb. 1969. Lw. DM 42,60

42. **Organisationsprinzipien.** Von R. Beensen. 234 S. 1969. Lw. DM 48,60

43. **Elemente und Strukturdeterminanten des informatorischen Kommunikationssystems industrieller Unternehmungen.** Von H.-J. Drumm. 176 S. 1969. Lw. DM 39,60

44. **Information und Planung in industriellen Unternehmungen.** Von J. Berthel und D. Moews. 206 S. 1970. Lw. DM 44,60

45. **Unternehmensgröße, Wachstum und Reorganisation.** Von D. Schulz. 225 S. 1970. Lw. DM 44,60

46. **Unternehmungswachstum und Produktinnovation.** Von A. Kieser. 242 S. mit 34 Abb. und 33 Tab. 1970. Lw. DM 64,60

47. **Automation und Leitungsstruktur.** Von H. J. Drumm. 145 S. 1970. Lw. DM 36,60

48. **Zum Normenproblem in der Wirtschaftswissenschaft.** Von A. Ruffner. 175 S. 1970. Lw. DM 48,60

49. **Unternehmenswirtschaftliche Reservierung.** Von P. R. Wossidlo. 266 S. mit 11 Abb. und 10 Tab. 1970. Lw. DM 66,60

50. **Zur Anwendung mathematischer Programmierungsverfahren auf die Bestimmung wirtschaftlich optimaler Informationsvorgänge.** Von H. Krug. 122 S. 1970. Lw. DM 36,60

51. **Kommunikation und Kollegialorgane.** Von C. K. Kanellopoulos. 187 S. 1970. Lw. DM 44,80

52. **Probleme der simultanen Orientierung von Leistungsprozessen in Unternehmungen.** Von W. Matthes. 360 S. 1970. Lw. DM 88,60

53. **Modelle zur Bestimmung der Gewinnerwartung im Rahmen der Neuprodukt-Planung.** Von G. Kreußlein. 199 S. 1971. Lw. DM 59,60

54. **Simultane Produktions-Investitionsplanung mit Hilfe der Portfolio Selection.** Von L. Peters. 148 S. 1971. Lw. DM 48,—

55. **Zur Gliederung der betriebswirtschaftlichen Bilanz.** Von J. Fudickar. 203 S. 1971. Lw. DM 48,60

56. **Erfolgskonsolidierung in Konzernabschlüssen.** Von J. Weitkamp. 110 S. 1971. Lw. DM 33,60

57. **Struktur und Funktion der Bilanz.** Von M. Schweitzer. 250 S. 1972. Brosch. DM 28,—; Lw. DM 38,—

58. **Entscheidungsstrategien bei Produktverbundenheit.** Von F. J. Berners. 228 S. 1972. Lw. DM 68,60

59. **Grundlagen, Probleme und Instrumente der Konflikthandhabung in der Unternehmung.** Von W. Krüger. 200 S. 1972. Lw. DM 49,60

60. **Beteiligungsentscheidungen.** Betriebswirtschaftliche Grundlagen des Erwerbs und der Veräußerung von Unternehmensbeteiligungen. Von H. Schierenbeck. 197 S. 1973. Lw. DM 54,60

61. **Managementkonzeption des Öffentlichen Verwaltungsbetriebes.** Von Ch. Reichard. 207 S. 1973. Lw. DM 56,60

62. **Bausteine der Betriebswirtschaftslehre.** Von E. Kosiol. 2 Bde. I: Methodologie, Grundlagen und Organisation. 592 S. 1973. Lw. DM 124,—; II: Rechnungswesen. S. 593—1323. 1973. Lw. DM 175,—

63. **Grundlagen einer Theorie der betrieblichen Mitbestimmung.** Von H.-U. Küpper. 281 S. 1974. Lw. DM 66,60

64. **Bilanz und Bewertung.** Von F. Dinkel. 234 S. 1974. Lw. DM 68,60

65. **Fertigungstypologie** unter dem Gesichtspunkt der Fertigungsablaufplanung. Von W. F. Große-Oetringhaus. 352 S. mit 83 Abb. 1974. Lw. DM 98,—

66. **Grundfragen einer Theorie der optimalen Finanzierung.** Von C. Cremer. 102 S. 1974. Lw. DM 44,80

67. **Informationstechnologie und organisatorische Regelungen.** Von H. Kubicek. 402 S. 1975. Lw. DM 96,—

68. **Die Wertschöpfung der Aktiengesellschaft und des Konzerns.** Von G. Kroenlein. 172 S. 1975. Lw. DM 56,60

69. **Die Wertschöpfung der Kreditinstitute.** Von W. Göckeler. 147 S. 1975. Lw. DM 48,60

70. **Leistungsverhalten und Führung in der Unternehmung.** Von C. Steinle. 371 S. 1975. Lw. DM 78,—

71. **Pagatorische Bilanz.** Von E. Kosiol. 1095 S. 1976. Lw. DM 198,—

72. **Das Investitionsrisiko im investitionstheoretischen Ansatz.** Von E. Timm. 162 S. 1976. Lw. DM 68,—

73. **Planungs- und Kontrollsysteme industrieller Unternehmungen.** Von A. Töpfer. 440 S. 1976. Lw. DM 98,—

74. **Grundlagen, Determinanten und situationsbezogene Gestaltung der optimalen Arbeitsaufgabe.** Von U. Spies. 193 S. 1976. Lw. DM 66,—